普通高等学校网络工程专业教材

计算机网络工程实验教程

基于华为eNSP

沈鑫剡　叶寒锋　编著

U0198136

清华大学出版社

北京

内 容 简 介

本书是与理论教材《计算机网络工程》(第 2 版)配套的实验教材,详细介绍了在华为 eNSP 软件实验平台上完成校园网、企业网、大型 ISP 网络、接入网、虚拟专用网和 IPv6 网络设计、配置与调试的过程和步骤。

本书详细介绍了华为 eNSP 软件实验平台的功能和使用方法,从实验原理、实验过程中使用的华为 VRP 命令和实验步骤三个方面对每个实验都进行了深入讨论,不仅能使读者掌握用华为网络设备完成各种类型网络设计、配置与调试的过程和步骤,而且能使读者进一步理解实验所涉及的原理和技术。

本书既是一本与《计算机网络工程》(第 2 版)配套的实验教材,又是一本指导用华为网络设备设计和实施校园网、企业网、大型 ISP 网络、接入网、虚拟专用网和 IPv6 网络的网络工程手册。

图书在版编目(CIP) 数据

计算机网络工程实验教程:基于华为 eNSP/沈鑫剡,叶寒锋编著.—北京:清华大学出版社,2021.9 (2024.8重印)

普通高等学校网络工程专业教材

ISBN 978-7-302-58554-1

Ⅰ.①计… Ⅱ.①沈… ②叶… Ⅲ.①计算机网络-实验-高等学校-教材 Ⅳ.①TP393-33

中国版本图书馆 CIP 数据核字(2021)第 132316 号

责任编辑:袁勤勇　常建丽
封面设计:常雪影
责任校对:刘玉霞
责任印制:沈　露

出版发行:清华大学出版社
网　　　址:https://www.tup.com.cn,https://www.wqxuetang.com
地　　　址:北京清华大学学研大厦 A 座　　　　　　邮　　编:100084
社 总 机:010-83470000　　　　　　　　　　　邮　　购:010-62786544
投稿与读者服务:010-62776969,c-service@tup.tsinghua.edu.cn
质量反馈:010-62772015,zhiliang@tup.tsinghua.edu.cn
课件下载:https://www.tup.com.cn,010-83470236

印 装 者:三河市龙大印装有限公司
经　　销:全国新华书店
开　　本:185mm×260mm　　　印　张:22.25　　　字　数:542 千字
版　　次:2021 年 9 月第 1 版　　　　　　　　　　印　次:2024 年 8 月第 2 次印刷
定　　价:68.00 元

产品编号:087001-01

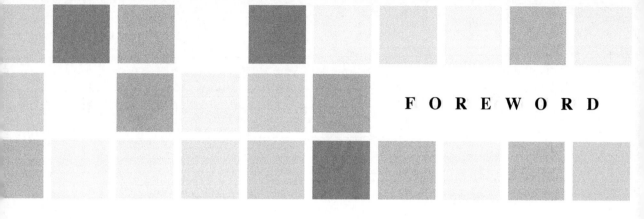

FOREWORD

前　言

　　本书是与理论教材《计算机网络工程》(第2版)配套的实验教材,详细介绍了在华为 eNSP 软件实验平台上完成校园网、企业网、大型 ISP 网络、接入网、虚拟专用网和 IPv6 网络设计、配置与调试的过程和步骤。

　　本书详细介绍了华为 eNSP 软件实验平台的功能和使用方法,将完整网络的设计过程分解为多个实验,逐个增加实验的功能,最终完成完整网络的设计、配置和调试过程。每个实验都从实验原理、实验过程中使用的华为 VRP 命令和实验步骤三个方面进行深入讨论,不仅能使读者掌握用华为网络设备完成各种类型网络设计、配置与调试的过程和步骤,而且能使读者进一步理解实验所涉及的原理和技术。

　　华为 eNSP 软件的人机界面非常接近实际华为网络设备的配置过程,除了连接线缆等物理动作外,读者通过华为 eNSP 软件完成实验的过程与通过实际华为网络设备完成实验的过程几乎没有差别。通过华为 eNSP 软件,读者可以完成校园网、企业网、大型 ISP 网络、接入网、虚拟专用网和 IPv6 网络的设计、配置和调试过程。更为难得的是,华为 eNSP 软件通过与 Wireshark 结合,能够捕获经过主机、交换机、路由器和防火墙各个接口的报文,显示各个阶段应用层消息、传输层报文、IP 分组、封装 IP 分组的链路层帧的结构、内容和首部中每个字段的值都使读者可以直观了解 IP 分组的端到端传输过程,以及 IP 分组端到端传输过程中各层 PDU 的细节和变换过程。

　　"计算机网络工程"本身是一门实验性很强的课程,需要通过实际网络设计过程加深对教学内容的理解,以此培养学生分析问题、解决问题的能力。但实验又是一大难题,因为很少有学校可以提供包括设计、实施等各种类型网络的网络实验室,华为 eNSP 软件实验平台和本书很好地解决了这一难题。

　　作为与理论教材《计算机网络工程》(第2版)配套的实验教材,本书和理论教材相得益彰,理论教材为读者提供了校园网、企业网、大型 ISP 网络、接入网、虚拟专用网和 IPv6 网络的设计原理和方法,本书提供了在华为 eNSP 软件实验平台上运用理论教材提供的理论和方法设计、配置和调试各种类型网络的过程和步骤,读者用理论教材提供的网络设计原理和方法指导实验,反过来又通

FOREWORD

过实验加深对理论教材内容的理解,课堂教学和实验形成良性互动。

一方面,随着华为网络设备的广泛应用,读者迫切需要具备基于华为网络设备完成各种类型和规模的网络系统设计、配置和实施过程的能力;另一方面,随着华为 eNSP 软件实验平台的普及,读者通过华为 eNSP 软件实验平台学习基于华为网络设备完成各种类型和规模的网络系统设计、配置和实施过程的方法和步骤成为可能。这是编著、出版《计算机网络工程实验教程——基于华为 eNSP》的原因。

本书既是一本与《计算机网络工程》(第 2 版)配套的实验教材,对于网络工程技术人员来说,又是一本指导用华为网络设备设计和实施校园网、企业网、大型 ISP 网络、接入网、虚拟专用网和 IPv6 网络的网络工程手册。

限于编著者的水平,书中不足之处在所难免,殷切希望使用本书的读者批评指正。希望读者能够就本书内容和叙述方式提出宝贵建议和意见,以便进一步完善本书内容。

编著者

2021 年 9 月

C O N T E N T S

目 录

CONTENTS

CONTENTS

C O N T E N T S

CONTENTS

CONTENTS

CONTENTS

第1章 实 验 基 础

国内外大型网络设备公司纷纷发布软件实验平台,Cisco 公司发布了 Packet Tracer,华为公司发布了 eNSP(Enterprise Network Simulation Platform)。华为 eNSP 是一个非常理想的软件实验平台,可以完成校园网、企业网、大型 ISP 网络、接入网、虚拟专用网和 IPv6 网络的设计、配置和调试过程,验证华为交换机、路由器和网络安全设备的功能。与Wireshark 结合,可以基于具体网络环境分析各种协议运行过程中网络设备之间交换的报文类型和报文格式。除了不能实际物理接触外,华为 eNSP 提供了和实际实验环境几乎一样的仿真环境。

1.1 华为 eNSP 使用说明

1.1.1 功能介绍

华为 eNSP 是华为公司为网络初学者提供的一个学习软件。初学者通过华为 eNSP 可以用华为公司的网络设备设计、配置和调试各种类型和规模的网络,利用华为交换机、路由器和网络安全设备的安全功能解决实际网络应用中面临的安全问题。与 Wireshark 结合,可以在任何网络设备接口捕获经过该接口输入输出的报文。作为辅助教学工具和软件实验平台,华为 eNSP 可以在课程教学过程中完成以下功能。

1. 完成网络设计、配置和调试过程

根据网络设计要求选择华为公司的网络设备,如路由器、交换机等,用合适的传输媒体将这些网络设备互连在一起,进入设备命令行接口(Command-Line Interface,CLI)界面对网络设备逐一进行配置,通过启动分组端到端传输过程检验网络中任意两个终端之间的连通性。如果发现问题,通过检查网络拓扑结构、互联网络设备的传输媒体、设备配置信息、设备建立的控制信息(如交换机转发表、路由器路由表)等确定问题的起因,并加以解决。

2. 解决复杂网络环境下的安全问题

华为 eNSP 支持的华为网络设备,如交换机、路由器等,本身具有安全功能,运用这些网络设备本身具有的安全功能可以解决复杂网络环境下的各种安全问题。同时,华为 eNSP 还支持华为防火墙等网络安全设备,可以利用网络安全设备的安全功能解决实际网络应用中面临的安全问题。

3. 模拟协议操作过程

网络中分组端到端传输过程是各种协议、各种网络技术相互作用的结果,因此,只有了解网络环境下各种协议的工作流程、各种网络技术的工作机制及它们之间的相互作用过程,才能掌握完整、系统的网络知识。对于初学者,掌握网络设备之间各种协议实现过程中相互传输的报文类型、报文格式、报文处理流程对理解网络工作原理至关重要。华为 eNSP 与Wireshark 结合,给出了网络设备之间各种协议实现过程中每个步骤涉及的报文类型和报文格式,可以让初学者观察、分析协议执行过程中的每个细节。

4. 验证教材内容

《计算机网络工程》(第 2 版)的主要特色是深入讨论校园网、企业网、大型 ISP 网络、接入网、虚拟专用网和 IPv6 网络的设计方法和过程,在讨论每种网络的设计方法和过程时,构建一个虚拟的网络应用环境,并在该网络应用环境下详细讨论设计方法和步骤以及相关的工作原理。由于所提供的虚拟的网络应用环境和人们实际应用中遇到的网络应用环境十分相似,所以较好地解决了教学内容和实际应用的衔接问题。由于可以在教学过程中用华为 eNSP 完成教材中每个虚拟的网络应用环境的设计、配置和调试过程,并与 Wireshark 结合,基于具体网络应用环境分析各种协议运行过程中网络设备之间交换的报文类型和报文格式,因而可以通过华为 eNSP 验证教材内容,并通过验证过程进一步加深学生对教材内容的理解。

1.1.2 用户界面

启动华为 eNSP 后,出现如图 1.1 所示的初始界面。单击"新建拓扑"按钮,弹出如图 1.2 所示的用户界面。用户界面分为主菜单、工具栏、网络设备区、工作区、设备接口区等。

图 1.1 华为 eNSP 启动后的初始界面

1. 主菜单

主菜单如图 1.3 所示,给出了华为 eNSP 软件提供的 6 个菜单,分别是"文件""编辑""视图""工具""考试"和"帮助"。

1)"文件"菜单

"文件"菜单如图 1.4 所示,各菜单项的功能如下。

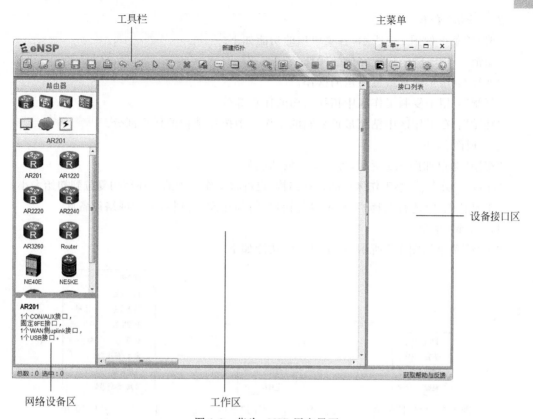

图 1.2　华为 eNSP 用户界面

图 1.3　主菜单

图 1.4　"文件"菜单

"新建拓扑"：用于新建一个网络拓扑结构。

"新建试卷工程"：用于新建一份考试用的试卷。

"打开拓扑"：用于打开保存的一份拓扑文件，拓扑文件的后缀是 topo。

"打开示例"：用于打开华为 eNSP 自带的作为示例的拓扑文件，如图 1.1 所示的样例。

"保存拓扑"：用于保存当前工作区中的拓扑结构。

"另存为"：用于将当前工作区中的拓扑结构另存为其他拓扑文件。

"向导"：给出如图 1.1 所示的初始界面。

"打印"：用于打印工作区中的拓扑结构。

"最近打开"：列出最近打开过的后缀为 topo 的拓扑文件。

2）"编辑"菜单

"编辑"菜单如图 1.5 所示，各菜单项的功能如下。

"撤销"：用于撤销最近完成的操作。

"恢复"：用于恢复最近撤销的操作。

"复制"：用于复制工作区中拓扑结构的任意部分。

"粘贴"：在工作区中粘贴最近复制的工作区中拓扑结构的任意部分。

3）"视图"菜单

"视图"菜单如图 1.6 所示，各菜单项的功能如下。

"缩放"：放大、缩小工作区中的拓扑结构，也可将工作区中的拓扑结构复位到初始大小。

"工具栏"：勾选右工具栏，显示设备接口区；勾选左工具栏，显示网络设备区。

4）"工具"菜单

"工具"菜单如图 1.7 所示，各菜单项的功能如下。

图 1.5 "编辑"菜单 　　　　图 1.6 "视图"菜单 　　　　图 1.7 "工具"菜单

"调色板"：调色板操作界面如图 1.8 所示，用于设置图形的边框类型、边框粗细和填充色等。

图 1.8 调色板操作界面

"启动设备"：启动选择的设备。只有完成设备启动过程后，才能对该设备进行配置。

"停止设备"：停止选择的设备。

"数据抓包"：启动采集数据报文过程。

"选项"：选项配置界面如图 1.9 所示，用于对华为 eNSP 的各种选项进行配置。

"合并/展开 CLI"：合并 CLI 可以将多个网络设备的 CLI 窗口合并为一个 CLI 窗口。如图 1.10 所示就是合并四个网络设备的 CLI 窗口后生成的合并 CLI 窗口。展开 CLI 可以分别为每个网络设备生成一个 CLI 窗口，如图 1.11 所示。

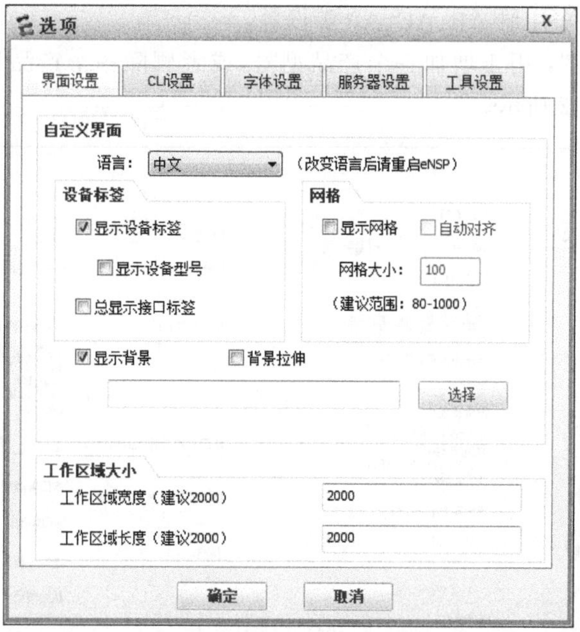

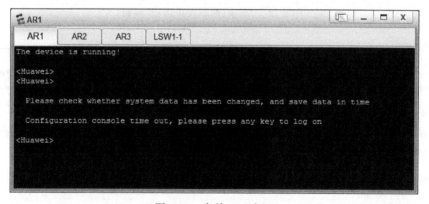

图 1.9 选项配置界面

图 1.10 合并 CLI 窗口

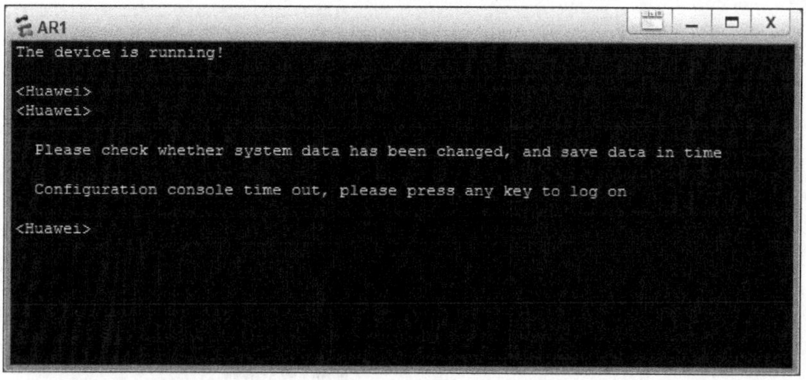

图 1.11 展开 CLI 窗口

"注册设备"：用于注册 AR、AC、AP 等设备。

"添加/删除设备"：用于增加一个产品型号，或者删除一个产品型号。"添加/删除设备"选项界面如图 1.12 所示。

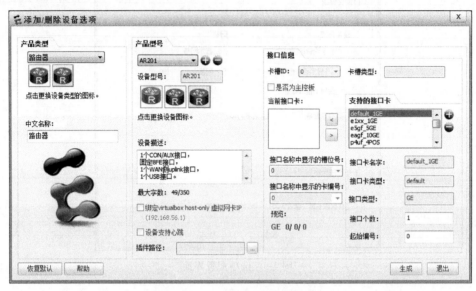

图 1.12　"添加/删除设备选项"界面

5)"考试"菜单

考试工具用于对学生生成的试卷进行阅卷。

6)"帮助"菜单

"帮助"菜单如图 1.13 所示，各菜单项功能如下。

图 1.13　"帮助"菜单

"目录"：给出华为 eNSP 的简要使用手册，如图 1.14 所示，所有初学者务必仔细阅读目录中的内容。

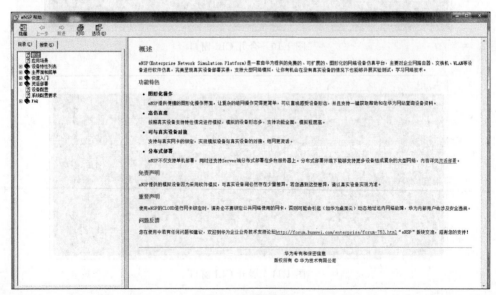

图 1.14　帮助目录

2．工具栏

工具栏给出华为 eNSP 常用命令，这些命令通常包含在各个菜单中。

3．网络设备区

网络设备区从上到下分为三部分。第一部分是设备类型选择框，用于选择网络设备的类型。设备类型选择框中给出的网络设备类型有路由器、交换机、无线局域网设备、防火墙、终端、其他设备、设备连线等。

第二部分是设备选择框。一旦在设备类型选择框中选定设备类型，设备选择框中就会列出华为 eNSP 支持的属于该类型的所有设备型号。如在设备类型选择框中选中路由器，设备选择框中就会列出华为 eNSP 支持的各种型号的路由器。

第三部分是设备描述框。一旦在设备选择框中选中某种型号的网络设备，设备描述框中就列出该设备的基本配置。

这里特别说明网络设备区中列出的以下两种类型的网络设备。

1）云设备

云设备是一种可以将任意类型设备连接在一起，实现通信过程的虚拟装置。其最大的用处是可以将实际的 PC 接入仿真环境。假定需要将一台实际 PC 接入工作区中的拓扑结构（仿真环境），与仿真环境中的 PC 实现相互通信过程，则在设备类型选择框中应选中"其他设备"，在设备选择框中应选中"云设备（Cloud）"，将其拖放到工作区中，双击该云设备，会弹出如图 1.15 所示的云设备配置界面。绑定信息选择"无线网络连接--IP：192.168.1.100"，这是一台实际 PC 的无线网络接口，将该无线网络接口添加到云设备的端口列表中，再添加一个用于连接仿真 PC 的以太网端口，建立这两个端口之间的双向通道，如图 1.16 所示。将一个仿真 PC（PC1）连接到工作区中的云设备（Cloud1）上，如图 1.17 所示。为仿真 PC 配置如图 1.18 所示的 IP 地址、子网掩码和默认网关地址，完成配置过程后，单击"应用"按钮。

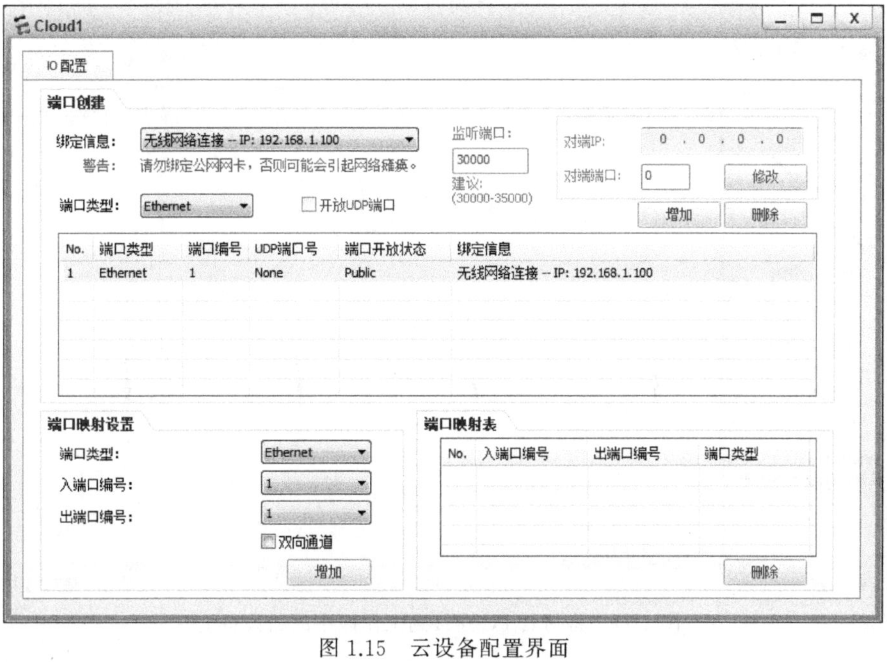

图 1.15　云设备配置界面

仿真 PC 配置的 IP 地址与实际 PC 的 IP 地址必须有相同的网络号。启动实际 PC 的命令行接口,输入命令"ping 192.168.1.37",发现实际 PC 与仿真 PC 之间可以相互通信,如图 1.19 所示。

图 1.16　建立实际 PC 与仿真 PC 之间的双向通道

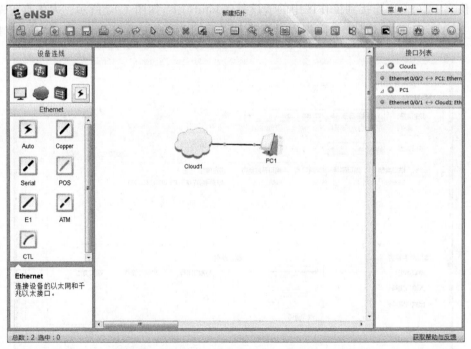

图 1.17　将仿真 PC 连接到工作区中的云设备上

图 1.18 为仿真 PC 配置的 IP 地址、子网掩码和默认网关地址

图 1.19 实际 PC 与仿真 PC 之间的通信过程

2) 需要导入设备包的设备

防火墙设备类型、CE 系列设备（CE6800 和 CE12800）、NE 系列路由器（NE40E 和 NE5KE 等）和 CX 系列路由器等需要单独导入设备包。启动这些设备，会自动弹出"导入设备"包界面。防火墙导入设备包界面如图 1.20 所示。NE40E 路由器导入设备包界面如图 1.21 所示。设备包通过解压下载的对应压缩文件获得，华为官网上与 eNSP 相关的用于下载的

压缩文件列表如图 1.22 所示。防火墙导入的设备包对应压缩文件 USG6000V.zip,CE 系列设备导入的设备包对应压缩文件 CE.zip,NE40E 路由器对应压缩文件 NE40E.zip,NE5KE 路由器对应压缩文件 NE5000E.zip,NE9KE 路由器对应压缩文件 NE9000.zip,CX 系列路由器对应压缩文件 CX.zip。

图 1.20　防火墙导入设备包界面

图 1.21　NE40E 路由器导入设备包界面

版本及补丁软件			文件过大时,请点击软件名称进入下载页面下载	
软件名称	文件大小	发布时间	下载次数	下载
CE.zip	564.58MB	2019-03-08	28926	
CX.zip	405.65MB	2019-03-08	19134	
NE40E.zip	405.69MB	2019-03-08	20893	
NE5000E.zip	405.19MB	2019-03-08	18386	
NE9000.zip	405.48MB	2019-03-08	17741	
USG6000V.zip	344.93MB	2019-03-08	26100	
eNSP V100R003C00SPC100 Setup.zip	542.52MB	2019-03-08	75731	

下载

图 1.22　用于下载的压缩文件列表

4. 工作区

1) 放置和连接设备

工作区用于设计网络拓扑结构、配置网络设备、检测端到端连通性等。如果需要构建一个网络拓扑结构,单击工具栏中的"新建拓扑"按钮,即可弹出如图 1.2 所示的空白工作区。首先完成工作区设备放置过程。在设备类型选择框中选中设备类型,如路由器,在设备选择框中选中设备型号,如 AR1220。将光标移到工作区,光标变为选中的设备型号,单击鼠标左键,完成一次该型号设备的放置过程。如果需要放置多个该型号设备,可单击鼠标左键多次。如果放置其他型号的设备,可以在设备类型选择框中选中新的设备类型,之后在设备选择框中选中新的设备型号。如果不再放置设备,可以单击工具栏中的"恢复鼠标"按钮。

完成设备放置后,在设备类型选择框中选中设备连线,在设备选择框中选中正确的连接线类型。对于以太网,可以选择的连接线类型有 Auto 和 Copper。Auto 自动按照编号顺序选择连接线两端的端口,因此,一旦在设备选择框中选中 Auto,将光标移到工作区后,光标就会变为连接线接头形状,在需要连接的两端设备上分别单击,完成一次连接过程。Copper 人工选择连接线两端的端口。因此,一旦在设备选择框中选中 Copper,在需要连接的两端设备上单击,就会弹出该设备的接口列表,在接口列表中选择需要连接的接口。在需要连接的两端设备上分别选择接口后,完成一次连接过程。如图 1.23 所示是完成设备放置和连接后的工作区界面。

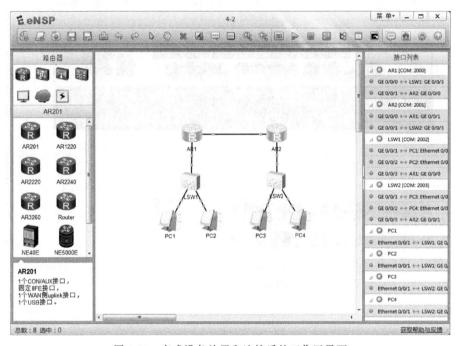

图 1.23　完成设备放置和连接后的工作区界面

2）启动设备

通过单击工具栏中的"恢复鼠标"按钮恢复鼠标。恢复鼠标后,通过在工作区中拖动鼠标选择需要启动的设备范围,单击工具栏中的"开启设备"按钮,开始设备的启动过程,直到所有连接线两端的端口状态全部变绿,启动过程才真正完成。只有完成启动过程后,才可以开始设备的配置过程。

5. 设备接口区

设备接口区用于显示拓扑结构中的设备和每一根连接线两端的设备接口。连接线两端的端口状态有三种:第一种是红色,表明该接口处于关闭状态;第二种是绿色,表明该接口已经成功启动;第三种是蓝色,表明该接口正在捕获报文。图 1.23 所示的设备接口区和工作区中的拓扑结构是一一对应的。

1.1.3 设备模块的安装过程

所有网络设备都有默认配置,如果默认配置无法满足应用要求,则要为该网络设备安装模块。为网络设备安装模块的过程如下:将某个网络设备放置到工作区,选中该网络设备后右击,在弹出的如图 1.24 所示的菜单中选择"设置",会弹出如图 1.25 所示的模块安装界面。如果没有关闭电源,则需要先关闭电源。选中需要安装的模块,如串行接口模块(2SA),将其拖放到上面的插槽,如图 1.26 所示,完成模块安装过程。

图 1.24 右击网络设备弹出的菜单

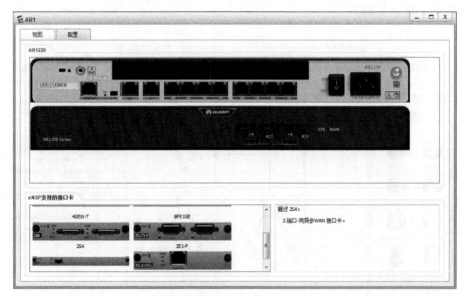

图 1.25 模块安装界面

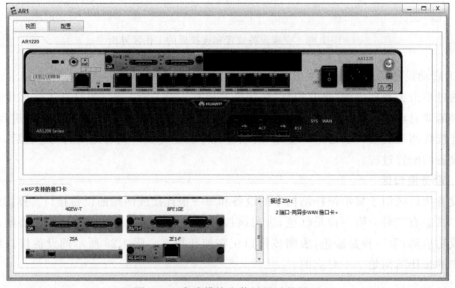

图 1.26 完成模块安装过程后的界面

1.1.4 设备 CLI 界面

工作区中的网络设备在完成启动过程后,可以通过双击该网络设备进入该网络设备的命令行接口(CLI)界面,如图 1.27 所示。

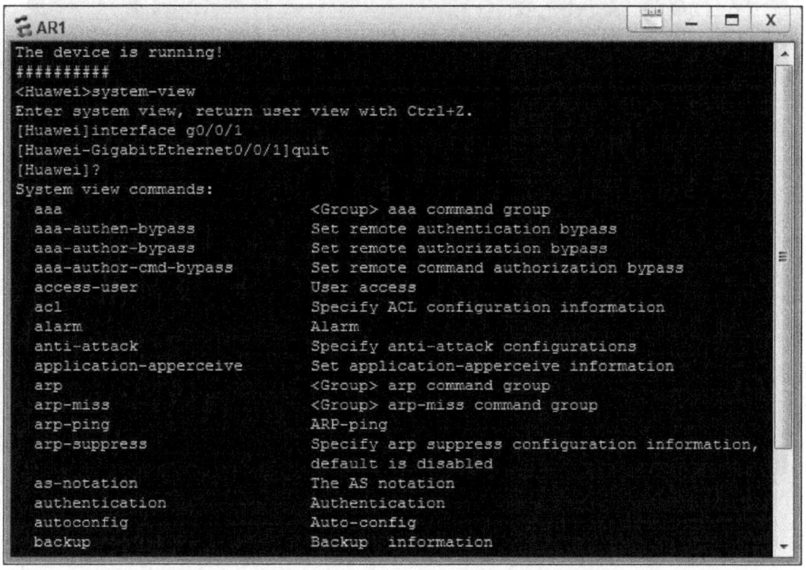

图 1.27 命令行接口(CLI)界面

1.2 CLI 命令视图

华为网络设备可以看作专用计算机系统,同样由硬件系统和软件系统组成。CLI 界面是其中的一种用户界面。在 CLI 界面下,用户通过输入命令实现对网络设备的配置和管理。为了安全,CLI 界面提供了多种不同的视图。不同的视图下,用户具有不同的配置和管理网络设备的权限。

1.2.1 用户视图

用户视图是权限最低的命令视图。在用户视图下,用户只能通过命令查看和修改一些网络设备的状态,修改一些网络设备的控制信息,但没有配置网络设备的权限。用户登录网络设备后,立即进入用户视图。如图 1.28 所示是用户视图下可以输入的部分命令列表。用户视图下的命令提示符如下:

```
<Huawei>
```

Huawei 是默认的设备名,在系统视图下可以通过命令 sysname 修改默认的设备名。如在系统视图下(系统视图下的命令提示符为[Huawei])输入命令 sysname routerabc 后,用户视图的命令提示符变为

```
<routerabc>
```

在用户视图命令提示符下，用户可以输入图 1.28 列出的命令，命令格式和参数在以后完成具体网络实验时讨论。

```
AR1
<Huawei>?
User view commands:
  arp-ping                  ARP-ping
  autosave                  <Group> autosave command group
  backup                    Backup  information
  cd                        Change current directory
  clear                     <Group> clear command group
  clock                     Specify the system clock
  cls                       Clear screen
  compare                   Compare configuration file
  copy                      Copy from one file to another
  debugging                 <Group> debugging command group
  delete                    Delete a file
  dialer                    Dialer
  dir                       List files on a filesystem
  display                   Display information
  factory-configuration     Factory configuration
  fixdisk                   Try to restory disk
  format                    Format file system
  free                      Release a user terminal interface
  ftp                       Establish an FTP connection
  help                      Description of the interactive help system
  hwtacacs-user             HWTACACS user
  license                   <Group> license command group
  lldp                      Link Layer Discovery Protocol
  ---- More ----
```

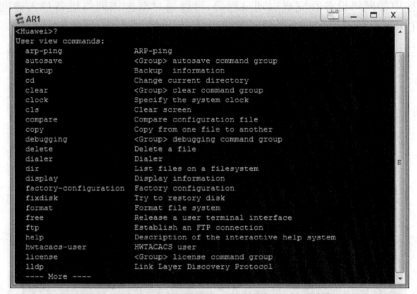

图 1.28　用户视图命令提示符和部分命令列表

1.2.2　系统视图

通过在用户视图命令提示符下输入命令 system-view，进入系统视图。图 1.29 显示了系统视图下可以输入的部分命令列表。系统视图下的命令提示符如下：

```
[Huawei]
```

```
AR1
<Huawei>system-view
Enter system view, return user view with Ctrl+Z.
[Huawei]sysname routerabc
[routerabc]?
System view commands:
  aaa                           <Group> aaa command group
  aaa-authen-bypass             Set remote authentication bypass
  aaa-author-bypass             Set remote authorization bypass
  aaa-author-cmd-bypass         Set remote command authorization bypass
  access-user                   User access
  acl                           Specify ACL configuration information
  alarm                         Alarm
  anti-attack                   Specify anti-attack configurations
  application-apperceive        Set application-apperceive information
  arp                           <Group> arp command group
  arp-miss                      <Group> arp-miss command group
  arp-ping                      ARP-ping
  arp-suppress                  Specify arp suppress configuration information,
                                default is disabled
  as-notation                   The AS notation
  authentication                Authentication
  autoconfig                    Auto-config
  backup                        Backup  information
  bfd                           Specify BFD(Bidirectional Forwarding Detection)
                                configuration information
  bgp                           Border Gateway Protocol(BGP)
```

图 1.29　系统视图命令提示符和部分命令列表

同样，Huawei 是默认的设备名。在系统视图下，用户可以查看、修改网络设备的状态和控制信息，如交换机媒体接入控制（Medium Access Control，MAC）表（MAC Table，也称交换机转发表）等，完成对整个网络设备的有效配置。如果需要完成对网络设备部分功能块的配置，如路由器某个接口的配置，则需要从系统视图进入这些功能块的视图模式。从系统视图进入路由器接口 GigabitEthernet0/0/0 的接口视图需要输入的命令及路由器接口视图下的命令提示符如下：

```
[Huawei]interface GigabitEthernet0/0/0
[Huawei-GigabitEthernet0/0/0]
```

1.2.3　CLI 帮助工具

1. 查找工具

如果忘记某个命令或命令中的某个参数，可以通过输入"?"完成查找过程。在某种视图命令提示符下，输入"?"，界面将显示该视图下允许输入的命令列表。如图 1.29 所示，在系统视图命令提示符下输入"?"，界面将显示系统视图下允许输入的命令列表，如果单页显示不完，则分页显示。

在某个命令中需要输入某个参数的位置输入"?"，界面将列出该参数的所有选项。命令 interface 用于进入接口视图，如果不知道如何输入选择接口的参数，则在需要输入选择接口的参数的位置输入"?"，界面将列出该参数的所有选项，如图 1.30 所示。

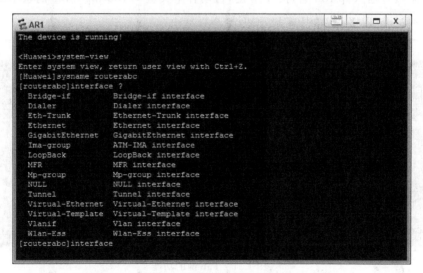

图 1.30　列出接口的所有选项

2. 命令和参数允许输入部分字符

无论是命令，还是参数，CLI 都不要求输入完整的单词，只需要输入单词中的部分字符，只要这部分字符能够在命令列表中，或参数的所有选项中能够唯一确定某个命令或参数选项。例如，在路由器系统视图下进入接口 GigabitEthernet0/0/0 对应的接口视图的完整命令如下：

```
[routerabc]interface GigabitEthernet0/0/0
[routerabc-GigabitEthernet0/0/0]
```

无论是命令 interface,还是选择接口类型的参数 GigabitEthernet,都不需要输入完整的单词,只需要输入单词中的部分字符,如下所示:

```
[routerabc]int g0/0/0
[routerabc-GigabitEthernet0/0/0]
```

由于系统视图下的命令列表中没有两个以上前 3 个字符是 int 的命令,因此输入 int 已经能够唯一确定命令 interface。同样,接口类型的所有选项中没有两项以上是以字符 g 开头的,因此输入 g 已经能够唯一确定 GigabitEthernet 选项。

3. 历史命令缓存

通过【↑】键可以查找以前使用的命令,通过【←】和【→】键可以将光标移动到命令中需要修改的位置。如果某个命令需要输入多次,每次输入时,只有个别参数可能不同,无须每次都全部重新输入命令及参数,可以通过【↑】键显示上一次输入的命令,通过【←】键移动光标到需要修改的位置,对命令中需要修改的部分进行修改即可。

4. Tab 键功能

输入不完整的关键词后,按 Tab 键,系统会自动补全关键词的余下部分。如图 1.31 所示,输入部分关键词 dis 后,按 Tab 键,系统自动补全关键词的余下部分,给出完整关键词 display。紧接着输入 ip rou 后,按 Tab 键,自动补全关键词 routing-table 的余下部分,以此完成完整命令 display ip routing-table 的输入过程。

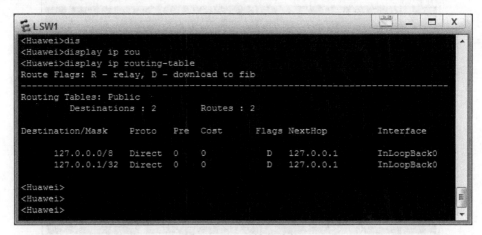

图 1.31 Tab 键的功能

1.2.4 取消命令过程

在 CLI 界面下,如果输入的命令有错,则需要取消该命令,此时在原命令相同的命令提示符下输入命令：undo 需要取消的命令。

如以下是创建编号为 3 的 VLAN 的命令。

```
[Huawei]vlan 3
```

```
[Huawei-vlan3]
```

则以下是删除已经创建的编号为 3 的 VLAN 的命令。

```
[Huawei]undo vlan 3
```

如以下是用于关闭路由器接口 GigabitEthernet0/0/0 的命令序列。

```
[routerabc]interface GigabitEthernet0/0/0
[routerabc-GigabitEthernet0/0/0]shutdown
```

则以下是用于开启路由器接口 GigabitEthernet0/0/0 的命令序列。

```
[routerabc]interface GigabitEthernet0/0/0
[routerabc-GigabitEthernet0/0/0]undo shutdown
```

如以下是用于为路由器接口 GigabitEthernet0/0/0 配置 IP 地址 192.1.1.254 和子网掩码 255.255.255.0 的命令序列。

```
[routerabc]interface GigabitEthernet0/0/0
[routerabc-GigabitEthernet0/0/0]ip address 192.1.1.254 24
```

则以下是取消为路由器接口 GigabitEthernet0/0/0 配置的 IP 地址和子网掩码的命令序列。

```
[routerabc]interface GigabitEthernet0/0/0
[routerabc-GigabitEthernet0/0/0]undo ip address 192.1.1.254 24
```

1.2.5　保存拓扑结构

华为 eNSP 完成设备放置、连接、配置和调试过程后，在保存拓扑结构之前，需要先保存每个设备的当前配置信息。交换机保存配置信息界面如图 1.32 所示。路由器保存配置信息界面如图 1.33 所示。在用户视图下，通过输入命令 save 开始保存配置信息过程，根据提示输入配置文件名，配置文件的后缀是 cfg。

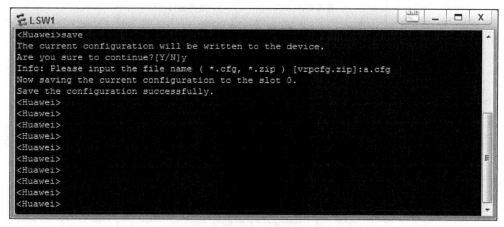

图 1.32　交换机保存配置信息界面

```
[[ AR1                                                    □|×|  _  □  X

<Huawei>save
 The current configuration will be written to the device.
 Are you sure to continue? (y/n)[n]:y
 It will take several minutes to save configuration file, please wait........
 Configuration file had been saved successfully
 Note: The configuration file will take effect after being activated
<Huawei>
<Huawei>
<Huawei>
<Huawei>
<Huawei>
<Huawei>
<Huawei>
<Huawei>
```

图 1.33　路由器保存配置信息界面

1.3　报文捕获过程

华为 eNSP 与 Wireshark 结合,可以捕获网络设备运行过程中交换的各种类型的报文,显示报文中各个字段的值。

1.3.1　启动 Wireshark

如果在工作区完成设备放置和连接过程,且完成设备启动过程,可以通过单击工具栏中的"数据抓包"按钮启动数据抓包过程。针对图 1.23 所示工作区中的拓扑结构,启动数据抓包过程后,弹出如图 1.34 所示的选择设备和选择接口的界面。在选择设备框中选定需要抓包的设备,在选择接口框中选定需要抓包的接口,单击"开始抓包"按钮,启动 Wireshark,由 Wireshark 完成指定接口的报文捕获过程。可以同时在多个接口上启动 Wireshark。

图 1.34　抓包过程中选择设备和选择接口的界面

1.3.2 配置显示过滤器

默认状态下,Wireshark 显示输入输出指定接口的全部报文。但在网络调试过程中,或者在观察某个协议运行过程中设备之间交换的报文类型和报文格式时,需要有选择地显示捕获的报文。显示过滤器用于设定显示报文的条件。

可以直接在显示过滤器(Filter)框中输入用于设定显示报文条件的条件表达式,如图 1.35 所示。条件表达式由逻辑操作符连接的关系表达式组成。常见的关系操作符见表 1.1。常见的逻辑操作符见表 1.2。用作条件的常见的关系表达式见表 1.3。假定只显示符合以下条件的 IP 分组:

- 源 IP 地址等于 192.1.1.1;
- 封装在该 IP 分组中的报文是 TCP 报文,且目的端口号等于 80。

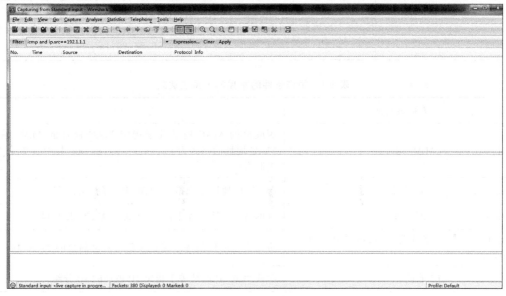

图 1.35 显示过滤器框中的条件表达式

表 1.1 常见的关系操作符

与 C 语言相似的关系操作符	简写	说明	举　　例
==	eq	等于	eth.addr==12:34:56:78:90:1a ip.src eq 192.1.1.254
!=	ne	不等于	ip.src!=192.1.1.254 ip.src ne 192.1.1.254
>	gt	大于	tcp.port>1024 tcp.port gt 1024
<	lt	小于	tcp.port<1024 tcp.port lt 1024
>=	ge	大于或等于	tcp.port>=1024 tcp.port ge 1024
<=	le	小于或等于	tcp.port<=1024 tcp.port le 1024

表 1.2　常见的逻辑操作符

与 C 语言相似的逻辑操作符	简写	说明	举　　例
&&	and	逻辑与	eth.addr==12:34:56:78:90:1a and ip.src eq 192.1.1.254 eth.addr==12:34:56:78:90:1a && ip.src eq 192.1.1.254 MAC 帧的源或目的 MAC 地址等于 12:34:56:78:90:1a,且MAC 帧封装的 IP 分组的源 IP 地址等于 192.1.1.254
||	or	逻辑或	eth.addr==12:34:56:78:90:1a or ip.src eq 192.1.1.254 eth.addr==12:34:56:78:90:1a || ip.src eq 192.1.1.254 MAC 帧的源或目的 MAC 地址等于 12:34:56:78:90:1a,或者 MAC 帧封装的 IP 分组的源 IP 地址等于 192.1.1.254
!	not	逻辑非	! eth.addr==12:34:56:78:90:1a 或者源 MAC 地址不等于 12:34:56:78:90:1a,或者目的 MAC 地址不等于 12:34:56:78:90:1a

表 1.3　用作条件的常见的关系表达式

关系表达式	说　　明
eth.addr==<MAC 地址>	源或目的 MAC 地址等于指定 MAC 地址的 MAC 帧。MAC 地址的格式为 xx:xx:xx:xx:xx:xx,其中 x 为十六进制数
eth.src==<MAC 地址>	源 MAC 地址等于指定 MAC 地址的 MAC 帧
eth.dst==<MAC 地址>	目的 MAC 地址等于指定 MAC 地址的 MAC 帧
eth.type==<格式为 0xnnnn 的协议类型字段值>	协议类型字段值等于指定 4 位十六进制数的 MAC 帧
ip.addr==<IP 地址>	源或目的 IP 地址等于指定 IP 地址的 IP 分组
ip.src==<IP 地址>	源 IP 地址等于指定 IP 地址的 IP 分组
ip.dst==<IP 地址>	目的 IP 地址等于指定 IP 地址的 IP 分组
ip.ttl==<值>	ttl 字段值等于指定值的 IP 分组
ip.version==<4/6>	版本字段值等于 4 或 6 的 IP 分组
tcp.port==<值>	源或目的端口号等于指定值的 TCP 报文
tcp.srcport==<值>	源端口号等于指定值的 TCP 报文
tcp.dstport==<值>	目的端口号等于指定值的 TCP 报文
udp.port==<值>	源或目的端口号等于指定值的 UDP 报文
udp.srcport==<值>	源端口号等于指定值的 UDP 报文
udp.dstport==<值>	目的端口号等于指定值的 UDP 报文

　　可以通过在显示过滤器框中输入以下条件表达式实现只显示符合上述条件的 IP 分组

的目的：

```
ip.src eq 192.1.1.1 && tcp.dstport ==80
```

在显示过滤器框中输入条件表达式时，如果输入部分属性名称，则显示过滤器框下自动列出包含该部分属性名称的全部属性名称。例如，输入部分属性名称"ip."，显示过滤器框下自动弹出如图 1.36 所示的包含"ip."的全部属性名称的列表。

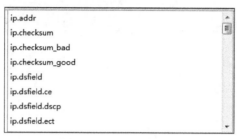

图 1.36　属性名称列表

1.4　网络设备配置方式

华为 eNSP 通过双击某个网络设备启动该设备的 CLI 界面，但实际网络设备的配置过程与此不同。目前存在多种配置实际网络设备的方式，主要有控制台端口配置方式、Telnet配置方式、Web 界面配置方式、SNMP 配置方式和配置文件加载方式等。对于路由器和交换机，华为 eNSP 主要支持控制台端口配置方式和 Telnet 配置方式等。

1.4.1　控制台端口配置方式

1. 工作原理

交换机和路由器出厂时只有默认配置，如果需要对刚购买的交换机和路由器进行配置，最直接的方式是采用如图 1.37 所示的控制台端口配置方式。用串行口连接线互连 PC 的RS-232 串行口和网络设备的 Consol(控制台)端口，启动 PC 的超级终端程序，完成超级终端程序参数配置过程，按回车键进入网络设备的 CLI 界面。

(a) 交换机配置方式　　　　　　　　　　　　(b) 路由器配置方式

图 1.37　控制台端口配置方式

一般情况下，通过控制台端口配置方式完成网络设备的基本配置，如交换机管理地址和默认网关地址，路由器各个接口的 IP 地址、静态路由项或路由协议等，其目的是建立终端与网络设备之间的传输通路，只有建立终端与网络设备之间的传输通路后，才能通过其他配置方式对网络设备进行配置。

2. 华为 eNSP 实现过程

如图 1.38 所示是华为 eNSP 通过控制台端口配置方式完成交换机和路由器初始配置

的界面。在工作区中放置终端和网络设备,选择 CTL 连接线(连接线类型是互连串行口和控制台端口的串行口连接线)互连终端与网络设备。通过双击终端(PC1 或 PC2)启动终端的配置界面,单击"串口"选项卡,弹出如图 1.39 所示的 PC1 超级终端程序参数配置界面,单击"连接"按钮,进入网络设备 CLI 界面。如图 1.40 所示为通过超级终端程序进入的交换机CLI 界面。

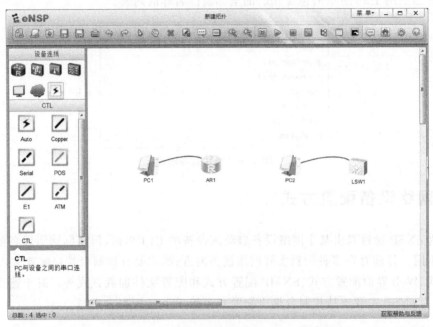

图 1.38　放置和连接设备后的工作区界面

图 1.39　PC1 超级终端程序参数配置界面

图 1.40　通过超级终端程序进入的交换机 CLI 界面

1.4.2　Telnet 配置方式

1. 工作原理

图 1.41 中的终端通过 Telnet 配置方式对网络设备实施远程配置的前提是,交换机和路由器必须完成如图 1.41 所示的基本配置。例如,路由器 R 需要完成如图 1.41 所示的接口 IP 地址和子网掩码配置。交换机 S1 和 S2 需要完成如图 1.41 所示的管理地址和默认网关地址配置。终端需要完成如图 1.41 所示的 IP 地址和默认网关地址配置。只有完成上述配置后,终端与网络设备之间才能建立 Telnet 报文传输通路,终端才能通过 Telnet 远程登录网络设备。

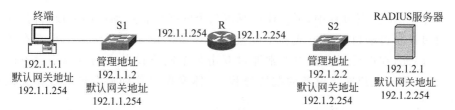

图 1.41　Telnet 配置方式

Telnet 配置方式与控制台端口配置方式的最大不同在于,Telnet 配置方式必须在已经建立终端与网络设备之间的 Telnet 报文传输通路的前提下进行,而且单个终端可以通过 Telnet 配置方式对一组已经建立与终端之间的 Telnet 报文传输通路的网络设备实施远程配置。控制台端口配置方式只能对单个通过串行口连接线连接的网络设备实施配置。

2. 华为 eNSP 实现过程

如图 1.42 所示是华为 eNSP 实现用 Telnet 配置方式配置网络设备的工作区界面。在工作区中放置和连接网络设备,对网络设备完成基本配置。由于华为 eNSP 中的终端并没有 Telnet 实用程序,因此需要通过启动路由器中的 Telnet 实用程序实现对交换机的远程配置过程。为了建立终端 PC、各个网络设备之间的 Telnet 报文传输通路,需要对路由器 AR1 的接口配置 IP 地址和子网掩码,对终端 PC 配置 IP 地址、子网掩码和默认网关地址等。对实际网络设备的基本配置一般通过控制台端口配置方式完成,因此,控制台端口配置方式在网络设备的配置过程中是不可或缺的。

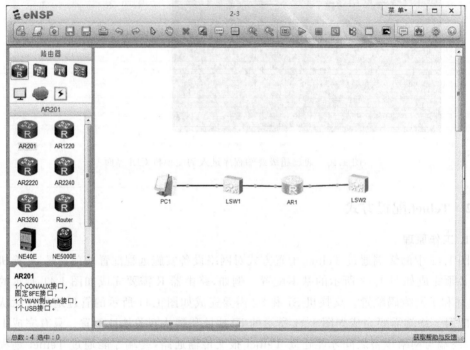

图 1.42 放置和连接设备后的工作区界面

在华为 eNSP 实现过程中,可以通过双击某个网络设备启动该网络设备的 CLI 界面,也可以通过控制台端口配置方式逐个配置网络设备。由于课程学习的重点在于掌握原理和方法,因此,在以后的实验中通常通过双击某个网络设备启动该网络设备的 CLI 界面,通过 CLI 界面完成网络设备的配置过程,具体操作步骤和命令输入过程在以后章节中详细讨论。

一旦建立终端 PC、各个网络设备之间的 Telnet 报文传输通路,就可以通过双击路由器 AR1 进入如图 1.43 所示的 CLI 界面。在命令提示符下,通过启动 Telnet 实用程序建立与交换机 LSW1 的 Telnet 会话,通过 Telnet 配置方式开始对交换机 LSW1 的配置过程。如图 1.43 所示是路由器 AR1 通过 Telnet 远程登录交换机 LSW1 后出现的交换机 CLI 界面。

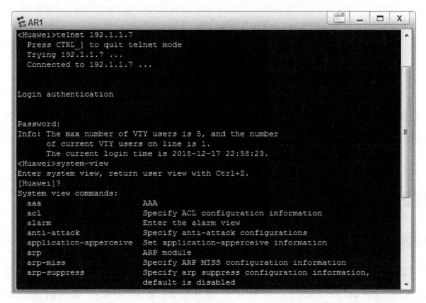

图 1.43　路由器 AR1 远程登录交换机 LSW1 后出现的交换机 CLI 界面

第2章 校园网设计实验

一个庞大的校园网设计、实施过程可以分为数据通信网络设计、实施过程,应用系统设计、实施过程和安全系统设计、实施过程三个阶段。同样可以将校园网设计实验分为三个步骤。

2.1 校园网结构和实施过程

2.1.1 校园网结构

校园网设计实验需要在华为 eNSP 上按照如图 2.1 所示的校园网结构完成设备放置和连接,设备配置和调试的步骤,最终实现学生移动终端、教师移动终端和教室固定终端能够按设定权限完成访问服务器过程的目的。

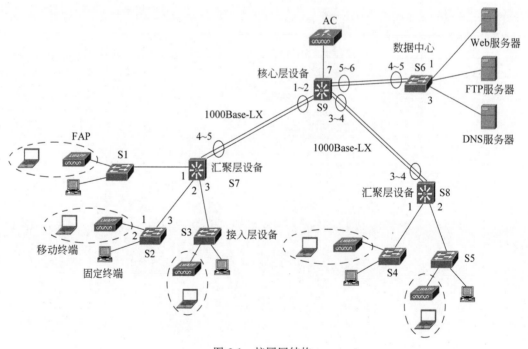

图 2.1 校园网结构

2.1.2 实施过程

校园网设计实验实施过程分为三个阶段:数据通信网络配置实验、应用系统配置实验和安全系统配置实验。

1. 数据通信网络配置实验

将学生移动终端、教师移动终端和教室固定终端划分到不同的虚拟局域网(Virtual LAN,VLAN),在三层交换机上创建各个 VLAN 对应的 IP 接口,通过路由协议开放最短路径优先(Open Shortest Path First,OSPF)在所有三层交换机中建立用于指明通往所有 VLAN 的传输路径的路由项。

2. 应用系统配置实验

学生移动终端、教师移动终端和教室固定终端需要通过动态主机配置协议(Dynamic Host Configuration Protocol,DHCP)自动获取网络配置信息,因此,需要在 DHCP 服务器中完成相关 VLAN 对应的作用域的配置过程。需要完成域名服务器的配置过程,使得各种类型终端可以通过域名访问服务器。

3. 安全系统配置实验

通过在三层交换机 S7 与 S9 之间、S8 与 S9 之间启动 OSPF 链路状态通告(Link State Advertisement,LSA)源端鉴别和完整性检测功能,实现 OSPF 安全功能。通过在三层交换机 IP 接口中配置分组过滤器,使得各种类型终端只能按照指定权限访问服务器。

2.2　数据通信网络配置实验

2.2.1　实验内容

1. 划分 VLAN

在如图 2.1 所示的校园网结构中创建 12 个 VLAN(VLAN 1 是默认 VLAN),这 12 个 VLAN 的功能见表 2.1。根据这些 VLAN 的功能要求为这些 VLAN 分配交换机端口,保证属于相同 VLAN 的结点之间、结点与对应的 IP 接口之间存在交换路径。

表 2.1　需要创建的 VLAN 及其功能

VLAN	功　　　能
VLAN 1	用于所有瘦接入点(Access Point,AP)与无线控制器(Access Controller,AC)之间交换无线接入点控制和配置(Control And Provisioning of Wireless Access Points,CAPWAP)消息
VLAN 2	用于连接瘦 AP1、瘦 AP2 和瘦 AP3 连接的学生移动终端
VLAN 3	用于连接瘦 AP4 和瘦 AP5 连接的学生移动终端
VLAN 4	用于连接瘦 AP1、瘦 AP2 和瘦 AP3 连接的教师移动终端
VLAN 5	用于连接瘦 AP4 和瘦 AP5 连接的教师移动终端
VLAN 6	用于连接交换机 S1、S2 和 S3 连接的固定终端
VLAN 7	用于连接交换机 S4 和 S5 连接的固定终端
VLAN 8	用于连接 Web 服务器
VLAN 9	用于连接 FTP 服务器
VLAN 10	用于连接 DNS 服务器

VLAN	功　　能
VLAN 11	用于实现三层交换机 S7 与 S9 互连
VLAN 12	用于实现三层交换机 S8 与 S9 互连

2. 链路聚合

通过在交换机 S7 与 S9 之间、交换机 S8 与 S9 之间和交换机 S6 与 S9 之间定义聚合链路,将交换机 S7 与 S9 之间、交换机 S8 与 S9 之间和交换机 S6 与 S9 之间的聚合链路带宽提高到 2Gb/s。

3. AC＋瘦 AP

由 AC 统一完成对瘦 AP 的配置过程,AC 在每个瘦 AP 中创建两个无线局域网(Wireless LAN,WLAN),并将这两个 WLAN 分别绑定不同的 VLAN。

4. 定义 IP 接口

分别为每个 VLAN 定义 IP 接口,为 IP 接口分配 IP 地址和子网掩码。属于某个 VLAN 的结点与该 VLAN 对应的 IP 接口之间必须存在交换路径。

5. 通过路由协议 OSPF 创建完整路由表

由 OSPF 生成用于指明通往校园网中所有 VLAN 的传输路径的路由项。

2.2.2　实验目的

(1) 掌握 VLAN 创建和端口配置过程。
(2) 掌握链路聚合配置过程。
(3) 掌握 AC 配置过程。
(4) 掌握三层交换机 IP 接口配置过程。
(5) 掌握三层交换机 OSPF 配置过程。

2.2.3　实验原理

1. 划分 VLAN

连接瘦 AP 的交换机需要被三个 VLAN 共享:第一个 VLAN 用于实现瘦 AP 与 AC 之间 CAPWAP 消息传输过程;第二个 VLAN 用于实现学生移动终端之间、学生移动终端与该 VLAN 对应的 IP 接口之间的 MAC 帧传输过程;第三个 VLAN 用于实现教师移动终端之间、教师移动终端与该 VLAN 对应的 IP 接口之间的 MAC 帧传输过程。配置其他交换机端口时,如果该端口只被属于单个 VLAN 的交换路径经过,则该交换机端口配置成属于该 VLAN 的接入端口(access)。如果该端口被多条属于不同 VLAN 的交换路径经过,则该交换机端口配置成被这些 VLAN 共享的主干端口(trunk)。

2. 链路聚合

交换机 S6、S7 和 S8 分别用两条物理链路连接交换机 S9,这两条物理链路构成聚合链路,分别将交换机 S6、S7 和 S8 中连接聚合链路的两个端口聚合成 eth-trunk 接口。交换机 S9 存在三组分别连接交换机 S6、S7 和 S8 的聚合链路,每组聚合链路包含两条物理链路,分

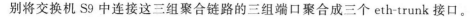

别将交换机 S9 中连接这三组聚合链路的三组端口聚合成三个 eth-trunk 接口。

3. AC＋AP

在 AC 上创建 WLAN 1、WLAN 2、WLAN 3 和 WLAN 4,其中 WLAN 1 和 WLAN 2 分别绑定连接在交换机 S1、S2 和 S3 上的 FAP1、FAP2 和 FAP3。WLAN 3 和 WLAN 4 分别绑定连接在交换机 S4 和 S5 上的 FAP4 和 FAP5。WLAN 1 和 WLAN 2 分别与 VLAN 2 和 VLAN 4 建立关联。WLAN 3 和 WLAN 4 分别与 VLAN 3 和 VLAN 5 建立关联。WLAN 与 AP 之间映射见表 2.2。

表 2.2　WLAN 与 AP 之间映射

WLAN 名	SSID	鉴别机制	业务 VLAN	绑定的 AP
WLAN 1	1234561	WPA2-PSK	VLAN 2	FAP1、FAP2 和 FAP3
WLAN 2	1234562	WPA2-PSK	VLAN 4	FAP1、FAP2 和 FAP3
WLAN 3	1234563	WPA2-PSK	VLAN 3	FAP4 和 FAP5
WLAN 3	1234564	WPA2-PSK	VLAN 5	FAP4 和 FAP5

4. OSPF

VLAN 1 以外的所有其他 VLAN 都属于同一个 OSPF 区域,在三层交换机中通过 OSPF 建立用于指明通往 VLAN 1 以外的所有其他 VLAN 的传输路径的路由项。VLAN 1 只是用于实现 FAP 与 AC 之间的通信过程,不与其他 VLAN 中的结点交换数据。

2.2.4　关键命令说明

1. VLAN 划分

1) 创建批量 VLAN

```
[Huawei]vlan batch 2 4 6
```

vlan batch 2 4 6 是系统视图下使用的命令,该命令的作用是创建批量 VLAN。这里的批量 VLAN 包括 VLAN 2、VLAN 4 和 VLAN 6。

2) 配置接入端口

以下命令序列实现将交换机端口 Ethernet0/0/1 作为接入端口分配给 VLAN 6 的功能。

```
[Huawei]interface Ethernet0/0/1
[Huawei-Ethernet0/0/1]port link-type access
[Huawei-Ethernet0/0/1]port default vlan 6
[Huawei-Ethernet0/0/1]quit
```

interface Ethernet0/0/1 是系统视图下使用的命令,该命令的作用是进入交换机端口 Ethernet0/0/1 对应的接口视图,在该接口视图下可以配置对交换机端口 Ethernet0/0/1 作用的命令。Ethernet 是端口类型,表示以太网端口。0/0/1 是端口编号。

port link-type access 是接口视图下使用的命令,该命令的作用是将指定端口(这里是端口 Ethernet0/0/1)的类型定义为接入端口(access)。

port default vlan 6 是接口视图下使用的命令,该命令的作用是将指定端口(这里是端口 Ethernet0/0/1)作为接入端口分配给 VLAN 6,同时将 VLAN 6 作为指定端口的默认 VLAN,即将没有携带 VLAN ID 的 MAC 帧作为属于 VLAN 6 的 MAC 帧。

3) 配置主干端口

以下命令序列实现将交换机端口 GigabitEthernet0/0/1 定义为被 VLAN 1、VLAN 2 和 VLAN 4 共享的主干端口的功能。

```
[Huawei]interface GigabitEthernet0/0/1
[Huawei-GigabitEthernet0/0/1]port link-type trunk
[Huawei-GigabitEthernet0/0/1]port trunk allow-pass vlan 1 2 4
[Huawei-GigabitEthernet0/0/1]quit
```

port link-type trunk 是接口视图下使用的命令,该命令的作用是将指定端口(这里是端口 GigabitEthernet0/0/1)的类型定义为主干端口。

port trunk allow-pass vlan 1 2 4 是接口视图下使用的命令,该命令的作用是将指定端口(这里是端口 GigabitEthernet0/0/1)定义为被 VLAN 1、VLAN 2 和 VLAN 4 共享的主干端口。

2. 定义聚合链路

1) 创建和配置 eth-trunk 接口

```
[Huawei]interface eth-trunk 1
[Huawei-Eth-Trunk1]mode lacp
[Huawei-Eth-Trunk1]max active-linknumber 2
[Huawei-Eth-Trunk1]load-balance src-dst-mac
[Huawei-Eth-Trunk1]quit
```

interface eth-trunk 1 是系统视图下使用的命令,该命令的作用是创建编号为 1 的 eth-trunk 接口,并进入 eth-trunk 接口视图。

mode lacp 是 eth-trunk 接口视图下使用的命令,该命令的作用是将 eth-trunk 接口的工作模式指定为链路聚合控制协议(Link Aggregation Control Protocol,LACP)模式。

max active-linknumber 2 是 eth-trunk 接口视图下使用的命令,该命令的作用是将指定 eth-trunk 接口(这里是 eth-trunk 1)对应的链路聚合组的活动接口数目的上限阈值设定为 2。

load-balance src-dst-mac 是 eth-trunk 接口视图下使用的命令,该命令的作用是将负载均衡方式指定为 src-dst-mac。这种负载均衡方式要求根据 MAC 帧的源和目的 MAC 地址分配传输 MAC 帧的物理链路,即源和目的 MAC 地址不同的 MAC 帧可以分配到链路聚合组中的不同物理链路。

2) 加入成员接口

```
[Huawei]interface GigabitEthernet0/0/4
[Huawei-GigabitEthernet0/0/4]eth-trunk 1
[Huawei-GigabitEthernet0/0/4]quit
```

eth-trunk 1 是接口视图下使用的命令,该命令的作用是将指定交换机端口(这里是端口 GigabitEthernet0/0/4)加入编号为 1 的 eth-trunk 接口中。

3）配置 eth-trunk 接口为主干端口

```
[Huawei]interface eth-trunk 1
[Huawei-Eth-Trunk1]port link-type trunk
[Huawei-Eth-Trunk1]port trunk allow-pass vlan 1 2 4 6 11
[Huawei-Eth-Trunk1]quit
```

interface eth-trunk 1 是系统视图下使用的命令，该命令的作用是进入编号为 1 的 eth-trunk 接口对应的 eth-trunk 接口视图。将 eth-trunk 接口配置为被多个 VLAN 共享的主干端口（标记端口）时，eth-trunk 接口等同于交换机端口。

3. 定义 IP 接口

```
[Huawei]interface vlanif 2
[Huawei-Vlanif2]ip address 192.1.2.254 24
[Huawei-Vlanif2]quit
```

interface vlanif 2 是系统视图下使用的命令，该命令的作用是创建 VLAN 2 对应的 IP 接口，并进入 IP 接口视图。

ip address 192.1.2.254 24 是接口视图下使用的命令，该命令的作用是为指定 IP 接口（这里是 VLAN 2 对应的 IP 接口）分配 IP 地址 192.1.2.254 和子网掩码 255.255.255.0，24 是网络前缀长度。

三层交换机中定义某个 VLAN 对应的 IP 接口的前提是，已经在三层交换机中创建该 VLAN，并且已经有端口分配给该 VLAN。分配给该 VLAN 的端口可以是接入端口，也可以是主干端口。

4. 配置 OSPF

```
[Huawei]ospf 7
[Huawei-ospf-7]area 1
[Huawei-ospf-7-area-0.0.0.1]network 192.1.2.0 0.0.0.255
[Huawei-ospf-7-area-0.0.0.1]network 192.1.4.0 0.0.0.255
[Huawei-ospf-7-area-0.0.0.1]network 192.1.6.0 0.0.0.255
[Huawei-ospf-7-area-0.0.0.1]network 192.1.11.0 0.0.0.255
[Huawei-ospf-7-area-0.0.0.1]quit
[Huawei-ospf-7]quit
```

ospf 7 是系统视图下使用的命令，该命令的作用是启动编号为 7 的 OSPF 进程，并进入 OSPF 视图。

area 1 是 OSPF 视图下使用的命令，该命令的作用是创建编号为 1 的 OSPF 区域，并进入编号为 1 的 OSPF 区域视图。

network 192.1.2.0 0.0.0.255 是 OSPF 区域视图下使用的命令，该命令的作用是指定属于特定区域（这里是区域 1）的路由器接口和直接连接的网络。所有接口 IP 地址属于无类别域间路由（Classless Inter-Domain Routing，CIDR）地址块 192.1.2.0/24 的路由器接口均参与指定区域（这里是区域 1）内 OSPF 创建动态路由项的过程。确定参与 OSPF 创建动态路由项过程的路由器接口将接收和发送 OSPF 报文。直接连接的网络中，所有网络地址属于 CIDR 地址块 192.1.2.0/24 的网络均参与 OSPF 创建动态路由项的过程，其他路由器创建的动态路由项中包含用于指明通往确定参与 OSPF 创建动态路由项过程的网络的传输路径的动态路由项。192.1.2.0 0.0.0.255 用于指定 CIDR 地址块 192.1.2.0/24,0.0.0.255 是子网掩码 255.255.255.0 的反码,其作用等同于子网掩码 255.255.255.0。

5. 配置 AC

FAP 实现即插即用,需要完成以下两个功能:一是能够自动获取 IP 地址,并建立与 AC 之间的 CAPWAP(无线接入点控制和配置协议)隧道;二是 AC 能够自动通过 CAPWAP 隧道推送 WLAN 配置。

每个 AP 可以有多个射频,每个射频可以绑定多个 WLAN,每个 WLAN 需要关联鉴别加密机制、SSID、所属的 VLAN、MAC 帧转发方式等。绑定同一组 WLAN 的 AP 可以构成 AP 组。

1) 交换机 DHCP 服务器配置命令

以下命令序列用于在交换机中启动 DHCP 服务器功能,并将分配给属于 VLAN 1 的 AC 和瘦 AP 的 IP 地址范围确定为 192.1.1.0/24。

```
[Huawei]dhcp enable
[Huawei]interface vlanif 1
[Huawei-Vlanif2]ip address 192.1.1.254 24
[Huawei-Vlanif2]dhcp select interface
[Huawei-Vlanif2]quit
```

dhcp enable 是系统视图下使用的命令,该命令的作用是启动交换机 DHCP 功能。只有在交换机中通过该命令启动 DHCP 功能后,才能进行后续有关 DHCP 的配置过程。

interface vlanif 1 是系统视图下使用的命令,该命令的作用是定义 VLAN 1 对应的 IP 接口(vlanif 1),并进入 IP 接口视图。

ip address 192.1.1.254 24 是接口视图下使用的命令,该命令的作用是为接口(这里是 VLAN 1 对应的 IP 接口 vlanif 1)配置 IP 地址 192.1.1.254 和子网掩码 255.255.255.0(24 是网络号位数)。在采用基于接口地址池分配 IP 地址的方式时,IP 地址 192.1.1.254 和子网掩码 255.255.255.0 决定了接口地址池的 IP 地址范围是 192.1.1.0/24,默认网关地址是 192.1.1.254。

dhcp select interface 是接口视图下使用的命令,该命令的作用是启动 DHCP 服务器基于接口地址池的 IP 地址分配方式。启动该 IP 地址分配方式后,DHCP 服务器通过该接口接收到 DHCP 请求消息后,在该接口的接口地址池中选择一个未使用的 IP 地址作为分配给发送 DHCP 请求消息的瘦 AP 的 IP 地址。

2) AC 创建 AP 组命令

以下命令序列用于创建一个名为 apg1 的 AP 组。绑定同一组 WLAN 的 AP 构成一个 AP 组。

```
[AC6605]wlan
[AC6605-wlan-view]ap-group name apg1
[AC6605-wlan-ap-group-apg1]quit
```

wlan 是系统视图下使用的命令,该命令的作用是从系统视图进入 wlan 视图。

ap-group name apg1 是 wlan 视图下使用的命令,该命令的作用是创建一个名为 apg1

的 AP 组,并进入 AP 组视图。

3) AC 创建和配置域管理模板命令

以下命令序列用于创建一个名为 domain 的域管理模板,并进入域管理模板视图,在域管理模板视图下完成设备国家码的配置过程。

```
[AC6605-wlan-view]regulatory-domain-profile name domain
[AC6605-wlan-regulate-domain-domain]country-code cn
[AC6605-wlan-regulate-domain-domain]quit
```

regulatory-domain-profile name domain 是 wlan 视图下使用的命令,该命令的作用是创建名为 domain 的域管理模板,并进入域管理模板视图。

country-code cn 是域管理模板视图下使用的命令,该命令的作用是将 cn(中国)作为设备的国家码。一旦将设备的国家码配置为 cn,该设备就符合中国使用环境的要求。

4) AP 组引用域管理模板命令

```
[AC6605-wlan-view]ap-group name apg1
[AC6605-wlan-ap-group-apg1]regulatory-domain-profile domain
[AC6605-wlan-ap-group-apg1]quit
```

ap-group name apg1 是 wlan 视图下使用的命令,该命令的作用是进入 AP 组视图。

regulatory-domain-profile domain 是 AP 组视图下使用的命令,该命令的作用是将名为 domain 的域管理模板引用到指定的 AP 组(这里是名为 apg1 的 AP 组)。

5) 指定 capwap 隧道源端命令

```
[AC6605]capwap source interface vlanif 1
```

capwap source interface vlanif 1 是系统视图下使用的命令,该命令的作用是指定 VLAN 1 对应的 IP 接口(vlanif 1)作为 capwap 隧道源端。

6) AP 鉴别方式配置命令

```
[AC6605-wlan-view]ap auth-mode mac-auth
```

ap auth-mode mac-auth 是 wlan 视图下使用的命令,该命令的作用是指定 MAC 地址鉴别作为 AP 鉴别方式。

7) 增加 AP 命令

以下命令序列用于增加一个 MAC 地址为 00e0-fc22-6350 的 AP。绑定同一组 WLAN 的 AP 构成一个 AP 组。

```
[AC6605-wlan-view]ap-id 1 ap-mac 00e0-fc22-6350
[AC6605-wlan-ap-1]ap-name ap1
[AC6605-wlan-ap-1]ap-group apg1
[AC6605-wlan-ap-1]quit
```

ap-id 1 ap-mac 00e0-fc22-6350 是 wlan 视图下使用的命令,该命令的作用是增加一个设备索引值为 1、MAC 地址为 00e0-fc22-6350 的 AP,并进入 AP 视图。因为指定了 MAC 地址鉴别作为 AP 鉴别方式,因此,增加 AP 时,需要指定增加的 AP 的 MAC 地址。AC 只对成功增加的 AP 进行统一配置。

ap-name ap1 是 AP 视图下使用的命令,该命令的作用是为指定 AP(这里是索引值为 1 的 AP)配置名字 ap1。

ap-group apg1 是 AP 视图下使用的命令,该命令的作用是将指定 AP(这里是索引值为 1 的 AP)加入名为 apg1 的 AP 组。

8) AC 创建和配置安全模板命令

```
[AC6605-wlan-view]security-profile name security1
[AC6605 - wlan - sec - prof - security1] security wpa2 psk pass - phrase Aa -
12345678901 aes
[AC6605-wlan-sec-prof-security1]quit
```

security-profile name security1 是 wlan 视图下使用的命令,该命令的作用是创建一个名为 security1 的安全模板,并进入安全模板视图。

security wpa2 psk pass-phrase Aa-12345678901 aes 是安全模板视图下使用的命令,该命令的作用是指定 WPA2 为鉴别机制,并指定 Aa-12345678901 为预共享密钥(Pre-Shared Key,PSK)、高级加密标准(Advanced Encryption Standard,AES)为加密算法。

9) AC 创建和配置 SSID 模板命令

```
[AC6605-wlan-view]ssid-profile name ssid1
[AC6605-wlan-ssid-prof-ssid1]ssid 1234561
[AC6605-wlan-ssid-prof-ssid1]quit
```

ssid-profile name ssid1 是 wlan 视图下使用的命令,该命令的作用是创建一个名为 ssid1 的服务集标识符(Service Set Identifier,SSID)模板,并进入 SSID 模板视图。

ssid 1234561 是 SSID 模板视图下使用的命令,该命令的作用是指定 1234561 为 SSID。

10) AC 创建和配置 VAP 模板命令

通过配置虚拟接入点(Virtual Access Point,VAP)模板指定某个 WLAN 关联的数据转发方式、鉴别加密机制、所属的 VLAN、SSID 等。不同的 WLAN 对应不同的 VAP 模板。

```
[AC6605-wlan-view]vap-profile name vap1
[AC6605-wlan-vap-prof-vap1]forward-mode tunnel
[AC6605-wlan-vap-prof-vap1]service-vlan vlan-id 2
[AC6605-wlan-vap-prof-vap1]security-profile security1
[AC6605-wlan-vap-prof-vap1]ssid-profile ssid1
[AC6605-wlan-vap-prof-vap1]quit
```

vap-profile name vap1 是 wlan 视图下使用的命令,该命令的作用是创建一个名为 vap1 的 VAP 模板,并进入 VAP 模板视图。

forward-mode tunnel 是 VAP 模板视图下使用的命令,该命令的作用是指定隧道转发方式为数据转发方式。

service-vlan vlan-id 2 是 VAP 模板视图下使用的命令,该命令的作用是指定 VLAN 2 为 VAP 的业务 VLAN。

security-profile security1 是 VAP 模板视图下使用的命令,该命令的作用是在指定

VAP 模板(这里是名为 vap1 的 VAP 模板)中引用名为 security1 的安全模板。

ssid-profile ssid1 是 VAP 模板视图下使用的命令,该命令的作用是在指定 VAP 模板 (这里是名为 vap1 的 VAP 模板)中引用名为 ssid1 的 SSID 模板。

11) 射频引用 VAP 模板命令

可以将一组 WLAN 绑定到特定 AP 的特定射频上。绑定相同 WLAN 的 AP 构成 AP 组。

```
[AC6605-wlan-view]ap-group name apg1
[AC6605-wlan-ap-group-apg1]vap-profile vap1 wlan 1 radio 0
[AC6605-wlan-ap-group-apg1]vap-profile vap1 wlan 1 radio 1
[AC6605-wlan-ap-group-apg1]vap-profile vap2 wlan 2 radio 0
[AC6605-wlan-ap-group-apg1]vap-profile vap2 wlan 2 radio 1
[AC6605-wlan-ap-group-apg1]quit
```

ap-group name apg1 是 wlan 视图下使用的命令,该命令的作用是进入 AP 组视图。

vap-profile vap1 wlan 1 radio 0 是 AP 组视图下使用的命令,该命令的作用是在编号为 0 的射频中引用名为 vap1 的 VAP 模板。关键词 wlan 后面的 1 是 VAP 模板编号。指定射频在引用 VAP 模板后,VAP 模板定义的参数才对该射频生效。一个 AP 可以有多个射频。

2.2.5 实验步骤

(1) 根据如图 2.1 所示的校园网结构在工作区完成设备放置和连接过程。完成设备放置和连接后的 eNSP 界面如图 2.2 所示。启动所有设备。其中交换机 LSW6~LSW9 采用 S5700 交换机,其他交换机采用 S3700 交换机。AC 采用 AC6605,AP1~AP5 采用 AP4050。

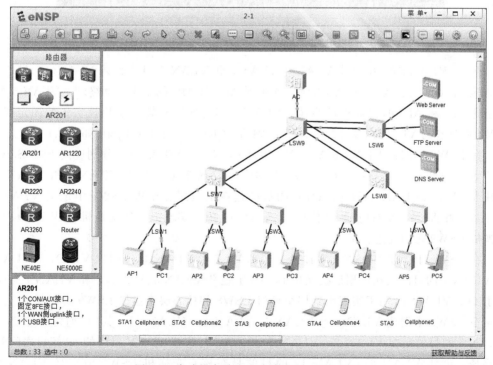

图 2.2 完成设备放置和连接后的 eNSP 界面

（2）在 LSW1～LSW3 中创建 VLAN 2、VLAN 4 和 VLAN 6，其中默认 VLAN（VLAN 1）用于 AP1～AP3 发现 AC。VLAN 2 绑定连接到 AP1～AP3 的学生移动终端。VLAN 4 绑定连接到 AP1～AP3 的教师移动终端。VLAN 6 绑定连接到教室 1～教室 3 的固定终端。LSW1 中创建的 VLAN 以及分配给每一个 VLAN 的接入端口和主干端口如图 2.3 所示。

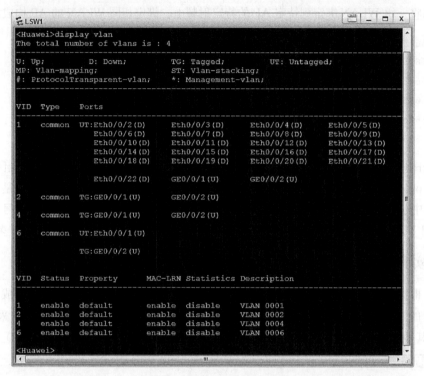

图 2.3　LSW1 的 VLAN 状态

在 LSW4 和 LSW5 中创建 VLAN 3、VLAN 5 和 VLAN 7，其中默认 VLAN（VLAN 1）用于 AP4 和 AP5 发现 AC。VLAN 3 绑定连接到 AP4 和 AP5 的学生移动终端。VLAN 5 绑定连接到 AP4 和 AP5 的教师移动终端。VLAN 7 绑定连接到教室 4 和教室 5 的固定终端。LSW4 中创建的 VLAN 以及分配给每一个 VLAN 的接入端口和主干端口如图 2.4 所示。

在 LSW6 中创建 VLAN 8、VLAN 9 和 VLAN 10，这些 VLAN 分别连接 Web Server、FTP Server 和 DNS Server。在 LSW7 中创建 VLAN 2、VLAN 4、VLAN 6 和 VLAN 11。创建 VLAN 2、VLAN 4 和 VLAN 6 的目的是在汇聚层交换机 LSW7 中定义 VLAN 2、VLAN 4 和 VLAN 6 对应的 IP 接口。VLAN 11 用于实现汇聚层交换机 LSW7 和核心层交换机 LSW9 之间互连。

在 LSW8 中创建 VLAN 3、VLAN 5、VLAN 7 和 VLAN 12。创建 VLAN 3、VLAN 5 和 VLAN 7 的目的是在汇聚层交换机 LSW8 中定义 VLAN 3、VLAN 5 和 VLAN 7 对应的 IP 接口。VLAN 12 用于实现汇聚层交换机 LSW8 和核心层交换机 LSW9 之间互连。

在 LSW9 中创建 VLAN 2～VLAN 5、VLAN 8～VLAN 12。其中，创建 VLAN 2～VLAN 5 的目的是在 VLAN 2～VLAN 5 建立 AC 与这些 VLAN 对应的 IP 接口之间的交换路径。创建 VLAN 8～VLAN 12 的目的是在核心交换机 LSW9 中定义 VLAN 8～

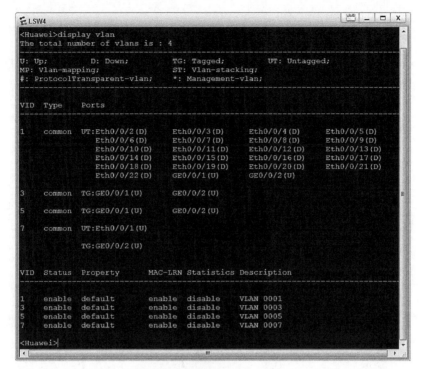

图 2.4　LSW4 的 VLAN 状态

VLAN 12 对应的 IP 接口。VLAN 11 和 VLAN 12 分别用于连接汇聚层交换机 LSW7 和 LSW8。LSW6～LSW9 中创建的 VLAN 以及分配给每一个 VLAN 的接入端口和主干端口分别如图 2.5～图 2.8 所示。

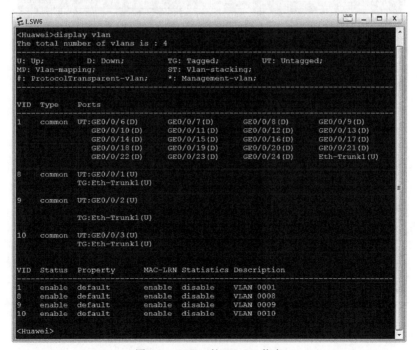

图 2.5　LSW6 的 VLAN 状态

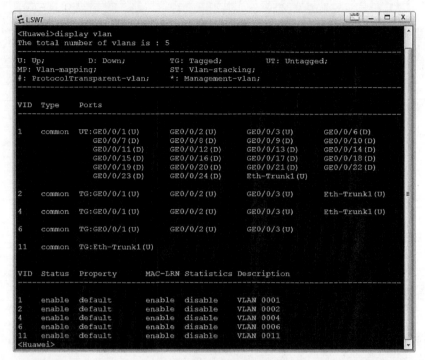

图 2.6　LSW7 的 VLAN 状态

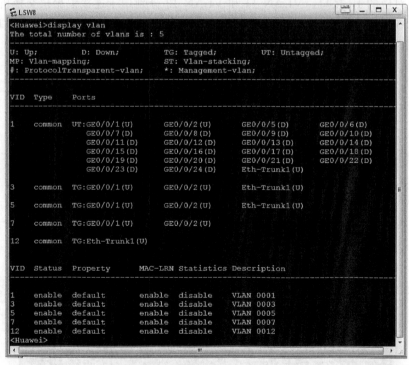

图 2.7　LSW8 的 VLAN 状态

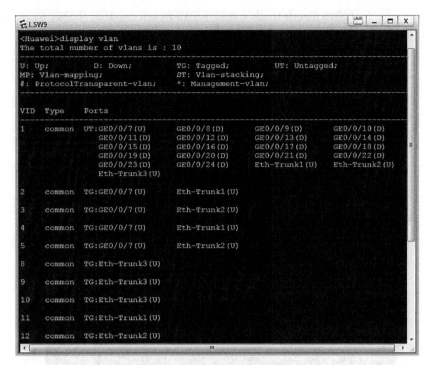

图 2.8　LSW9 的 VLAN 状态

在 AC 中创建 VLAN 2～VLAN 5,目的是在 VLAN 2～VLAN 5 建立 AC 与这些
VLAN 对应的 IP 接口之间的交换路径。默认 VLAN(VLAN 1)用于 AP1～AP5 发现 AC,
以及在 VLAN 1 内建立 AC 与 VLAN 1 对应的 IP 接口之间的交换路径。AC 中创建的
VLAN 如图 2.9 所示。

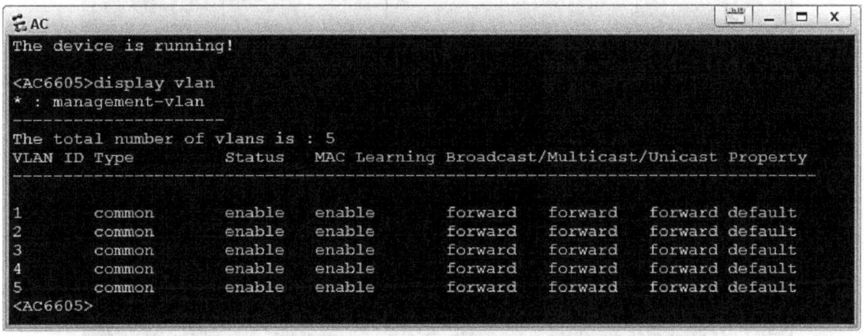

图 2.9　AC 中创建的 VLAN

（3）LSW6 将端口 GigabitEthernet0/0/4 和 GigabitEthernet0/0/5 聚合为 eth-trunk 1。
LSW7 将端口 GigabitEthernet0/0/4 和 GigabitEthernet0/0/5 聚合为 eth-trunk 1。LSW8
将端口 GigabitEthernet0/0/3 和 GigabitEthernet0/0/4 聚合为 eth-trunk 1。LSW9 将端口
GigabitEthernet0/0/1 和 GigabitEthernet0/0/2 聚合为 eth-trunk 1,将端口 GigabitEthernet0/0/3
和 GigabitEthernet0/0/4 聚合为 eth-trunk 2,将端口 GigabitEthernet0/0/5 和 GigabitEthernet0/0/6
聚合为 eth-trunk 3。LSW7 的 eth-trunk 1 连接 LSW9 的 eth-trunk 1。LSW8 的 eth-trunk 1 连接

LSW9 的 eth-trunk 2。LSW6 的 eth-trunk 1 连接 LSW9 的 eth-trunk 3。LSW7 的 eth-trunk 状态如图 2.10 所示。LSW9 的 eth-trunk 状态如图 2.11 所示。

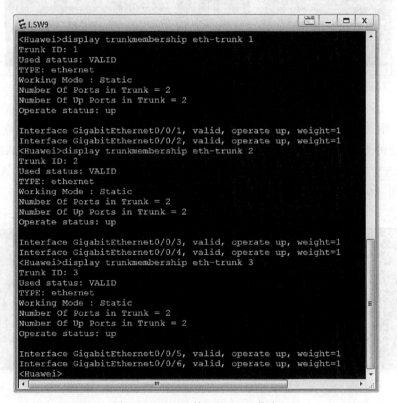

图 2.10　LSW7 的 eth-trunk 状态

图 2.11　LSW9 的 eth-trunk 状态

（4）将 LSW6 中的 eth-trunk 1 配置为被 VLAN 1、VLAN 8、VLAN 9 和 VLAN 10 共享的主干端口，如图 2.5 所示。将 LSW7 中的 eth-trunk 1 配置为被 VLAN 1、VLAN 2、VLAN 4 和 VLAN 11 共享的主干端口，如图 2.6 所示。将 LSW8 中的 eth-trunk 1 配置为被 VLAN 1、VLAN 3、VLAN 5 和 VLAN 12 共享的主干端口，如图 2.7 所示。将 LSW9 中的 eth-trunk 1 配置为被 VLAN 1、VLAN 2、VLAN 4 和 VLAN 11 共享的主干端口。将

LSW9 中的 eth-trunk 2 配置为被 VLAN 1、VLAN 3、VLAN 5 和 VLAN 12 共享的主干端口。将 LSW9 中的 eth-trunk 3 配置为被 VLAN 1、VLAN 8、VLAN 9 和 VLAN 10 共享的主干端口,如图 2.8 所示。

（5）在 LSW7 中完成 VLAN 2、VLAN 4、VLAN 6 和 VLAN 11 对应的 IP 接口的定义过程,这些 IP 接口配置的 IP 地址和子网掩码如图 2.12 所示。在 LSW8 中完成 VLAN 3、VLAN 5、VLAN 7 和 VLAN 12 对应的 IP 接口的定义过程,这些 IP 接口配置的 IP 地址和子网掩码如图 2.13 所示。在 LSW9 中完成 VLAN 1、VLAN 8～VLAN 12 对应的 IP 接口的定义过程,这些 IP 接口配置的 IP 地址和子网掩码如图 2.14 所示。

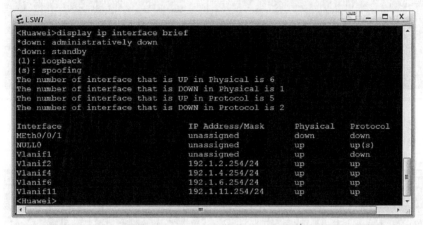

图 2.12 LSW7 中定义的 IP 接口以及为 IP 接口分配的 IP 地址和子网掩码

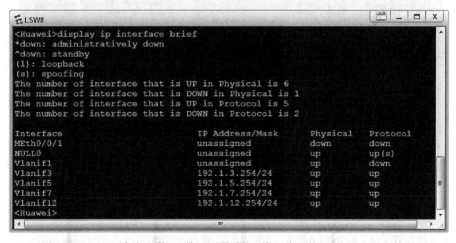

图 2.13 LSW8 中定义的 IP 接口以及为 IP 接口分配的 IP 地址和子网掩码

（6）完成 LSW7、LSW8 和 LSW9 OSPF 配置过程,LSW7、LSW8 和 LSW9 生成如图 2.15、图 2.16 和图 2.17 所示的完整路由表。其中,类型（Proto）Direct 表示直连路由项,类型（Proto）OSPF 表示 OSPF 生成的动态路由项。优先级（Pre）字段值用于确定该路由项的优先级,管理距离值越小,对应的路由项的优先级越高。如果存在多项类型不同、目的网络地址相同的路由项,则使用优先级高的路由项。这里,直连路由项的优先级字段值为 0,OSPF

路由项的优先级字段值为 10。代价(Cost)是该路由项对应的传输路径的链路代价和。

```
LSW9                                                                  _  □  X
<Huawei>display ip interface brief
*down: administratively down
^down: standby
(l): loopback
(s): spoofing
The number of interface that is UP in Physical is 7
The number of interface that is DOWN in Physical is 1
The number of interface that is UP in Protocol is 7
The number of interface that is DOWN in Protocol is 1

Interface                       IP Address/Mask      Physical     Protocol
MEth0/0/1                       unassigned           down         down
NULL0                           unassigned           up           up(s)
Vlanif1                         192.1.1.254/24       up           up
Vlanif8                         192.1.8.254/24       up           up
Vlanif9                         192.1.9.254/24       up           up
Vlanif10                        192.1.10.254/24      up           up
Vlanif11                        192.1.11.253/24      up           up
Vlanif12                        192.1.12.253/24      up           up
<Huawei>
```

图 2.14　LSW9 中定义的 IP 接口以及为 IP 接口分配的 IP 地址和子网掩码

```
LSW7                                                                  _  □  X
<Huawei>
<Huawei>display ip routing-table
Route Flags: R - relay, D - download to fib
-------------------------------------------------------------------------------
Routing Tables: Public
         Destinations : 18        Routes : 18

Destination/Mask     Proto    Pre   Cost      Flags NextHop          Interface

       127.0.0.0/8   Direct   0     0           D   127.0.0.1        InLoopBack0
       127.0.0.1/32  Direct   0     0           D   127.0.0.1        InLoopBack0
       192.1.1.0/24  OSPF     10    2           D   192.1.11.253     Vlanif11
       192.1.2.0/24  Direct   0     0           D   192.1.2.254      Vlanif2
     192.1.2.254/32  Direct   0     0           D   127.0.0.1        Vlanif2
       192.1.3.0/24  OSPF     10    3           D   192.1.11.253     Vlanif11
       192.1.4.0/24  Direct   0     0           D   192.1.4.254      Vlanif4
     192.1.4.254/32  Direct   0     0           D   127.0.0.1        Vlanif4
       192.1.5.0/24  OSPF     10    3           D   192.1.11.253     Vlanif11
       192.1.6.0/24  Direct   0     0           D   192.1.6.254      Vlanif6
     192.1.6.254/32  Direct   0     0           D   127.0.0.1        Vlanif6
       192.1.7.0/24  OSPF     10    3           D   192.1.11.253     Vlanif11
       192.1.8.0/24  OSPF     10    2           D   192.1.11.253     Vlanif11
       192.1.9.0/24  OSPF     10    2           D   192.1.11.253     Vlanif11
      192.1.10.0/24  OSPF     10    2           D   192.1.11.253     Vlanif11
      192.1.11.0/24  Direct   0     0           D   192.1.11.253     Vlanif11
    192.1.11.254/32  Direct   0     0           D   127.0.0.1        Vlanif11
      192.1.12.0/24  OSPF     10    2           D   192.1.11.253     Vlanif11

<Huawei>
```

图 2.15　LSW7 的完整路由表

（7）AP 在建立与 AC 之间的 CAPWAP 隧道前,需要自动获取 IP 地址,因此,需要在 LSW9 中定义与 VLAN 1 对应的 DHCP 地址池,由该 DHCP 地址池自动为 AP 分配 IP 地址。AC 需要配置与该 DHCP 地址池有相同网络地址的 IP 地址。LSW9 中定义的 DHCP 地址池如图 2.18 所示。移动终端接入 WLAN 后,需要自动获取与接入的 WLAN 一致的 IP 地址,因此,需要在 LSW7 中定义与 VLAN 2 和 VLAN 4 对应的 DHCP 地址池,由这两个 DHCP 地址池自动为接入 WLAN 1 和 WLAN 2 的移动终端分配 IP 地址。同样,需要在 LSW8 中定义与 VLAN 3 和 VLAN 5 对应的 DHCP 地址池,由这两个 DHCP 地址池自动

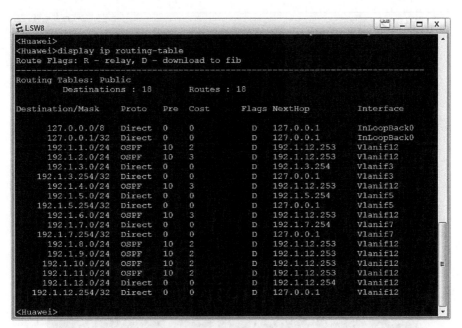

图 2.16　LSW8 的完整路由表

图 2.17　LSW9 的完整路由表

为接入 WLAN 3 和 WLAN 4 的移动终端分配 IP 地址。LSW7 中定义的 DHCP 地址池如图 2.19 所示。LSW8 中定义的 DHCP 地址池如图 2.20 所示。

（8）在 AC 中配置 AP 鉴别方式，将 AP1～AP5 添加到 AC 中。创建两个 AP 组，将 AP1、AP2 和 AP3 添加到 AP 组 apg1 中，将 AP4 和 AP5 添加到 AP 组 apg2 中。为了获得

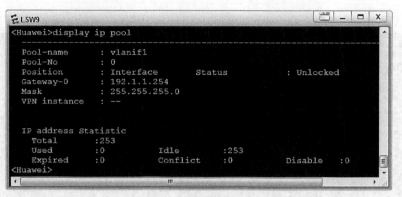

图 2.18　LSW9 中定义的 DHCP 地址池

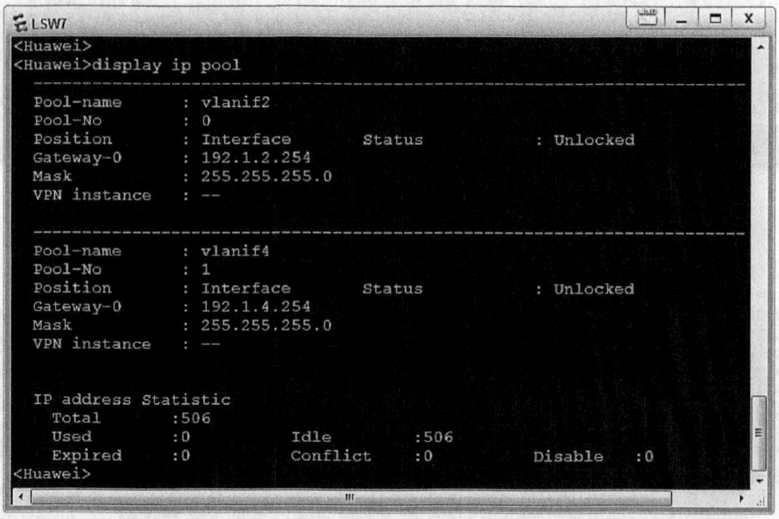

图 2.19　LSW7 中定义的 DHCP 地址池

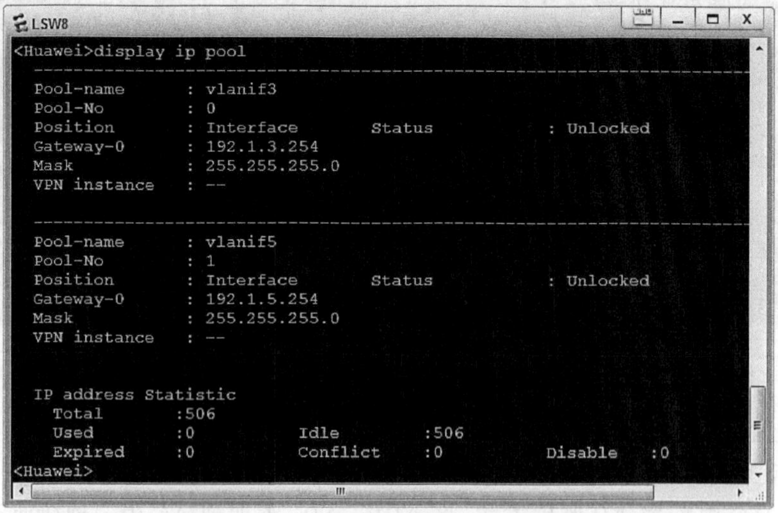

图 2.20　LSW8 中定义的 DHCP 地址池

AP1 的 MAC 地址,选中 AP1 右击,弹出如图 2.21 所示的菜单,选择"设置",在弹出的设置界面中选择"配置"选项卡,显示如图 2.22 所示的配置界面。将 AP1～AP5 添加到 AC 中后,可以通过显示所有 AP 命令检查已添加 AP 的状态。已添加 AP 的状态如图 2.23 所示。

图 2.21 右击 AP1 弹出的菜单

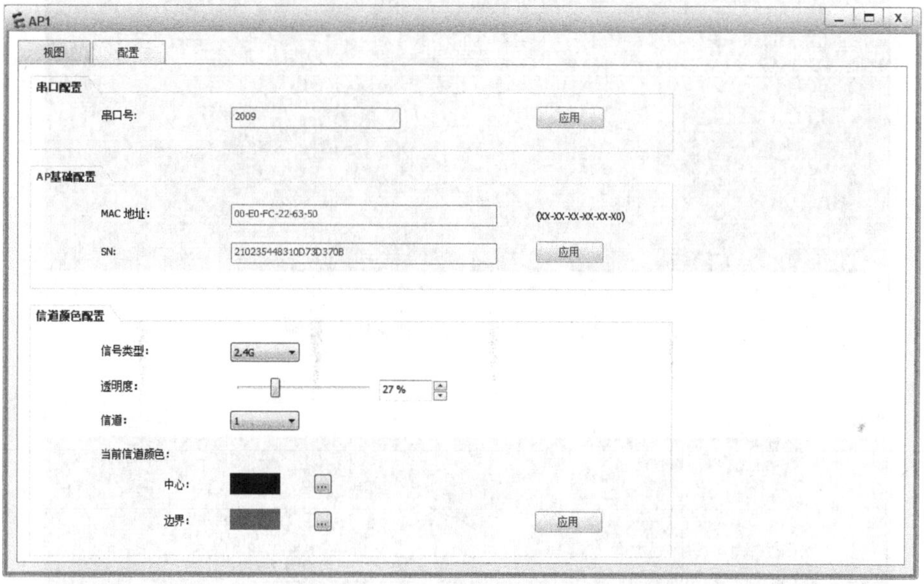

图 2.22 AP1 配置界面

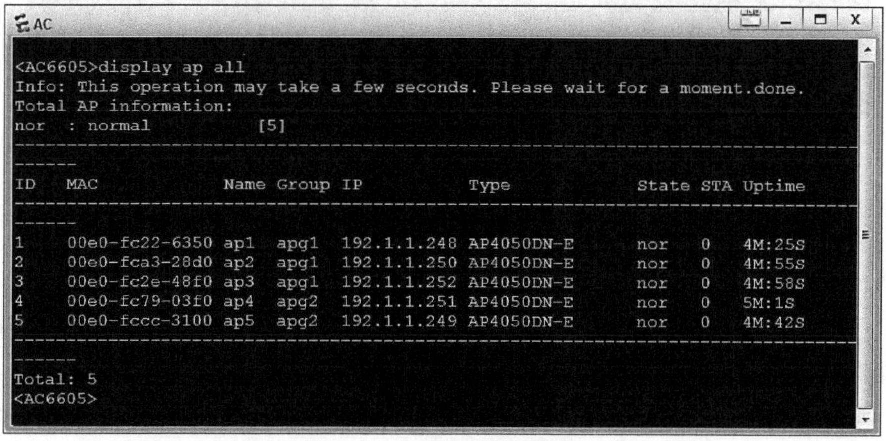

图 2.23 已添加 AP 的状态

(9) 完成安全模板和 SSID 模板创建过程。创建 VAP 模板,并在 VAP 模板中引用已经创建的安全模板和 SSID 模板。在 AP 的射频上引用 VAP 模板。AP 组 apg1 中 AP 的射频如图 2.24 所示,每一个 AP 都有两个射频。AP 组 apg2 中 AP 的射频如图 2.25 所示。AP 组 apg1 中 AP 的射频引用的 VAP 模板如图 2.26 所示,这些射频引用了 WLAN 1 和 WLAN 2 对应的 VAP 模板。AP 组 apg2 中 AP 的射频引用的 VAP 模板如图 2.27 所示,这些射频引用了 WLAN 3 和 WLAN 4 对应的 VAP 模板。VAP 模板用于确定 SSID、加密和鉴别机制,分别对应 WALN 1~WLAN 4 创建 VAP 模板 vap1~vap4。

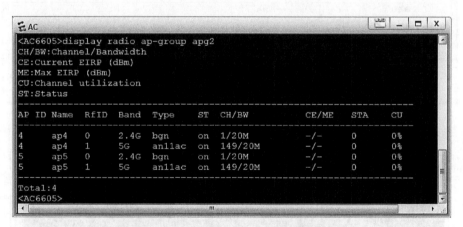

图 2.24　AP 组 apg1 中 AP 的射频

图 2.25　AP 组 apg2 中 AP 的射频

(10) 完成 AC 配置过程后,AC 将配置信息自动下传给各个 AP,各个 AP 进入就绪状态,允许接入无线工作站,如图 2.28 所示。必须保证各个无线工作站位于某个 AP 的有效通信范围内。双击 STA1,选择"Vap 列表"选项卡,Vap 列表中显示允许接入的所有无线局域网,如图 2.29 所示。选中其中一个无线局域网,单击"连接"按钮,弹出账户界面,正确输入密码后,完成连接过程。STA1 完成连接过程后的 Vap 列表如图 2.30 所示。完成连接过程后,STA1 自动获取 IP 地址和子网掩码,如图 2.31 所示。

```
E AC                                                              [□] _ □ X
<AC6605>
<AC6605>display vap ap-group apg1
Info: This operation may take a few seconds, please wait.
WID : WLAN ID
---------------------------------------------------------------------------
AP ID AP name RfID WID  BSSID            Status  Auth type   STA  SSID
---------------------------------------------------------------------------
1      ap1     0    2   00E0-FC22-6351 ON        WPA2-PSK    0    1234562
1      ap1     0    1   00E0-FC22-6350 ON        WPA2-PSK    0    1234561
1      ap1     1    2   00E0-FC22-6361 ON        WPA2-PSK    0    1234562
1      ap1     1    1   00E0-FC22-6360 ON        WPA2-PSK    0    1234561
2      ap2     0    2   00E0-FCA3-28D1 ON        WPA2-PSK    0    1234562
2      ap2     0    1   00E0-FCA3-28D0 ON        WPA2-PSK    0    1234561
2      ap2     1    2   00E0-FCA3-28E1 ON        WPA2-PSK    0    1234562
2      ap2     1    1   00E0-FCA3-28E0 ON        WPA2-PSK    0    1234561
3      ap3     0    2   00E0-FC2E-48F1 ON        WPA2-PSK    0    1234562
3      ap3     0    1   00E0-FC2E-48F0 ON        WPA2-PSK    0    1234561
3      ap3     1    2   00E0-FC2E-4901 ON        WPA2-PSK    0    1234562
3      ap3     1    1   00E0-FC2E-4900 ON        WPA2-PSK    0    1234561
---------------------------------------------------------------------------
Total: 12
<AC6605>
```

图 2.26　AP 组 apg1 中 AP 的射频引用的 VAP 模板

```
E AC                                                              [□] _ □ X
<AC6605>
<AC6605>display vap ap-group apg2
Info: This operation may take a few seconds, please wait.
WID : WLAN ID
---------------------------------------------------------------------------
AP ID AP name RfID WID  BSSID            Status  Auth type   STA  SSID
---------------------------------------------------------------------------
4      ap4     0    4   00E0-FC79-03F3 ON        WPA2-PSK    0    1234564
4      ap4     0    3   00E0-FC79-03F2 ON        WPA2-PSK    0    1234563
4      ap4     1    4   00E0-FC79-0403 ON        WPA2-PSK    0    1234564
4      ap4     1    3   00E0-FC79-0402 ON        WPA2-PSK    0    1234563
5      ap5     0    4   00E0-FCCC-3103 ON        WPA2-PSK    0    1234564
5      ap5     0    3   00E0-FCCC-3102 ON        WPA2-PSK    0    1234563
5      ap5     1    4   00E0-FCCC-3113 ON        WPA2-PSK    0    1234564
5      ap5     1    3   00E0-FCCC-3112 ON        WPA2-PSK    0    1234563
---------------------------------------------------------------------------
Total: 8
<AC6605>
```

图 2.27　AP 组 apg2 中 AP 的射频引用的 VAP 模板

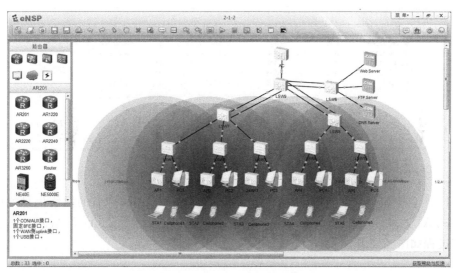

图 2.28　各个 AP 进入就绪状态

图 2.29　STA1 完成连接过程

图 2.30　STA1 完成连接过程后的 Vap 列表

　　（11）为各个服务器配置 IP 地址和子网掩码。Web Server 配置的网络信息如图 2.32 所示。STA1 通过 ping 操作验证与 Web Server 之间的连通性。STA1 与 Web Server 之间的通信过程如图 2.33 所示。

图 2.31　STA1 自动获取 IP 地址和子网掩码

```
Web                                                          _  □  X

基础配置    服务器信息    日志信息


         Mac地址:        54-89-98-B6-24-BF           (格式:00-01-02-03-04-05)


    IPv4配置

         本机地址:      192 . 1 . 8 . 1      子网掩码:   255 . 255 . 255 . 0

         网关:         192 . 1 . 8 .254     域名服务器:   0 . 0 . 0 . 0


    ping 测试

         目的IPv4:     0 . 0 . 0 . 0        次数:              发送


    本机状态:         设备启动                    ping 成功: 0 失败: 0

                                                        保存
```

图 2.32　Web Server 配置的网络信息

```
STA1                                                         _  □  X

Vap 列表    命令行    UDP发包工具

STA>ping 192.1.8.1

Ping 192.1.8.1: 32 data bytes, Press Ctrl_C to break
From 192.1.8.1: bytes=32 seq=1 ttl=253 time=327 ms
Request timeout!
From 192.1.8.1: bytes=32 seq=3 ttl=253 time=374 ms
From 192.1.8.1: bytes=32 seq=4 ttl=253 time=328 ms
From 192.1.8.1: bytes=32 seq=5 ttl=253 time=562 ms

--- 192.1.8.1 ping statistics ---
  5 packet(s) transmitted
  4 packet(s) received
  20.00% packet loss
  round-trip min/avg/max = 327/397/562 ms

STA>
```

图 2.33　STA1 与 Web Server 之间的通信过程

2.2.6 命令行接口配置过程

1. LSW1 命令行接口配置过程

```
<Huawei>system-view
[Huawei]undo info-center enable
[Huawei]vlan batch 2 4 6
[Huawei]interface GigabitEthernet0/0/1
[Huawei-GigabitEthernet0/0/1]port link-type trunk
[Huawei-GigabitEthernet0/0/1]port trunk allow-pass vlan 1 2 4
[Huawei-GigabitEthernet0/0/1]quit
[Huawei]interface Ethernet0/0/1
[Huawei-Ethernet0/0/1]port link-type access
[Huawei-Ethernet0/0/1]port default vlan 6
[Huawei-Ethernet0/0/1]quit
[Huawei]interface GigabitEthernet0/0/2
[Huawei-GigabitEthernet0/0/2]port link-type trunk
[Huawei-GigabitEthernet0/0/2]port trunk allow-pass vlan 1 2 4 6
[Huawei-GigabitEthernet0/0/2]quit
```

LSW2 和 LSW3 的命令行接口配置过程与 LSW1 相同,这里不再赘述。

2. LSW4 命令行接口配置过程

```
<Huawei>system-view
[Huawei]undo info-center enable
[Huawei]vlan batch 3 5 7
[Huawei]interface GigabitEthernet0/0/1
[Huawei-GigabitEthernet0/0/1]port link-type trunk
[Huawei-GigabitEthernet0/0/1]port trunk allow-pass vlan 1 3 5
[Huawei-GigabitEthernet0/0/1]quit
[Huawei]interface GigabitEthernet0/0/2
[Huawei-GigabitEthernet0/0/2]port link-type trunk
[Huawei-GigabitEthernet0/0/2]port trunk allow-pass vlan 1 3 5 7
[Huawei-GigabitEthernet0/0/2]quit
[Huawei]interface Ethernet0/0/1
[Huawei-Ethernet0/0/1]port link-type access
[Huawei-Ethernet0/0/1]port default vlan 7
[Huawei-Ethernet0/0/1]quit
```

LSW5 的命令行接口配置过程与 LSW4 相同,这里不再赘述。

3. LSW6 命令行接口配置过程

```
<Huawei>system-view
[Huawei]undo info-center enable
[Huawei]vlan batch 8 9 10
[Huawei]interface GigabitEthernet0/0/1
[Huawei-GigabitEthernet0/0/1]port link-type access
[Huawei-GigabitEthernet0/0/1]port default vlan 8
```

```
[Huawei-GigabitEthernet0/0/1]quit
[Huawei]interface GigabitEthernet0/0/2
[Huawei-GigabitEthernet0/0/2]port link-type access
[Huawei-GigabitEthernet0/0/2]port default vlan 9
[Huawei-GigabitEthernet0/0/2]quit
[Huawei]interface GigabitEthernet0/0/3
[Huawei-GigabitEthernet0/0/3]port link-type access
[Huawei-GigabitEthernet0/0/3]port default vlan 10
[Huawei-GigabitEthernet0/0/3]quit
[Huawei]interface eth-trunk 1
[Huawei-Eth-Trunk1]mode lacp
[Huawei-Eth-Trunk1]max active-linknumber 2
[Huawei-Eth-Trunk1]load-balance src-dst-mac
[Huawei-Eth-Trunk1]quit
[Huawei]interface GigabitEthernet0/0/4
[Huawei-GigabitEthernet0/0/4]eth-trunk 1
[Huawei-GigabitEthernet0/0/4]quit
[Huawei]interface GigabitEthernet0/0/5
[Huawei-GigabitEthernet0/0/5]eth-trunk 1
[Huawei-GigabitEthernet0/0/5]quit
[Huawei]interface eth-trunk 1
[Huawei-Eth-Trunk1]port link-type trunk
[Huawei-Eth-Trunk1]port trunk allow-pass vlan 8 9 10
[Huawei-Eth-Trunk1]quit
[Huawei]quit
```

4. LSW7 命令行接口配置过程

```
<Huawei>system-view
[Huawei]undo info-center enable
[Huawei]vlan batch 2 4 6 11
[Huawei]interface GigabitEthernet0/0/1
[Huawei-GigabitEthernet0/0/1]port link-type trunk
[Huawei-GigabitEthernet0/0/1]port trunk allow-pass vlan 1 2 4 6
[Huawei-GigabitEthernet0/0/1]quit
[Huawei]interface GigabitEthernet0/0/2
[Huawei-GigabitEthernet0/0/2]port link-type trunk
[Huawei-GigabitEthernet0/0/2]port trunk allow-pass vlan 1 2 4 6
[Huawei-GigabitEthernet0/0/2]quit
[Huawei]interface GigabitEthernet0/0/3
[Huawei-GigabitEthernet0/0/3]port link-type trunk
[Huawei-GigabitEthernet0/0/3]port trunk allow-pass vlan 1 2 4 6
[Huawei-GigabitEthernet0/0/3]quit
[Huawei]interface eth-trunk 1
[Huawei-Eth-Trunk1]mode lacp
[Huawei-Eth-Trunk1]max active-linknumber 2
[Huawei-Eth-Trunk1]load-balance src-dst-mac
```

```
[Huawei-Eth-Trunk1]quit
[Huawei]interface GigabitEthernet0/0/4
[Huawei-GigabitEthernet0/0/4]eth-trunk 1
[Huawei-GigabitEthernet0/0/4]quit
[Huawei]interface GigabitEthernet0/0/5
[Huawei-GigabitEthernet0/0/5]eth-trunk 1
[Huawei-GigabitEthernet0/0/5]quit
[Huawei]interface eth-trunk 1
[Huawei-Eth-Trunk1]port link-type trunk
[Huawei-Eth-Trunk1]port trunk allow-pass vlan 1 2 4 11
[Huawei-Eth-Trunk1]quit
[Huawei]interface vlanif 2
[Huawei-Vlanif2]ip address 192.1.2.254 24
[Huawei-Vlanif2]quit
[Huawei]interface vlanif 4
[Huawei-Vlanif4]ip address 192.1.4.254 24
[Huawei-Vlanif4]quit
[Huawei]interface vlanif 6
[Huawei-Vlanif6]ip address 192.1.6.254 24
[Huawei-Vlanif6]quit
[Huawei]interface vlanif 11
[Huawei-Vlanif11]ip address 192.1.11.254 24
[Huawei-Vlanif11]quit
[Huawei]ospf 7
[Huawei-ospf-7]area 1
[Huawei-ospf-7-area-0.0.0.1]network 192.1.2.0 0.0.0.255
[Huawei-ospf-7-area-0.0.0.1]network 192.1.4.0 0.0.0.255
[Huawei-ospf-7-area-0.0.0.1]network 192.1.6.0 0.0.0.255
[Huawei-ospf-7-area-0.0.0.1]network 192.1.11.0 0.0.0.255
[Huawei-ospf-7-area-0.0.0.1]quit
[Huawei-ospf-7]quit
[Huawei]dhcp enable
[Huawei]interface vlanif 2
[Huawei-Vlanif2]dhcp select interface
[Huawei-Vlanif2]quit
[Huawei]interface vlanif 4
[Huawei-Vlanif4]dhcp select interface
[Huawei-Vlanif4]quit
```

5. LSW8 命令行接口配置过程

```
<Huawei>system-view
[Huawei]undo info-center enable
[Huawei]vlan batch 3 5 7 12
[Huawei]interface GigabitEthernet0/0/1
[Huawei-GigabitEthernet0/0/1]port link-type trunk
[Huawei-GigabitEthernet0/0/1]port trunk allow-pass vlan 1 3 5 7
```

```
[Huawei-GigabitEthernet0/0/1]quit
[Huawei]interface GigabitEthernet0/0/2
[Huawei-GigabitEthernet0/0/2]port link-type trunk
[Huawei-GigabitEthernet0/0/2]port trunk allow-pass vlan 1 3 5 7
[Huawei-GigabitEthernet0/0/2]quit
[Huawei]interface eth-trunk 1
[Huawei-Eth-Trunk1]mode lacp
[Huawei-Eth-Trunk1]max active-linknumber 2
[Huawei-Eth-Trunk1]load-balance src-dst-mac
[Huawei-Eth-Trunk1]quit
[Huawei]interface GigabitEthernet0/0/3
[Huawei-GigabitEthernet0/0/3]eth-trunk 1
[Huawei-GigabitEthernet0/0/3]quit
[Huawei]interface GigabitEthernet0/0/4
[Huawei-GigabitEthernet0/0/4]eth-trunk 1
[Huawei-GigabitEthernet0/0/4]quit
[Huawei]interface eth-trunk 1
[Huawei-Eth-Trunk1]port link-type trunk
[Huawei-Eth-Trunk1]port trunk allow-pass vlan 1 3 5 12
[Huawei-Eth-Trunk1]quit
[Huawei]interface vlanif 3
[Huawei-Vlanif3]ip address 192.1.3.254 24
[Huawei-Vlanif3]quit
[Huawei]interface vlanif 5
[Huawei-Vlanif5]ip address 192.1.5.254 24
[Huawei-Vlanif5]quit
[Huawei]interface vlanif 7
[Huawei-Vlanif7]ip address 192.1.7.254 24
[Huawei-Vlanif7]quit
[Huawei]interface vlanif 12
[Huawei-Vlanif12]ip address 192.1.12.254 24
[Huawei-Vlanif12]quit
[Huawei]ospf 8
[Huawei-ospf-8]area 1
[Huawei-ospf-8-area-0.0.0.1]network 192.1.3.0 0.0.0.255
[Huawei-ospf-8-area-0.0.0.1]network 192.1.5.0 0.0.0.255
[Huawei-ospf-8-area-0.0.0.1]network 192.1.7.0 0.0.0.255
[Huawei-ospf-8-area-0.0.0.1]network 192.1.12.0 0.0.0.255
[Huawei-ospf-8-area-0.0.0.1]quit
[Huawei-ospf-8]quit
[Huawei]dhcp enable
[Huawei]interface vlanif 3
[Huawei-Vlanif3]dhcp select interface
[Huawei-Vlanif3]quit
[Huawei]interface vlanif 5
```

```
[Huawei-Vlanif5]dhcp select interface
[Huawei-Vlanif5]quit
```

6. LSW9 命令行接口配置过程

```
<Huawei>system-view
[Huawei]vlan batch 2 3 4 5 8 9 10 11 12
[Huawei]interface eth-trunk 1
[Huawei-Eth-Trunk1]mode lacp
[Huawei-Eth-Trunk1]max active-linknumber 2
[Huawei-Eth-Trunk1]load-balance src-dst-mac
[Huawei-Eth-Trunk1]quit
[Huawei]interface eth-trunk 2
[Huawei-Eth-Trunk2]mode lacp
[Huawei-Eth-Trunk2]max active-linknumber 2
[Huawei-Eth-Trunk2]load-balance src-dst-mac
[Huawei-Eth-Trunk2]quit
[Huawei]interface eth-trunk 3
[Huawei-Eth-Trunk3]mode lacp
[Huawei-Eth-Trunk3]max active-linknumber 2
[Huawei-Eth-Trunk3]load-balance src-dst-mac
[Huawei-Eth-Trunk3]quit
[Huawei]interface GigabitEthernet0/0/1
[Huawei-GigabitEthernet0/0/1]eth-trunk 1
[Huawei-GigabitEthernet0/0/1]quit
[Huawei]interface GigabitEthernet0/0/2
[Huawei-GigabitEthernet0/0/2]eth-trunk 1
[Huawei-GigabitEthernet0/0/2]quit
[Huawei]interface GigabitEthernet0/0/3
[Huawei-GigabitEthernet0/0/3]eth-trunk 2
[Huawei-GigabitEthernet0/0/3]quit
[Huawei]interface GigabitEthernet0/0/4
[Huawei-GigabitEthernet0/0/4]eth-trunk 2
[Huawei-GigabitEthernet0/0/4]quit
[Huawei]interface GigabitEthernet0/0/5
[Huawei-GigabitEthernet0/0/5]eth-trunk 3
[Huawei-GigabitEthernet0/0/5]quit
[Huawei]interface GigabitEthernet0/0/6
[Huawei-GigabitEthernet0/0/6]eth-trunk 3
[Huawei-GigabitEthernet0/0/6]quit
[Huawei]interface eth-trunk 1
[Huawei-Eth-Trunk1]port link-type trunk
[Huawei-Eth-Trunk1]port trunk allow-pass vlan 1 2 4 11
[Huawei-Eth-Trunk1]quit
[Huawei]interface eth-trunk 2
[Huawei-Eth-Trunk2]port link-type trunk
[Huawei-Eth-Trunk2]port trunk allow-pass vlan 1 3 5 12
```

```
[Huawei-Eth-Trunk2]quit
[Huawei]interface eth-trunk 3
[Huawei-Eth-Trunk3]port link-type trunk
[Huawei-Eth-Trunk3]port trunk allow-pass vlan 8 9 10
[Huawei-Eth-Trunk3]quit
[Huawei]interface GigabitEthernet0/0/7
[Huawei-GigabitEthernet0/0/7]port link-type trunk
[Huawei-GigabitEthernet0/0/7]port trunk allow-pass vlan 1 to 5
[Huawei-GigabitEthernet0/0/7]quit
[Huawei]interface vlanif 1
[Huawei-Vlanif1]ip address 192.1.1.254 24
[Huawei-Vlanif1]quit
[Huawei]interface vlanif 8
[Huawei-Vlanif8]ip address 192.1.8.254 24
[Huawei-Vlanif8]quit
[Huawei]interface vlanif 9
[Huawei-Vlanif9]ip address 192.1.9.254 24
[Huawei-Vlanif9]quit
[Huawei]interface vlanif 10
[Huawei-Vlanif10]ip address 192.1.10.254 24
[Huawei-Vlanif10]quit
[Huawei]interface vlanif 11
[Huawei-Vlanif11]ip address 192.1.11.253 24
[Huawei-Vlanif11]quit
[Huawei]interface vlanif 12
[Huawei-Vlanif12]ip address 192.1.12.253 24
[Huawei-Vlanif12]quit
[Huawei]ospf 9
[Huawei-ospf-9]area 1
[Huawei-ospf-9-area-0.0.0.1]network 192.1.1.0 0.0.0.255
[Huawei-ospf-9-area-0.0.0.1]network 192.1.8.0 0.0.0.255
[Huawei-ospf-9-area-0.0.0.1]network 192.1.9.0 0.0.0.255
[Huawei-ospf-9-area-0.0.0.1]network 192.1.10.0 0.0.0.255
[Huawei-ospf-9-area-0.0.0.1]network 192.1.11.0 0.0.0.255
[Huawei-ospf-9-area-0.0.0.1]network 192.1.12.0 0.0.0.255
[Huawei-ospf-9-area-0.0.0.1]quit
[Huawei-ospf-9]quit
[Huawei]dhcp enable
[Huawei]interface vlanif 1
[Huawei-Vlanif1]dhcp select interface
[Huawei-Vlanif1]quit
```

7. AC 命令行接口配置过程

```
<AC6605>system-view
[AC6605]undo info-center enable
[AC6605]vlan batch 2 3 4 5
```

```
[AC6605]interface GigabitEthernet0/0/1
[AC6605-GigabitEthernet0/0/1]port link-type trunk
[AC6605-GigabitEthernet0/0/1]port trunk allow-pass vlan 1 to 5
[AC6605-GigabitEthernet0/0/1]quit
[AC6605]interface vlanif 1
[AC6605-Vlanif1]ip address 192.1.1.253 24
[AC6605-Vlanif1]quit
[AC6605]wlan
[AC6605-wlan-view]ap-group name apg1
[AC6605-wlan-ap-group-apg1]quit
[AC6605-wlan-view]ap-group name apg2
[AC6605-wlan-ap-group-apg2]quit
[AC6605-wlan-view]regulatory-domain-profile name domain
[AC6605-wlan-regulate-domain-domain]country-code cn
[AC6605-wlan-regulate-domain-domain]quit
[AC6605-wlan-view]ap-group name apg1
[AC6605-wlan-ap-group-apg1]regulatory-domain-profile domain
[AC6605-wlan-ap-group-apg1]quit
[AC6605-wlan-view]ap-group name apg2
[AC6605-wlan-ap-group-apg2]regulatory-domain-profile domain
[AC6605-wlan-ap-group-apg2]quit
[AC6605-wlan-view]quit
[AC6605]capwap source interface vlanif 1
[AC6605]wlan
[AC6605-wlan-view]ap auth-mode mac-auth
[AC6605-wlan-view]ap-id 1 ap-mac 00e0-fc22-6350
[AC6605-wlan-ap-1]ap-name ap1
[AC6605-wlan-ap-1]ap-group apg1
Warning: This operation may cause AP reset. If the country code changes, it will
clear channel, power and antenna gain configurations of the radio, Whether to
continue? [Y/N]:y
[AC6605-wlan-ap-1]quit
```

注：这里的 MAC 地址是拓扑图中 AP1 的 MAC 地址，需要按照 2.2.5 节实验步骤(8)给出的方式获取，不同的 AP 有不同的 MAC 地址。加入每一个 AP 时都会出现警告信息，加入其他 AP 时出现的警告信息忽略。

```
[AC6605-wlan-view]ap-id 2 ap-mac 00e0-fca3-28d0
[AC6605-wlan-ap-2]ap-name ap2
[AC6605-wlan-ap-2]ap-group apg1
[AC6605-wlan-ap-2]quit
[AC6605-wlan-view]ap-id 3 ap-mac 00e0-fc2e-48f0
[AC6605-wlan-ap-3]ap-name ap3
[AC6605-wlan-ap-3]ap-group apg1
[AC6605-wlan-ap-3]quit
[AC6605-wlan-view]ap-id 4 ap-mac 00e0-fc79-03f0
```

```
[AC6605-wlan-ap-4]ap-name ap4
[AC6605-wlan-ap-4]ap-group apg2
[AC6605-wlan-ap-4]quit
[AC6605-wlan-view]ap-id 5 ap-mac 00e0-fccc-3100
[AC6605-wlan-ap-5]ap-name ap5
[AC6605-wlan-ap-5]ap-group apg2
[AC6605-wlan-ap-5]quit
[AC6605-wlan-view]security-profile name security1
[AC6605-wlan-sec-prof-security1]security wpa2 psk pass-phrase Aa-12345678901 aes
[AC6605-wlan-sec-prof-security1]quit
[AC6605-wlan-view]security-profile name security2
[AC6605-wlan-sec-prof-security2]security wpa2 psk pass-phrase Aa-12345678902 aes
[AC6605-wlan-sec-prof-security2]quit
[AC6605-wlan-view]ssid-profile name ssid1
[AC6605-wlan-ssid-prof-ssid1]ssid 1234561
[AC6605-wlan-ssid-prof-ssid1]quit
[AC6605-wlan-view]ssid-profile name ssid2
[AC6605-wlan-ssid-prof-ssid2]ssid 1234562
[AC6605-wlan-ssid-prof-ssid2]quit
[AC6605-wlan-view]ssid-profile name ssid3
[AC6605-wlan-ssid-prof-ssid3]ssid 1234563
[AC6605-wlan-ssid-prof-ssid3]quit
[AC6605-wlan-view]ssid-profile name ssid4
[AC6605-wlan-ssid-prof-ssid4]ssid 1234564
[AC6605-wlan-ssid-prof-ssid4]quit
[AC6605-wlan-view]vap-profile name vap1
[AC6605-wlan-vap-prof-vap1]forward-mode tunnel
[AC6605-wlan-vap-prof-vap1]service-vlan vlan-id 2
[AC6605-wlan-vap-prof-vap1]security-profile security1
[AC6605-wlan-vap-prof-vap1]ssid-profile ssid1
[AC6605-wlan-vap-prof-vap1]quit
[AC6605-wlan-view]vap-profile name vap2
[AC6605-wlan-vap-prof-vap2]forward-mode tunnel
[AC6605-wlan-vap-prof-vap2]service-vlan vlan-id 4
[AC6605-wlan-vap-prof-vap2]security-profile security2
[AC6605-wlan-vap-prof-vap2]ssid-profile ssid2
[AC6605-wlan-vap-prof-vap2]quit
[AC6605-wlan-view]vap-profile name vap3
[AC6605-wlan-vap-prof-vap3]forward-mode tunnel
[AC6605-wlan-vap-prof-vap3]service-vlan vlan-id 3
[AC6605-wlan-vap-prof-vap3]security-profile security1
[AC6605-wlan-vap-prof-vap3]ssid-profile ssid3
[AC6605-wlan-vap-prof-vap3]quit
[AC6605-wlan-view]vap-profile name vap4
[AC6605-wlan-vap-prof-vap4]forward-mode tunnel
```

```
[AC6605-wlan-vap-prof-vap4]service-vlan vlan-id 5
[AC6605-wlan-vap-prof-vap4]security-profile security2
[AC6605-wlan-vap-prof-vap4]ssid-profile ssid4
[AC6605-wlan-vap-prof-vap4]quit
[AC6605-wlan-view]ap-group name apg1
[AC6605-wlan-ap-group-apg1]vap-profile vap1 wlan 1 radio 0
[AC6605-wlan-ap-group-apg1]vap-profile vap1 wlan 1 radio 1
[AC6605-wlan-ap-group-apg1]vap-profile vap2 wlan 2 radio 0
[AC6605-wlan-ap-group-apg1]vap-profile vap2 wlan 2 radio 1
[AC6605-wlan-ap-group-apg1]quit
[AC6605-wlan-view]ap-group name apg2
[AC6605-wlan-ap-group-apg2]vap-profile vap3 wlan 3 radio 0
[AC6605-wlan-ap-group-apg2]vap-profile vap3 wlan 3 radio 1
[AC6605-wlan-ap-group-apg2]vap-profile vap4 wlan 4 radio 0
[AC6605-wlan-ap-group-apg2]vap-profile vap4 wlan 4 radio 1
[AC6605-wlan-ap-group-apg2]quit
[AC6605-wlan-view]quit
```

8. 命令列表

交换机命令行接口配置过程中使用的命令格式以及功能和参数说明见表 2.3。

表 2.3   命令列表

命 令 格 式	功能和参数说明
system-view	从用户视图进入系统视图
info-center enable	启动信息中心功能
display mac-address	显示交换机 MAC 表中的转发项
interface 〈 ethernet ｜ gigabitethernet 〉 *interface-number*	进入指定交换机端口的接口视图,参数 *interface-number* 是端口编号
quit	从当前视图退回到较低级别视图,如果当前视图是用户视图,则退出系统
vlan batch *vlan-id 列表*	创建批量 VLAN,参数 *vlan-id* 列表用于指定一组 VLAN。*vlan-id* 列表可以是一组空格分隔的 *vlan-id*,表明批量 VLAN 是一组编号分别为空格分隔的 *vlan-id* 的 VLAN。参数 *vlan-id* 列表也可以是 *vlan-id1* **to** *vlan-id2*,表明批量 VLAN 是一组编号从 *vlan-id1* 到 *vlan-id2* 的 VLAN
port link-type 〈 access ｜ hybrid ｜ trunk 〉	指定交换机端口类型
port default vlan *vlan-id*	将指定交换机端口作为接入端口分配给编号为 *vlan-id* 的 VLAN,并将该 VLAN 作为指定交换机端口的默认 VLAN
port trunk allow-pass vlan *vlan-id 列表*	由参数 *vlan-id 列表* 指定的一组 VLAN 共享指定主干端口。*vlan-id* 列表可以是一组空格分隔的 *vlan-id*,表明这一组 VLAN 是一组编号分别为空格分隔的 *vlan-id* 的 VLAN。*vlan-id* 列表也可以是 *vlan-id1* **to** *vlan-id2*,表明这一组 VLAN 是一组编号从 *vlan-id1* 到 *vlan-id2* 的 VLAN

命 令 格 式	功能和参数说明
interface vlanif *vlan-id*	创建编号为*vlan-id* 的 VLAN 对应的 IP 接口,并进入 IP 接口视图
ip address *ip-address* { *mask* | *mask-length* }	配置指定接口的 IP 地址和子网掩码,参数*ip-address* 是 IP 地址,参数*mask* 是子网掩码,参数*mask-length* 是网络前缀长度,子网掩码和网络前缀长度二者选一
display ip interface brief	简要显示路由器接口状态和接口配置的 IP 地址和子网掩码
display ip routing-table	显示路由器路由表中的内容
ospf [*process-id*]	启动 OSPF 进程,并进入 OSPF 视图,在 OSPF 视图下完成 OSPF 相关参数的配置过程。参数*process-id* 是 OSPF 进程编号,默认值是 1
area *area-id*	创建编号为*area-id* 的 OSPF 区域,并进入 OSPF 区域视图
network *network-address wildcard-mask*	指定参与 OSPF 创建动态路由项过程的路由器接口和直接连接的网络。参数*network-address* 是网络地址。参数*wildcard-mask* 是反掩码,其值是子网掩码的反码
dhcp enable	开启交换机的 DHCP 功能
dhcp select interface	启动 DHCP 服务器基于接口地址池的 IP 地址分配方式
wlan	从系统视图进入 wlan 视图
ap-group name *group-name*	创建 AP 组,并进入 AP 组视图,若 AP 组已经存在,则直接进入 AP 组视图。参数*group-name* 是 AP 组名称
regulatory-domain-profile name *profile-name*	创建域管理模板,并进入域管理模板视图,若域管理模板已经存在,则直接进入域管理模板视图。参数*profile-name* 是域管理模板名称
country-code *country-code*	配置设备的国家码,参数*country-code* 是国家码
regulatory-domain-profile *profile-name*	在指定 AP 组或 AP 中引用域管理模板,参数*profile-name* 是域管理模板名称
capwap source interface vlanif *vlan-id*	指定 CAPWAP 隧道的源端接口。该源端接口是某个 VLAN 对应的 IP 接口,参数*vlan-id* 是 VLAN 编号
ap auth-mode { **mac-auth** | **no-auth** | **sn-auth** }	指定 AP 鉴别模式,mac-auth 采用 MAC 地址鉴别模式。sn-auth 采用序列号鉴别模式。no-auth 不对 AP 进行鉴别
ap-id *ap-id* { **ap-mac** *ap-mac* | **ap-sn** *ap-sn* | **ap-mac** *ap-mac* **ap-sn** *ap-sn* }	添加实施统一配置的 AP,参数*ap-id* 是 AP 编号,参数*ap-mac* 是添加 AP 的 MAC 地址,参数*ap-sn* 是添加 AP 的序列号。根据不同的 AP 鉴别模式,选择 MAC 地址或序列号
ap-name *ap-name*	配置 AP 名称,参数*ap-name* 是 AP 名称
ap-group *ap-group*	指定 AP 加入的 AP 组,参数*ap-group* 是 AP 组名
security-profile name *profile-name*	创建安全模板,并进入安全模板视图,若安全模板已经存在,则直接进入安全模板视图。参数*profile-name* 是安全模板名称
security { **wpa** | **wpa2** | **wpa-wpa2** } **psk** { **pass-phrase** | **hex** } *key-value* { **aes** | **tkip** | **aes-tkip** }	配置鉴别和加密机制,参数*key-value* 是预共享密钥。预共享密钥或者以十六进制数的形式(hex)给出,或者以 ASCII 码字符串的形式(pass-phrase)给出

续表

命 令 格 式	功能和参数说明
ssid-profile name *profile-name*	创建 SSID 模板,并进入 SSID 模板视图,若 SSID 模板已经存在,则直接进入 SSID 模板视图。参数 *profile-name* 是 SSID 模板名称
ssid *ssid*	配置服务集标识符,参数 *ssid* 是服务集标识符
vap-profile name *profile-name*	创建 VAP 模板,并进入 VAP 模板视图,若 VAP 模板已经存在,则直接进入 VAP 模板视图。参数 *profile-name* 是 VAP 模板名称
forward-mode 〈 **direct-forward** ∣ **tunnel** 〉	指定数据转发方式,或者指定隧道(tunnel)转发方式,或者指定直接转发(direct-forward)方式
service-vlan vlan-id *vlan-id*	指定 VAP 的业务 VLAN,即用于转发数据的 VLAN,参数 *vlan-id* 是 VLAN 编号
security-profile *profile-name*	用于在指定 VAP 模板下引用安全模板,参数 *profile-name* 是安全模板名称
ssid-profile *profile-name*	用于在指定 VAP 模板下引用 SSID 模板,参数 *profile-name* 是 SSID 模板名称
vap-profile *profile-name* **wlan** *wlan-id* **radio** 〈 *radio-id* ∣ **all** 〉	为射频引用 VAP 模板。参数 *profile-name* 是 VAP 模板名称,参数 *wlan-id* 是 VAP 模板编号,不同业务对应不同的 VAP 模板编号。参数 *radio-id* 是射频编号

注:本教材命令列表中加粗的单词是关键词,斜体的单词是参数,关键词是固定的,参数是需要设置的。

2.3 应用系统配置实验

2.3.1 实验内容

(1)配置 DNS 服务器,建立 Web Server 和 FTP Server 的 IP 地址与域名 www.a.com 和 ftp.a.com 之间的绑定。

(2)客户端可以分别用域名 www.a.com 和 ftp.a.com 访问 Web Server 和 FTP Server。

(3)三层交换机 LSW9 成为 VLAN 6 和 VLAN 7 的 DHCP 服务器,三层交换机 LSW7 VLAN 6 对应的 IP 接口和三层交换机 LSW8 VLAN 7 对应的 IP 接口配置 DHCP 服务器的 IP 地址。

(4)学生移动设备、教师移动设备和教室中的固定终端通过 DHCP 自动获取网络信息。

2.3.2 实验目的

(1)掌握 DNS 服务器配置过程。

(2)掌握 FTP 服务器配置过程。

(3)掌握三层交换机 DHCP 服务器配置过程。

(4)掌握在三层交换机 IP 接口中启动 DHCP 中继功能的配置过程。

(5)验证作为 DHCP 服务器的路由器根据 DHCP 消息中的中继代理地址匹配作用域

的过程。

2.3.3　实验原理

在 DNS 服务器中配置用于建立域名与对应服务器 IP 地址之间关联的资源记录。在三层交换机 LSW7 中创建 VLAN 2 和 VLAN 4 对应的作用域。在三层交换机 LSW8 中创建 VLAN 3 和 VLAN 5 对应的作用域,由于连接 VLAN 2～VLAN 5 的移动终端与这些 VLAN 对应的 IP 接口之间存在交换路径,且属于不同 VLAN 的移动终端广播的 DHCP 发现消息或 DHCP 请求消息可以直接到达该 VLAN 对应的 IP 接口,因此,这些 VLAN 对应的作用域通常是基于接口的 IP 地址池。基于接口的 IP 地址池的 IP 地址分配方式是无中继 DHCP 工作方式。

在三层交换机 LSW9 中创建 VLAN 6 和 VLAN 7 对应的作用域。由于连接在 VLAN 6 和 VLAN 7 上的固定终端与三层交换机 LSW9 之间不存在交换路径,属于 VLAN 6 和 VLAN 7 的固定终端广播的 DHCP 发现消息或 DHCP 请求消息无法直接到达三层交换机 LSW9。因此,三层交换机 LSW9 中创建的 VLAN 6 和 VLAN 7 对应的作用域是全局地址池,VLAN 6 对应的作用域中的默认网关地址是三层交换机 S7 中 VLAN 6 对应的 IP 接口的 IP 地址,且需要在该 IP 接口中配置 DHCP 服务器的 IP 地址,这里将三层交换机 LSW9 中连接三层交换机 LSW7 的 VLAN 11 对应的 IP 接口的 IP 地址作为 DHCP 服务器的 IP 地址,因此,三层交换机 LSW9 VLAN 11 对应的 IP 接口中需要启动基于全局作用域分配 IP 地址的功能。同样,VLAN 7 对应的作用域中的默认网关地址是三层交换机 LSW8 中 VLAN 7 对应的 IP 接口的 IP 地址,且需要在该 IP 接口中配置 DHCP 服务器的 IP 地址,这里将三层交换机 LSW9 中连接三层交换机 LSW8 的 VLAN 12 对应的 IP 接口的 IP 地址作为 DHCP 服务器的 IP 地址,因此,三层交换机 LSW9 VLAN 12 对应的 IP 接口中需要启动基于全局作用域分配 IP 地址的功能。基于全局地址池的 IP 地址分配方式是中继 DHCP 工作方式。

学生移动设备、教师移动设备和教室中的固定终端通过 DHCP 自动获取的网络信息中包含 DNS 服务器的 IP 地址,学生移动设备、教师移动设备和教室中的固定终端可以分别通过域名 www.a.com 和 ftp.a.com 访问 Web Server 和 FTP Server。

2.3.4　关键命令说明

1. 定义全局作用域

```
[Huawei]ip pool v6
[Huawei-ip-pool-v6]network 192.1.6.0 mask 255.255.255.0
[Huawei-ip-pool-v6]gateway-list 192.1.6.254
[Huawei-ip-pool-v6]dns-list 192.1.10.1
[Huawei-ip-pool-v6]quit
```

ip pool v6 是系统视图下使用的命令,该命令的作用是创建一个名为 v6 的 IP 地址池,并进入 IP 地址池视图。这里的 IP 地址池等同于一个全局作用域。

network 192.1.6.0 mask 255.255.255.0 是 IP 地址池视图下使用的命令,该命令的作用是用网络地址方式给出可分配的 IP 地址范围。这里的 192.1.6.0 是网络地址,255.255.255.0 是子网掩码,可分配的 IP 地址范围是 192.1.6.0/24,即 192.1.2.1～192.1.2.254。

gateway-list 192.1.6.254 是 IP 地址池视图下使用的命令,该命令的作用是指定作用域中的默认网关地址,192.1.6.254 是默认网关地址。指定默认网关地址后,自动将默认网关地址排除在可分配的 IP 地址范围外。

dns-list 192.1.10.1 是 IP 地址池视图下使用的命令,该命令的作用是指定作用域中的本地域名服务器地址。192.1.10.1 是本地域名服务器地址。

2. 启动基于全局作用域分配 IP 地址功能

```
[Huawei]interface vlanif 11
[Huawei-Vlanif11]dhcp select global
[Huawei-Vlanif11]quit
```

dhcp select global 是接口视图下使用的命令,该命令的作用是在当前 IP 接口(这里是 VLAN 11 对应的 IP 接口)中启动基于全局作用域分配 IP 地址的功能。

3. 启动接口的 DHCP 中继功能

```
[Huawei]interface vlanif 6
[Huawei-Vlanif6]dhcp select relay
[Huawei-Vlanif6]dhcp relay server-ip 192.1.11.253
[Huawei-Vlanif6]quit
```

dhcp select relay 是接口视图下使用的命令,该命令的作用是启动当前 IP 接口(这里是 VLAN 6 对应的 IP 接口)的 DHCP 中继功能。一旦在某个 IP 接口中启动 DHCP 中继功能,从该 IP 接口接收到的 DHCP 发现消息或 DHCP 请求消息将由三层交换机转发给该 IP 接口代理的 DHCP 服务器。

dhcp relay server-ip 192.1.11.253 是接口视图下使用的命令,该命令的作用是指定当前 IP 接口代理的 DHCP 服务器的 IP 地址,192.1.11.253 是 DHCP 服务器的 IP 地址,即作为 DHCP 服务器的三层交换机 LSW9 连接三层交换机 LSW7 的 IP 接口的 IP 地址。

4. 在基于接口地址池中配置本地域名服务器地址

```
[Huawei]interface vlanif 2
[Huawei-Vlanif2]dhcp select interface
[Huawei-Vlanif2]dhcp server dns-list 192.1.10.1
[Huawei-Vlanif2]quit
```

dhcp server dns-list 192.1.10.1 是接口视图下使用的命令,该命令的作用是在该 IP 接口对应的接口地址池中指定本地域名服务器地址。192.1.10.1 是本地域名服务器地址。

2.3.5　实验步骤

(1) 该实验在 2.2 节完成的实验的基础上进行。

(2) DNS Server 的基础配置界面如图 2.34 所示。在 VLAN 2～VLAN 5 对应的接口地址池中指定 DNS Server 的 IP 地址后,移动终端获取的网络信息中包含 DNS Server 的 IP 地址,以及如图 2.35 所示的 STA1 自动获取的网络信息。

(3) 在 DNS Server 中配置用于建立 Web Server 的 IP 地址与域名 www.a.com 和 FTP Server 的 IP 地址与域名 ftp.a.com 之间绑定的资源记录。Web Server 的基础配置界面如

图 2.34　DNS Server 的基础配置界面

图 2.35　STA1 自动获取的网络信息

图 2.36 所示。FTP Server 的基础配置界面如图 2.37 所示。DSN Server 中配置的资源记录如图 2.38 所示。

（4）在三层交换机 LSW9 中创建 VLAN 6 和 VLAN 7 对应的全局作用域（VLAN 6 对应 v6，VLAN 7 对应 v7）如图 2.39 所示。在 LSW7 VLAN 6 对应的 IP 接口中启动中继功能，配置 DHCP 服务器的 IP 地址，这里是 LSW9 VLAN 11 对应的 IP 接口的 IP 地址，如图 2.40 所示。在 LSW8 VLAN 7 对应的 IP 接口中启动中继功能，配置 DHCP 服务器的 IP 地址，这里是 LSW9 VLAN 12 对应的 IP 接口的 IP 地址，如图 2.41 所示。

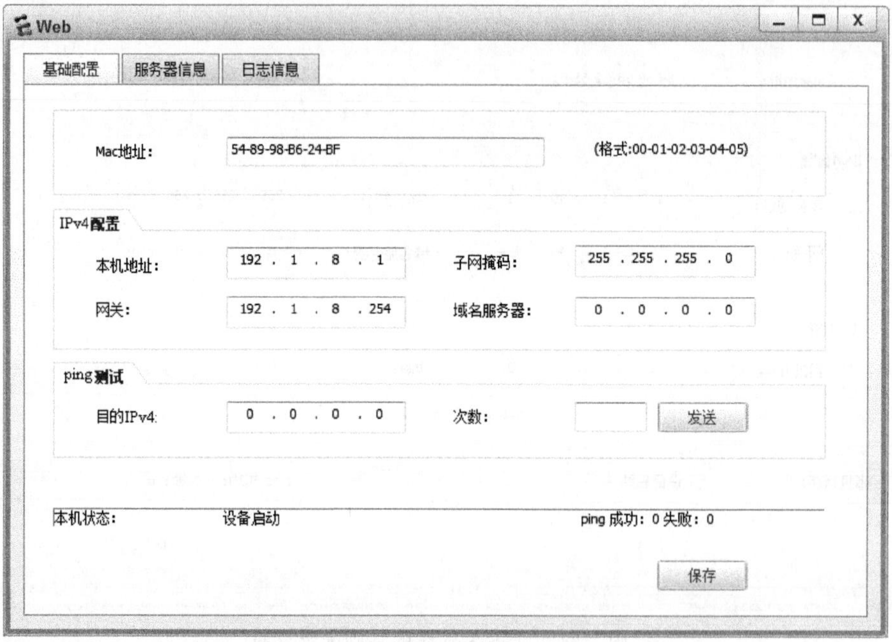

图 2.36 Web Server 的基础配置界面

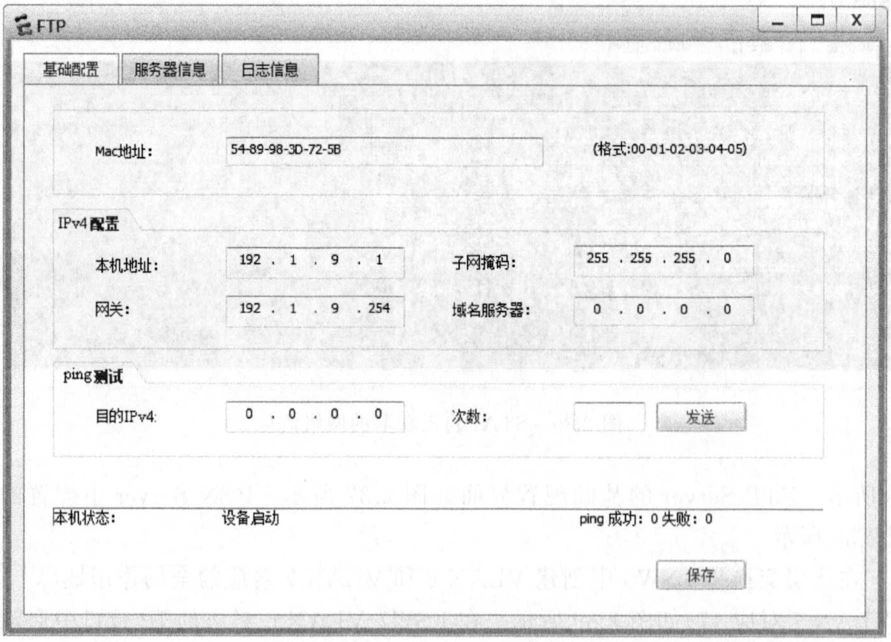

图 2.37 FTP Server 的基础配置界面

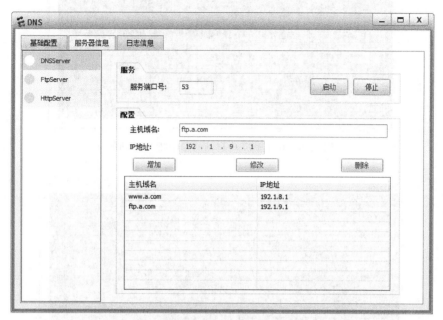

图 2.38　DNS Server 中配置的资源记录

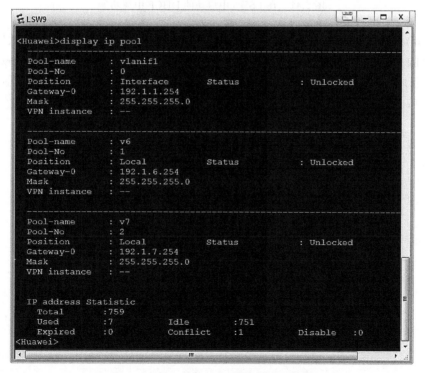

图 2.39　在 LSW9 中创建的全局作用域

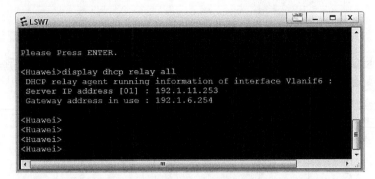

图 2.40   在 LSW7 中启动的 DHCP 中继功能

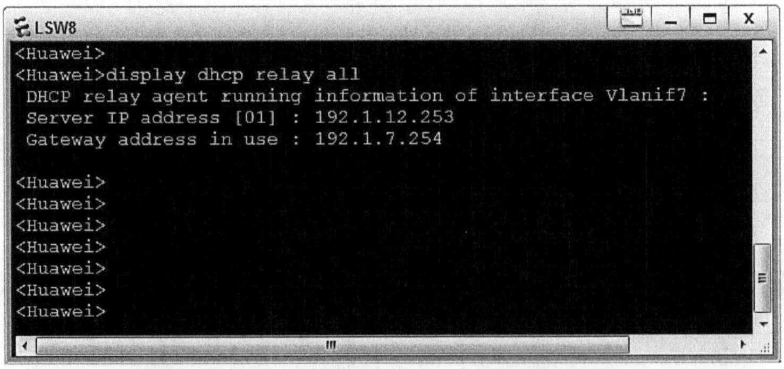

图 2.41   在 LSW8 中启动的 DHCP 中继功能

（5）固定终端 PC1 的基础配置界面如图 2.42 所示，指定通过 DHCP 自动获取网络信息。PC1 通过 DHCP 自动获取的网络信息如图 2.43 所示。PC1 可以分别通过域名 www.a.com 和 ftp.a.com 访问 Web Server 和 FTP Server。PC1 用域名 www.a.com ping 通 Web Server 的界面如图 2.44 所示。PC1 用域名 ftp.a.com ping 通 FTP Server 的界面如图 2.45 所示。

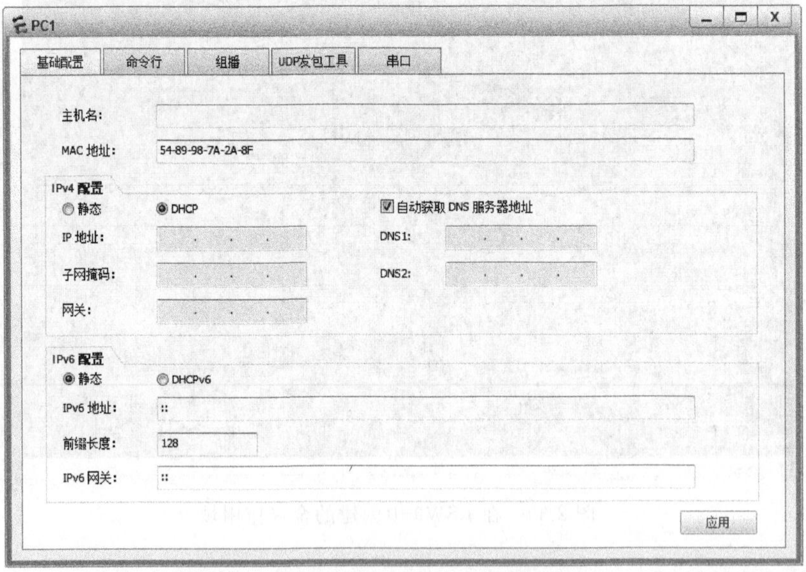

图 2.42   固定终端 PC1 的基础配置界面

图 2.43　PC1 通过 DHCP 自动获取的网络信息

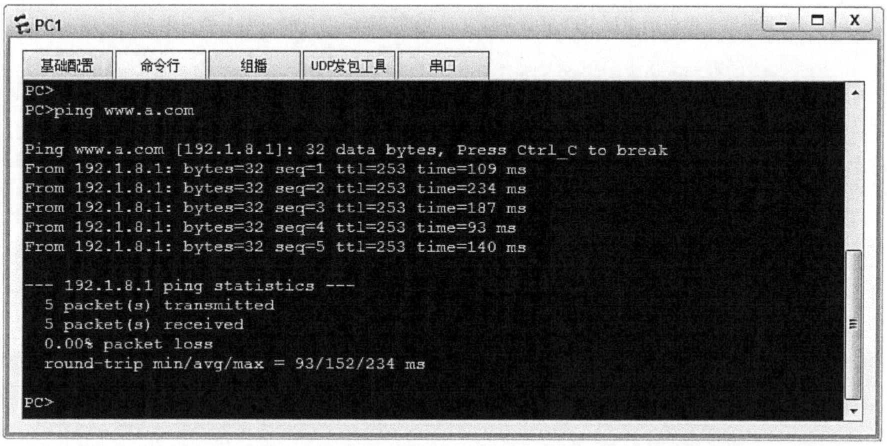

图 2.44　PC1 用域名 www.a.com ping 通 Web Server 的界面

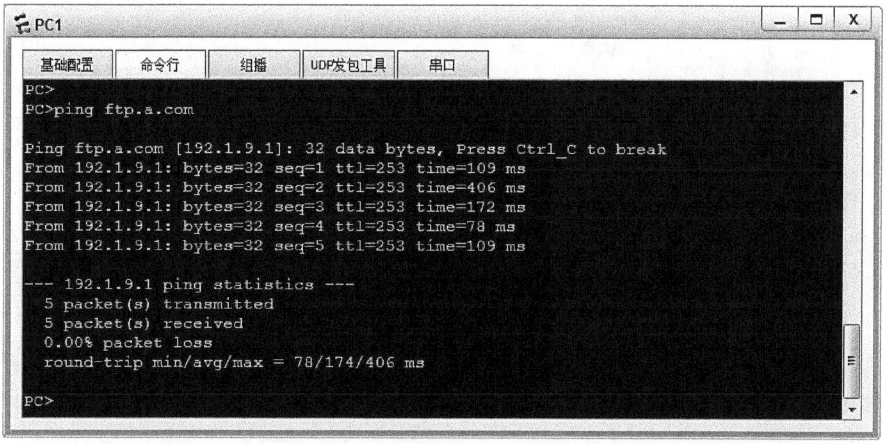

图 2.45　PC1 用域名 ftp.a.com ping 通 FTP Server 的界面

（6）为了验证 Web Server 和 FTP Server 的服务器功能,在交换机 LSW1 中接入客户端 Client1,将接入 Client1 的交换机端口作为接入端口分配给 VLAN 6,为 Client1 分配与 VLAN 6 一致的网络信息。Client1 的基础配置界面如图 2.46 所示。分别启动 Web Server 和 FTP Server 的服务器功能。Web Server 的启动界面如图 2.47 所示。FTP Server 的启动界面如图 2.48 所示。Client1 通过浏览器访问 Web Server 的界面如图 2.49 所示。Client1 通过 FTP 客户端访问 FTP Server 的界面如图 2.50 所示。

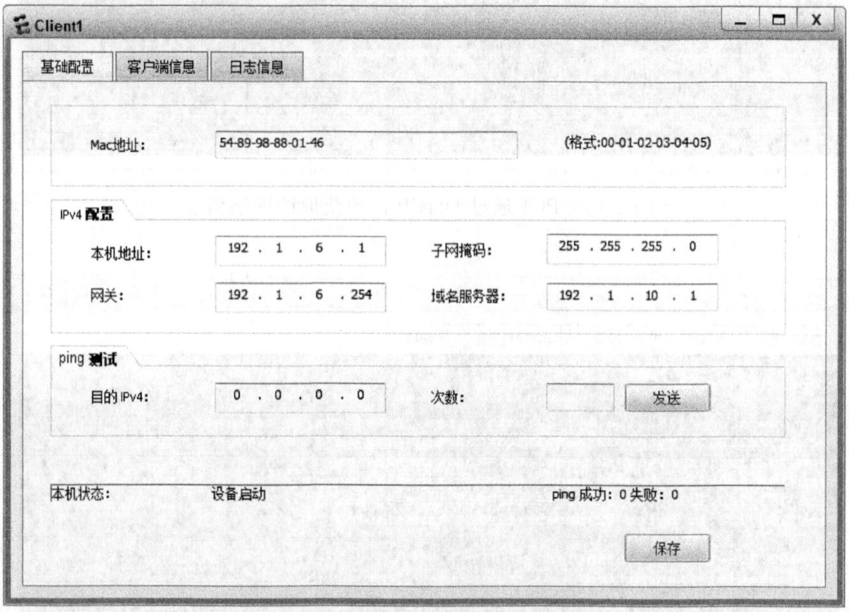

图 2.46　Client1 的基础配置界面

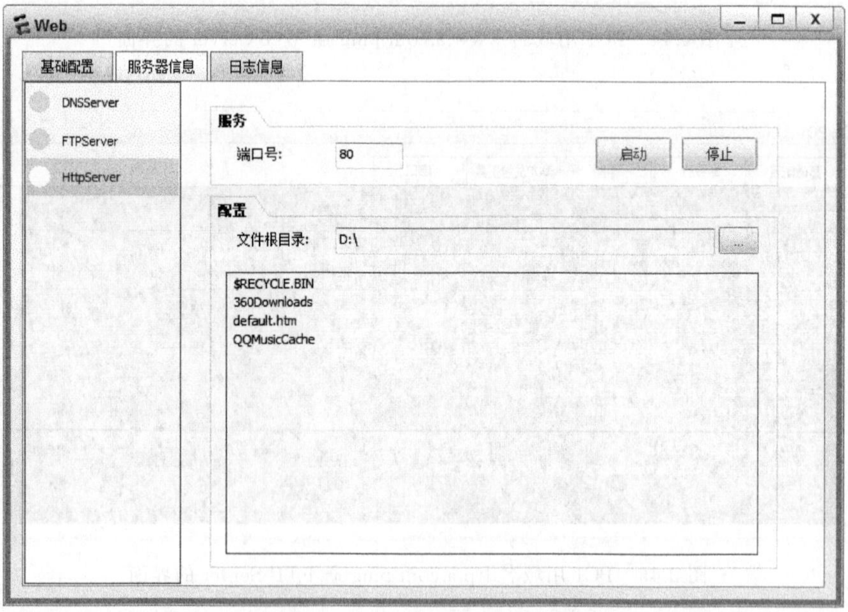

图 2.47　Web Server 的启动界面

图 2.48 FTP Server 的启动界面

图 2.49 Client1 通过浏览器访问 Web Server 的界面

图 2.50 Client1 通过 FTP 客户端访问 FTP Server 的界面

2.3.6 命令行接口配置过程

以下命令行接口配置过程是在 2.2 节完成的实验的基础上增加的命令行接口配置过程。

1. LSW1 命令行接口配置过程

```
[Huawei]interface Ethernet0/0/2
[Huawei-Ethernet0/0/2]port link-type access
[Huawei-Ethernet0/0/2]port default vlan 6
[Huawei-Ethernet0/0/2]quit
```

2. LSW7 命令行接口配置过程

```
[Huawei]dhcp enable
[Huawei]interface vlanif 2
[Huawei-Vlanif2]dhcp select interface
[Huawei-Vlanif2]dhcp server dns-list 192.1.10.1
[Huawei-Vlanif2]quit
[Huawei]interface vlanif 4
[Huawei-Vlanif4]dhcp select interface
[Huawei-Vlanif4]dhcp server dns-list 192.1.10.1
[Huawei-Vlanif4]quit
[Huawei]interface vlanif 6
[Huawei-Vlanif6]dhcp select relay
[Huawei-Vlanif6]dhcp relay server-ip 192.1.11.253
[Huawei-Vlanif6]quit
```

3. LSW8 命令行接口配置过程

```
[Huawei]dhcp enable
[Huawei]interface vlanif 3
[Huawei-Vlanif3]dhcp select interface
[Huawei-Vlanif3]dhcp server dns-list 192.1.10.1
[Huawei-Vlanif3]quit
[Huawei]interface vlanif 5
[Huawei-Vlanif5]dhcp select interface
[Huawei-Vlanif5]dhcp server dns-list 192.1.10.1
[Huawei-Vlanif5]quit
[Huawei]interface vlanif 7
[Huawei-Vlanif7]dhcp select relay
[Huawei-Vlanif7]dhcp relay server-ip 192.1.12.253
[Huawei-Vlanif7]quit
```

4. LSW9 命令行接口配置过程

```
[Huawei]dhcp enable
[Huawei]interface vlanif 11
[Huawei-Vlanif11]dhcp select global
[Huawei-Vlanif11]quit
[Huawei]interface vlanif 12
[Huawei-Vlanif12]dhcp select global
[Huawei-Vlanif12]quit
[Huawei]ip pool v6
[Huawei-ip-pool-v6]network 192.1.6.0 mask 255.255.255.0
[Huawei-ip-pool-v6]gateway-list 192.1.6.254
[Huawei-ip-pool-v6]dns-list 192.1.10.1
[Huawei-ip-pool-v6]quit
[Huawei]ip pool v7
[Huawei-ip-pool-v7]network 192.1.7.0 mask 255.255.255.0
[Huawei-ip-pool-v7]gateway-list 192.1.7.254
[Huawei-ip-pool-v7]dns-list 192.1.10.1
[Huawei-ip-pool-v7]quit
```

5. 命令列表

交换机命令行接口配置过程中使用的命令格式,以及功能和参数说明见表 2.4。

表 2.4　命令列表

命 令 格 式	功能和参数说明
ip pool *ip-pool-name*	创建一个 IP 地址池,并进入 IP 地址池视图,参数 *ip-pool-name* 是 IP 地址池名称。这里的 IP 地址池等同于全局作用域
network *ip-address* [**mask** ⟨ *mask* ∣ *mask-length* ⟩]	以网络地址方式指定可分配的 IP 地址范围,参数 *ip-address* 是网络地址,参数 *mask* 是子网掩码,参数 *mask-length* 是网络前缀长度。子网掩码和网络前缀长度二者选一
gateway-list *ip-address*	指定默认网关地址,参数 *ip-address* 是默认网关地址

续表

命 令 格 式	功能和参数说明
dns-list *ip-address*	指定本地域名服务器地址,参数 *ip-address* 是本地域名服务器地址
dhcp select global	在当前接口中启动基于全局作用域分配 IP 地址的功能
dhcp select relay	在当前接口中启动 DHCP 中继功能
dhcp relay server-ip *ip-address*	在当前接口中配置该接口代理的 DHCP 服务器的 IP 地址,参数 *ip-address* 是 DHCP 服务器的 IP 地址
dhcp server dns-list *ip-address*	在基于接口 IP 地址池中指定本地域名服务器的 IP 地址,参数 *ip-address* 是本地域名服务器的 IP 地址

2.4 安全系统配置实验

2.4.1 实验内容

(1) 启动 OSPF 安全路由功能,相邻路由器之间对对方发送的 LSA 进行源端鉴别和完整性检测,以此防御路由项欺骗攻击。

(2) 配置分组过滤器,实施以下校园网安全策略。

- 学生移动终端只能访问 Web 服务器。
- 允许教师移动终端和固定终端访问 Web 服务器和 FTP 服务器。
- 所有终端只能以对应的应用层协议访问允许访问的服务器。

2.4.2 实验目的

(1) 掌握相邻路由器之间交换的 LSA 的源端鉴别和完整性检测功能配置过程。

(2) 掌握分组过滤器配置过程。

2.4.3 实验原理

LSW7 与 LSW9 之间和 LSW8 与 LSW9 之间配置共享密钥,启动对相互交换的 LSA 进行源端鉴别和完整性检测的功能。在 LSW9 VLAN 8 对应的 IP 接口的入方向配置分组过滤器,允许与以 HTTP 访问 Web Server 有关的 IP 分组继续转发。在 VLAN 9 对应的 IP 接口的入方向配置分组过滤器,允许属于 VLAN 4～VLAN 7 的终端与以 FTP 访问 FTP Server 有关的 IP 分组继续转发。

2.4.4 关键命令说明

1. OSPF 接口鉴别方式配置过程

```
[Huawei]interface vlanif 11
[Huawei-Vlanif11]ospf authentication-mode hmac-md5 1 cipher 12345678aa12345678
[Huawei-Vlanif11]quit
```

ospf authentication-mode hmac-md5 1 cipher 12345678aa12345678 是接口视图下使用

的命令,该命令的作用是指定当前接口(这里是 VLAN 11 对应的 IP 接口)采用的鉴别方式和鉴别密钥。指定的鉴别方式是在 OSPF 路由消息中设置通过算法 hmac-md5 计算出的消息鉴别码(MAC),指定的鉴别密钥是 12345678aa12345678,密钥编号为 1,并以加密方式存储密钥。实现相邻三层交换机互联的两个 IP 接口必须配置相同的鉴别方式、鉴别密钥和密钥编号。

2. 配置无状态分组过滤器规则集

```
[Huawei]acl 3010
[Huawei-acl-adv-3010]rule 10 permit tcp source any destination 192.1.8.1 0.0.0.0
[Huawei-acl-adv-3010]rule 20 permit tcp source 192.1.8.1 0.0.0.0 destination any
[Huawei-acl-adv-3010]rule 30 deny ip source any destination any
[Huawei-acl-adv-3010]quit
```

acl 3010 是系统视图下使用的命令,该命令的作用是创建一个编号为 3010 的规则集,并进入 acl 视图。编号 3000~3999 对应高级 acl,高级 acl 中定义的规则集可以根据源和目的 IP 地址、协议类型、源和目的端口号(协议类型为 TCP 或 UDP 的情况)等分类 IP 分组。

rule 10 permit tcp source any destination 192.1.8.1 0.0.0.0 是 acl 视图下使用的命令,该命令的作用是定义一条对应"协议类型=TCP,源 IP 地址=任意,源端口号=＊,目的 IP 地址=192.1.8.1/32,目的端口号=＊;正常转发。"的规则,10 是规则序号,过滤 IP 分组时,按照规则序号顺序匹配规则。permit 是规则指定的动作,表示允许与该规则匹配的 IP 分组输入或输出。tcp 是 IP 分组首部中的协议类型,表示 IP 分组净荷是 TCP 报文。source any 表示源 IP 地址范围是任意 IP 地址。destination 192.1.8.1 0.0.0.0 表示目的 IP 地址只能是 192.1.8.1。

上述规则集的含义是,除了与 Web Server 之间传输的 TCP 报文外,禁止其他 IP 分组通过。

3. 将规则集作用到某个 VLAN

```
[Huawei]traffic-filter vlan 8 inbound acl 3010
```

traffic-filter vlan 8 inbound acl 3010 是系统视图下使用的命令,该命令的作用是允许 VLAN 8 通过编号为 3010 的规则集中允许通过的 IP 分组序列,即 VLAN 8 只允许通过净荷为与 Web Server 之间传输的 TCP 报文的 IP 分组序列。

2.4.5 实验步骤

(1) 该实验在 2.3 节完成的实验的基础上进行。

(2) 在 LSW7 VLAN 11 对应的 IP 接口中和 LSW9 VLAN 11 对应的 IP 接口中配置相同的鉴别方式和鉴别密钥。在 LSW8 VLAN 12 对应的 IP 接口中和 LSW9 VLAN 12 对应的 IP 接口中配置相同的鉴别方式和鉴别密钥。LSW7、LSW8 和 LSW9 重新生成完整路由表。

(3) 在 LSW6 中配置允许任何网络与 Web Server 之间传输净荷为 TCP 报文的 IP 分组序列的分组过滤器规则集和只允许网络 192.1.4.0/24、192.1.5.0/24、192.1.6.0/24 和 192.1.7.0/24 与 FTP Server 之间传输净荷为 TCP 报文的 IP 分组序列的分组过滤器规则集。LSW6 中配置的分组过滤器规则集如图 2.51 所示,分别将这两个分组过滤器规则集作用到 VLAN 8(连接 Web Server)和 VLAN 9(连接 FTP Server)的入方向上。

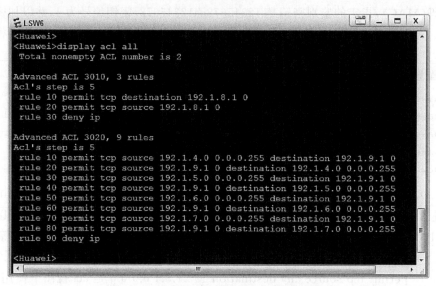

```
E LSW6                                                            [□] _ □ X
<Huawei>
<Huawei>display acl all
 Total nonempty ACL number is 2

Advanced ACL 3010, 3 rules
Acl's step is 5
 rule 10 permit tcp destination 192.1.8.1 0
 rule 20 permit tcp source 192.1.8.1 0
 rule 30 deny ip

Advanced ACL 3020, 9 rules
Acl's step is 5
 rule 10 permit tcp source 192.1.4.0 0.0.0.255 destination 192.1.9.1 0
 rule 20 permit tcp source 192.1.9.1 0 destination 192.1.4.0 0.0.0.255
 rule 30 permit tcp source 192.1.5.0 0.0.0.255 destination 192.1.9.1 0
 rule 40 permit tcp source 192.1.9.1 0 destination 192.1.5.0 0.0.0.255
 rule 50 permit tcp source 192.1.6.0 0.0.0.255 destination 192.1.9.1 0
 rule 60 permit tcp source 192.1.9.1 0 destination 192.1.6.0 0.0.0.255
 rule 70 permit tcp source 192.1.7.0 0.0.0.255 destination 192.1.9.1 0
 rule 80 permit tcp source 192.1.9.1 0 destination 192.1.7.0 0.0.0.255
 rule 90 deny ip

<Huawei>
```

图 2.51　LSW6 中配置的分组过滤器规则集

(4) Client1 的基础配置界面如图 2.52 所示,Client1 属于 VLAN 6(网络地址为 192.1.6.0/24),因此,Client1 可以通过浏览器访问 Web Server,如图 2.53 所示,也可以通过 FTP 客户端访问 FTP Server,如图 2.54 所示,但无法 ping 通 Web Server,如图 2.52 所示,5 次对 Web Server 的 ping 测试都是失败的。

图 2.52　Client1 的基础配置界面

图 2.53　Client1 通过浏览器成功访问 Web Server 的界面

图 2.54　Client1 通过 FTP 客户端成功访问 FTP Server 的界面

（5）Client2 的基础配置界面如图 2.55 所示。Client2 属于 VLAN 2（网络地址为 192.1.2.0/24），因此，Client2 可以通过浏览器访问 Web Server 的界面，如图 2.56 所示，但无法 ping 通 Web Server，如图 2.55 所示，5 次对 Web Server 的 ping 测试都是失败的。Client2 无法通过 FTP 客户端访问 FTP Server 的界面，如图 2.57 所示。

图 2.55 Client2 的基础配置界面

图 2.56 Client2 通过浏览器成功访问 Web Server 的界面

图 2.57　Client2 通过 FTP 客户端访问 FTP Server 失败的界面

2.4.6　命令行接口配置过程

以下命令行接口配置过程是在 2.3 节完成的实验的基础上增加的命令行接口配置过程。

1. LSW1 命令行接口配置过程

```
[Huawei]interface Ethernet0/0/3
[Huawei-Ethernet0/0/3]port link-type access
[Huawei-Ethernet0/0/3]port default vlan 2
[Huawei-Ethernet0/0/3]quit
```

2. LSW6 命令行接口配置过程

```
[Huawei]acl 3010
[Huawei-acl-adv-3010]rule 10 permit tcp source any destination 192.1.8.1 0.0.0.0
[Huawei-acl-adv-3010]rule 20 permit tcp source 192.1.8.1 0.0.0.0 destination any
[Huawei-acl-adv-3010]rule 30 deny ip source any destination any
[Huawei-acl-adv-3010]quit
[Huawei]traffic-filter vlan 8 inbound acl 3010
[Huawei]acl 3020
[Huawei-acl-adv-3020]rule 10 permit tcp source 192.1.4.0 0.0.0.255 destination
192.1.9.1 0.0.0.0
[Huawei-acl-adv-3020]rule 20 permit tcp source 192.1.9.1 0.0.0.0 destination
192.1.4.0 0.0.0.255
[Huawei-acl-adv-3020]rule 30 permit tcp source 192.1.5.0 0.0.0.255 destination
```

192.1.9.1 0.0.0.0

[Huawei-acl-adv-3020]rule 40 permit tcp source 192.1.9.1 0.0.0.0 destination 192.1.5.0 0.0.0.255

[Huawei-acl-adv-3020]rule 50 permit tcp source 192.1.6.0 0.0.0.255 destination 192.1.9.1 0.0.0.0

[Huawei-acl-adv-3020]rule 60 permit tcp source 192.1.9.1 0.0.0.0 destination 192.1.6.0 0.0.0.255

[Huawei-acl-adv-3020]rule 70 permit tcp source 192.1.7.0 0.0.0.255 destination 192.1.9.1 0.0.0.0

[Huawei-acl-adv-3020]rule 80 permit tcp source 192.1.9.1 0.0.0.0 destination 192.1.7.0 0.0.0.255

[Huawei-acl-adv-3020]rule 90 deny ip source any destination any

[Huawei-acl-adv-3020]quit

[Huawei]traffic-filter vlan 9 inbound acl 3020

3. LSW7 命令行接口配置过程

[Huawei]interface vlanif 11

[Huawei-Vlanif11]ospf authentication-mode hmac-md5 1 cipher 12345678aa12345678

[Huawei-Vlanif11]quit

4. LSW8 命令行接口配置过程

[Huawei]interface vlanif 12

[Huawei-Vlanif12]ospf authentication-mode hmac-md5 1 cipher 12345678bb12345678

[Huawei-Vlanif12]quit

5. LSW9 命令行接口配置过程

[Huawei]interface vlanif 11

[Huawei-Vlanif11]ospf authentication-mode hmac-md5 1 cipher 12345678aa12345678

[Huawei-Vlanif11]quit

[Huawei]interface vlanif 12

[Huawei-Vlanif12]ospf authentication-mode hmac-md5 1 cipher 12345678bb12345678

[Huawei-Vlanif12]quit

6. 命令列表

三层交换机命令行接口配置过程中使用的命令格式以及功能和参数说明见表 2.5。

表 2.5 命令列表

命 令 格 式	功能和参数说明
ospf authentication-mode { **md**5	**hmac-md5**	**hmac-sha**256 } [*key-id* { **plain** *plain-text*	[**cipher**] *cipher-text* }]	配置接口鉴别方式和鉴别密钥,参数 *key-id* 是密钥编号,参数 *plain-text* 是明文方式(plain)的密钥,参数 *cipher-text* 是密文方式(cipher)的密钥。md5、hmac-md5 和 hmac-sha256 是消息鉴别码生成算法
acl *acl-number*	创建规则集,并进入 acl 视图,参数 *acl-number* 是规则集编号

续表

命 令 格 式	功能和参数说明
rule［ *rule-id*］｛ **deny** ｜ **permit** ｝**tcp**［ **destination**］｛ *destination-address destination-wildcard* ｜ **any** ｝｜ **destinationport**｛ **eq** *port* ｜ **gt** *port* ｜ **lt** *port* ｝｜ **source**｛ *source-address source-wildcard* ｜ **any** ｝｜ **source-port**｛ **eq** *port* ｜ **gt** *port* ｜ **lt** *port* ｝	配置规则,参数 *rule-id* 是规则序号。deny 表示拒绝符合条件的 IP 分组通过,permit 表示允许符合条件的 IP 分组通过。参数 *destination-address* 和 *destination-wildcard* 表示目的 IP 地址范围,其中参数 *destination-address* 是目的 IP 地址,参数 *destination-wildcard* 是反掩码(反掩码是子网掩码的反码)。参数 *source-address* 和 *source-wildcard* 表示源 IP 地址范围,其中参数 *source-address* 是源 IP 地址,参数 *source-wildcard* 是反掩码。any 表示任意 IP 地址。参数 *port* 是端口号,eq 表示等于,gt 表示大于,lt 表示小于
traffic-filter［ **vlan** *vlan-id*］｛ **inbound** ｜ **outbound** ｝ **acl**｛ *bas-acl* ｜ *adv-acl* ｜ **name** *acl-name* ｝	将编号为 *bas-acl* 或 *adv-acl* 的规则集,或名字为 *acl-name* 的规则集作用到由参数 *vlan-id* 指定的 VLAN 的输入方向(inbound),或输出方向(outbound)

第3章 企业网设计实验

企业网设计的关键是内部网络私有 IP 地址分配、网络地址转换（Network Address Translation，NAT）和访问控制策略实现。私有 IP 地址使得内部网络对于外部网络（Internet 和行业服务网）是透明的。NAT 允许配置私有 IP 地址的内部网络终端访问外部网络资源。访问控制策略严格限制内部网络与 Internet 之间的信息交换过程。

3.1 企业网结构和实施过程

3.1.1 企业网结构

企业网结构如图 3.1 所示，由内部网络、DMZ、Internet 和行业服务网组成。防火墙端口 3 连接 Internet，路由器 R2 成为防火墙通往 Internet 的默认网关。同样，路由器 R1 端口 3 连接行业服务网，路由器 R3 成为路由器 R1 通往行业服务网的默认网关。交换机 S7 和 Web 服务器 1、E-mail 服务器构成 DMZ。内部网络终端通过三层交换机 S5 和 S6 连接防火墙和路由器 R1，三层交换机 S5 和 S6 构成冗余网关。内部网络终端分为普通终端、业务员终端和管理层终端，允许所有类型终端访问 Internet，只允许业务员终端和管理层终端访问行业服务网。

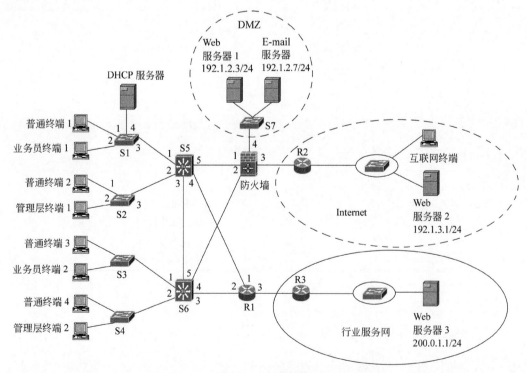

图 3.1 企业网结构

3.1.2　实施过程

实施过程分为两个阶段：数据通信网络配置实验和防火墙配置实验。

1. 数据通信网络配置实验

将不同类型的终端划分到不同的 VLAN，连接到不同 VLAN 的终端通过 DHCP（动态主机配置协议）自动从 DHCP 服务器获取网络信息。S5 和 S6 通过虚拟路由冗余协议（Virtual Router Redundancy Protocol，VRRP）组成冗余网关。内部网络使用私有 IP 地址，内部网络终端访问 Internet 和行业服务网时，分别由防火墙和路由器 R1 完成端口地址转换（Port Address Translation，PAT）过程。

2. 防火墙配置实验

防火墙配置实验用于实现以下安全策略。

(1) 允许内部终端发起访问 Internet 中的 Web 服务器。

(2) 允许内部终端发起访问 DMZ 中的 Web 服务器。

(3) 允许内部终端通过 SMTP 和 POP3 发起访问 DMZ 中的邮件服务器。

(4) 允许 DMZ 中的邮件服务器通过 SMTP 发起访问外部网络中的邮件服务器。

(5) 允许外部网络中的终端以只读方式发起访问 DMZ 中的 Web 服务器。

(6) 允许外部网络中的邮件服务器通过 SMTP 发起访问 DMZ 中的邮件服务器。

3.2　数据通信网络配置实验

3.2.1　实验内容

(1) 在接入交换机 S1、S2、S3、S4 中创建 VLAN 2、VLAN 3 和 VLAN 4，分别用于连接普通终端、业务员终端和管理员终端。在三层交换机 S5 和 S6 中创建 VLAN 2、VLAN 3 和 VLAN 4，分别用于定义 VLAN 1、VLAN 2、VLAN 3 和 VLAN 4 对应的 IP 接口。在三层交换机 S5 中创建分别用于连接防火墙和路由器 R1 的 VLAN 5 和 VLAN 6。在三层交换机 S6 中创建分别用于连接防火墙和路由器 R1 的 VLAN 7 和 VLAN 8。

(2) 在三层交换机 S5 和 S6 中分别定义 VLAN 1、VLAN 2、VLAN 3 和 VLAN 4 对应的 IP 接口。三层交换机 S5 和 S6 成为 VLAN 1、VLAN 2、VLAN 3 和 VLAN 4 的冗余网关。在三层交换机 S5 中定义 VLAN 5 和 VLAN 6 对应的 IP 接口。在三层交换机 S6 中定义 VLAN 7 和 VLAN 8 对应的 IP 接口。

(3) 通过配置路由信息协议（Routing Information Protocol，RIP）和静态路由项生成用于指明通往内部网络各个子网、Internet 和行业服务网的传输路径的路由项。

(4) 通过配置 OSPF（开放式最短路径优先）协议分别生成用于指明通往 Internet 和 DMZ 的传输路径的路由项。

(5) 完成防火墙和路由器 R1 有关 PAT 的配置过程。

(6) 在 DHCP 服务器中创建 VLAN 2、VLAN 3 和 VLAN 4 对应的作用域，使得各种类型终端可以通过 DHCP 自动从 DHCP 服务器获取网络信息。

(7) 本实验由路由器 AR0 代替 DHCP 服务器。

3.2.2 实验目的

(1) 掌握 VLAN 配置过程。
(2) 掌握三层交换机 VRRP 配置过程。
(3) 掌握 RIP 配置过程。
(4) 掌握 OSPF 配置过程。
(5) 掌握静态路由项配置过程。
(6) 掌握路由器 PAT 配置过程。
(7) 掌握 DHCP 服务器配置过程。

3.2.3 实验原理

　　DHCP 服务器(由路由器 AR0 仿真)接入 VLAN 1,普通终端、业务员终端和管理员终端分别接入 VLAN 2、VLAN 3 和 VLAN 4,建立 DHCP 服务器、各种类型终端与三层交换机 S5 和 S6 中各个 VLAN 对应的 IP 接口之间的交换路径。通过在三层交换机 S5 和 S6 中完成 VRRP 配置过程,使得三层交换机 S5 和 S6 成为 VLAN 1、VLAN 2、VLAN 3 和 VLAN 4 的冗余网关。三层交换机 S5 和 S6 分别建立与防火墙和路由器 R1 之间的传输路径。防火墙和路由器 R1 完成 PAT 配置过程,使得所有内部网络终端都可以访问 Internet,但只有业务员终端和管理员终端可以访问行业服务网。在 DHCP 服务器中创建 VLAN 2、VLAN 3 和 VLAN 4 对应的作用域,在三层交换机 S5 和 S6 VLAN 2、VLAN 3 和 VLAN 4 对应的 IP 接口中启动 DHCP 中继功能,配置 DHCP 服务器地址。

3.2.4 关键命令说明

1. RIP 配置命令
以下命令序列用于完成图 3.2 中三层交换机 LSW5 的 RIP 配置过程。

```
[Huawei]rip
[Huawei-rip-1]network 192.168.1.0
[Huawei-rip-1]network 192.168.2.0
[Huawei-rip-1]network 192.168.3.0
[Huawei-rip-1]network 192.168.4.0
[Huawei-rip-1]network 192.168.5.0
[Huawei-rip-1]network 192.168.6.0
[Huawei-rip-1]quit
```

　　rip 是系统视图下使用的命令,该命令的作用是启动 RIP 进程,并进入 RIP 视图。由于没有给出进程编号,因此启动编号为 1 的 rip 进程。

　　network 192.168.1.0 是 RIP 视图下使用的命令,紧随命令 network 的参数通常是分类网络地址。192.168.1.0 是 C 类网络地址,其 IP 地址空间为 192.168.1.0～192.168.1.255。该命令的作用有两个:一是启动所有配置的 IP 地址属于网络地址 192.168.1.0 的路由器接口的 RIP 功能,允许这些接口接收和发送 RIP 路由消息;二是如果网络 192.168.1.0 是该路由器直接连接的网络,或者划分 192.168.1.0 后产生的若干个子网是该路由器直接连接的网络,网络 192.168.1.0 对应的直连路由项(启动路由项聚合功能情况),或者划分网络 192.168.1.0 后产生的若干个子网对应的直连路由项(取消路由项聚合功能情况)参与 RIP 建立动态路由项的过程,即其他路由器的路由表中会生成用于指明通往网络 192.168.1.0 (启动路由项聚合功能情况),或者划分网络 192.168.1.0 后产生的若干个子网(取消路由项聚合功能情况)的传输路径的路由项。

2. 静态路由项配置命令

```
[Huawei]ip route-static 200.0.1.0 24 192.168.6.253
[Huawei]ip route-static 0.0.0.0 0 192.168.5.253
```

ip route-static 200.0.1.0 24 192.168.6.253 是系统视图下使用的命令,该命令的作用是配置一项静态路由项,其中 200.0.1.0 是目的网络的网络地址,24 是目的网络的网络前缀长度,这两项用于确定目的网络的网络地址 200.0.1.0/24。192.168.6.253 是下一跳 IP 地址。由于下一跳结点连接在该三层交换机某个 IP 接口连接的网络中,根据下一跳结点的 IP 地址,可以确定下一跳结点所连接的网络,进而确定连接该网络的 IP 接口。如三层交换机 VLAN 6 对应的 IP 接口所连接的网络是 VLAN 6 对应的网络 192.168.6.0/24,由于下一跳 IP 地址 192.168.6.253 属于网络 192.168.6.0/24,因而可以确定输出接口是 VLAN 6 对应的 IP 接口,因此,只要在静态路由项配置命令中给出了下一跳 IP 地址,就无须给出输出接口。

ip route-static 0.0.0.0 0 192.168.5.253 是系统视图下使用的命令,该命令的作用是配置一项默认路由项,默认路由项是特殊的静态路由项,该路由项的目的网络与任意 IP 地址匹配。默认路由项的网络地址为 0.0.0.0,网络前缀长度为 0,即子网掩码为 0.0.0.0。由于任意 IP 地址和子网掩码"0.0.0.0"进行"与"操作的结果都是"0.0.0.0",因此,任意 IP 地址都属于目的网络地址 0.0.0.0 和子网掩码 0.0.0.0 指定的目的网络。192.168.5.253 是下一跳 IP 地址。

3. VRRP 配置命令

以下命令序列用于完成三层交换机 LSW5 中连接 VLAN 1 的 IP 接口的 VRRP 配置过程。

```
[Huawei]interface vlanif 1
[Huawei-Vlanif1]vrrp vrid 1 virtual-ip 192.168.1.250
[Huawei-Vlanif1]vrrp vrid 1 priority 120
[Huawei-Vlanif1]vrrp vrid 1 preempt-mode time delay 20
[Huawei-Vlanif1]quit
```

vrrp vrid 1 virtual-ip 192.168.1.250 是接口视图下使用的命令,该命令的作用是在指定接口(这里是 VLAN 1 对应的 IP 接口)中创建编号为 1 的 VRRP 备份组,并为该 VRRP 备份组分配虚拟 IP 地址 192.168.1.250。

vrrp vrid 1 priority 120 是接口视图下使用的命令,该命令的作用是配置接口所在设备在编号为 1 的 VRRP 备份组中的优先级值。默认优先级值是 100,优先级值越大,则优先级越高,优先级最高的设备成为 VRRP 备份组的主路由器。执行该命令前,必须先创建编号为 1 的 VRRP 备份组。

vrrp vrid 1 preempt-mode timer delay 20 是接口视图下使用的命令,该命令的作用是

在编号为 1 的 VRRP 备份组中,将接口所在设备设置成延迟抢占方式,即如果接口所在设备的优先级值大于当前主路由器的优先级值,经过 20s 延时后,接口所在设备成为主路由器。执行该命令前,必须先创建编号为 1 的 VRRP 备份组。

4. 路由器 PAT 配置命令

1) 确定需要地址转换的内网私有 IP 地址范围

以下命令序列通过基本过滤规则集将内网需要转换的私有 IP 地址范围定义为 CIDR 地址块 192.168.3.0/24 和 192.168.4.0/24。

```
[Huawei]acl 2000
[Huawei-acl-basic-2000]rule 10 permit source 192.168.3.0 0.0.0.255
[Huawei-acl-basic-2000]rule 20 permit source 192.168.4.0 0.0.0.255
[Huawei-acl-basic-2000]quit
```

acl 2000 是系统视图下使用的命令,该命令的作用是创建一个编号为 2000 的基本过滤规则集,并进入基本 acl 视图。

rule 10 permit source 192.168.3.0 0.0.0.255 是基本 acl 视图下使用的命令,该命令的作用是创建允许源 IP 地址属于 CIDR 地址块 192.168.3.0/24 的 IP 分组通过的过滤规则。这里,该过滤规则的含义变为对源 IP 地址属于 CIDR 地址块 192.168.3.0/24 的 IP 分组实施地址转换过程。

2) 建立基本过滤规则集与公共接口之间的联系

```
[Huawei]interface GigabitEthernet0/0/2
[Huawei-GigabitEthernet0/0/2]nat outbound 2000
[Huawei-GigabitEthernet0/0/2]quit
```

nat outbound 2000 是接口视图下使用的命令,该命令的作用是建立编号为 2000 的基本过滤规则集与指定接口(这里是接口 GigabitEthernet0/0/2)之间的联系。建立该联系后,一是如果某个 IP 分组从该接口输出,且该 IP 分组的源 IP 地址属于编号为 2000 的基本过滤规则集指定的允许通过的源 IP 地址范围,则对该 IP 分组实施地址转换过程;二是指定该接口的 IP 地址作为 IP 分组完成地址转换过程后的源 IP 地址。

5. 防火墙 USG6000V PAT 配置命令

1) 定义 IP 地址对象

以下命令序列用于创建一个名为 aa,涵盖 CIDR(无类别域间路由)地址块 192.168.2.0/24、192.168.3.0/24 和 192.168.4.0/24 的地址对象。

```
[USG6000V1]ip address-set aa type object
[USG6000V1-object-address-set-aa]address 10 192.168.2.0 0.0.0.255
[USG6000V1-object-address-set-aa]address 20 192.168.3.0 0.0.0.255
[USG6000V1-object-address-set-aa]address 30 192.168.4.0 0.0.0.255
[USG6000V1-object-address-set-aa]quit
```

ip address-set aa type object 是系统视图下使用的命令,该命令的作用是创建一个名为 aa 的地址对象,并进入地址对象视图。类型 object 表明创建的是地址对象。

address 10 192.168.2.0 0.0.0.255 是系统视图下使用的命令,该命令的作用是在地址对

象中添加 CIDR 地址块 192.168.2.0/24。其中 10 是添加的地址块的序号,192.168.2.0 是
CIDR 地址块 192.168.2.0/24 的起始地址,0.0.0.255 是反掩码,对应子网掩码 255.255.255.0,
用于将 CIDR 地址块网络前缀长度确定为 24。

　　2) 将接口加入安全区域中

　　以下命令序列用于将接口 GigabitEthernet1/0/0 和 GigabitEthernet1/0/3 加入名为
trust 的安全区域中。USG6000V 默认状态下存在 4 个安全区域,分别是安全区域 trust、
untrust、dmz 和 local,这些安全区域的优先级是固定的。local 的优先级最高,之后依次是
trust、dmz 和 untrust。安全区域 local 中不能分配接口。

```
[USG6000V1]firewall zone trust
[USG6000V1-zone-trust]add interface GigabitEthernet1/0/0
[USG6000V1-zone-trust]add interface GigabitEthernet1/0/3
[USG6000V1-zone-trust]quit
```

　　firewall zone trust 是系统视图下使用的命令,该命令的作用是进入名为 trust 的安全
区域视图。

　　add interface GigabitEthernet1/0/0 是安全区域视图下使用的命令,该命令的作用是将
接口 GigabitEthernet1/0/0 加入当前安全区域(这里是名为 trust 的安全区域)。

　　3) 配置安全策略

　　默认状态下,允许信息流从高优先级安全区域传输到低优先级安全区域,禁止信息流从
低优先级安全区域传输到高优先级安全区域。通过配置安全策略,可以实现双向传输过程,
即安全策略一旦允许访问请求从 x 安全区域传输到 y 安全区域,即允许该访问请求对应的
访问响应从 y 安全区域传输到 x 安全区域。

```
[USG6000V1]security-policy
[USG6000V1-policy-security]rule name policy1
[USG6000V1-policy-security-rule-policy1]source-zone trust
[USG6000V1-policy-security-rule-policy1]destination-zone untrust
[USG6000V1-policy-security-rule-policy1]source-address address-set aa
[USG6000V1-policy-security-rule-policy1]action permit
[USG6000V1-policy-security-rule-policy1]quit
[USG6000V1-policy-security]quit
```

　　security-policy 是系统视图下使用的命令,该命令的作用是进入安全策略视图。

　　rule name policy1 是安全策略视图下使用的命令,该命令的作用是创建一条名为
policy1 的规则,并进入安全策略规则视图。policy1 是规则名称。

　　source-zone trust 是安全策略规则视图下使用的命令,该命令的作用是为当前规则(这
里是名为 policy1 的规则)指定源安全区域。这里指定的源安全区域是区域 trust。

　　destination-zone untrust 是安全策略规则视图下使用的命令,该命令的作用是为当前
规则(这里是名为 policy1 的规则)指定目的安全区域。这里指定的目的安全区域是区域
untrust。

　　source-address address-set aa 是安全策略规则视图下使用的命令,该命令的作用是为
当前规则(这里是名为 policy1 的规则)指定源 IP 地址范围。这里指定的源 IP 地址范围是

名为 aa 的地址对象所涵盖的地址范围，即 CIDR 地址块 192.168.2.0/24、192.168.3.0/24 和 192.168.4.0/24。

action permit 是安全策略规则视图下使用的命令，该命令的作用是为当前规则（这里是名为 policy1 的规则）指定动作。这里的动作是允许，即允许继续转发符合规则中所有条件的 IP 分组。

需要说明的是，对于实现允许内部网络访问 Internet 的访问控制策略的规则，只需要在区域 trust 至区域 untrust 方向配置允许传输与内部网络访问 Internet 有关的请求报文的规则，无须在区域 untrust 至区域 trust 方向配置允许传输 Internet 发送给内部网络的响应报文的规则，这是有状态分组过滤器的特点，在区域 trust 至区域 untrust 方向已经传输内部网络发送给 Internet 的请求报文后，区域 untrust 至区域 trust 方向自动添加允许传输 Internet 发送给内部网络的响应报文的规则，且该规则的条件根据监测到的内部网络发送给 Internet 的请求报文的字段值产生。

4）配置 NAT 策略

```
[USG6000V1]nat-policy
[USG6000V1-policy-nat]rule name policy2
[USG6000V1-policy-nat-rule-policy2]source-zone trust
[USG6000V1-policy-nat-rule-policy2]destination-zone untrust
[USG6000V1-policy-nat-rule-policy2]source-address address-set aa
[USG6000V1-policy-nat-rule-policy2]action source-nat easy-ip
[USG6000V1-policy-nat-rule-policy2]quit
[USG6000V1-policy-nat]quit
```

nat-policy 是系统视图下使用的命令，该命令的作用是进入 NAT 策略视图。

rule name policy2 是 NAT 策略视图下使用的命令，该命令的作用是创建一条名为 policy2 的规则，并进入 NAT 策略规则视图。policy2 是规则名称。

action source-nat easy-ip 是 NAT 策略规则视图下使用的命令，该命令的作用是为当前规则（这里是名为 policy2 的规则）指定动作。这里的动作是基于 PAT 实施源地址转换，用信息流的输出接口的 IP 地址作为转换后的信息流的源 IP 地址。

3.2.5 实验步骤

（1）启动 eNSP，按照如图 3.1 所示的企业网结构放置和连接设备。完成设备放置和连接后的 eNSP 界面如图 3.2 所示。启动所有设备。图 3.2 中的防火墙 FW1 是 USG6000V。

（2）完成交换机 LSW1～LSW6 VLAN 配置过程和端口分配过程。LSW1、LSW5 和 LSW6 中创建的 VLAN 和分配给各个 VLAN 的交换机端口如图 3.3～图 3.5 所示。LSW1 中创建分别用于连接普通终端和业务员终端的 VLAN 2 和 VLAN 3，默认 VLAN（这里是 VLAN 1）连接作为 DHCP 服务器的 AR0。LSW5 和 LSW6 中创建分别用于连接普通终端、业务员终端和管理层终端的 VLAN 2、VLAN 3 和 VLAN 4。创建这些 VLAN 的目的是定义这些 VLAN 对应的 IP 接口。LSW5 中还创建了分别用于连接 FW1 和 AR1 的 VLAN 5 和 VLAN 6。LSW6 中还创建了分别用于连接 FW1 和 AR1 的 VLAN 7 和 VLAN 8。

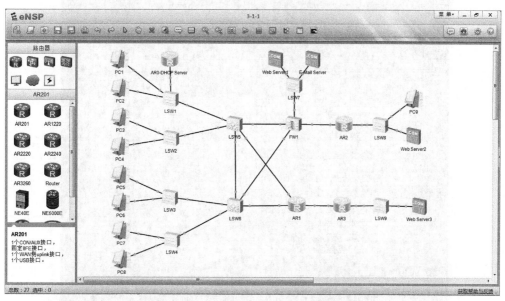

图 3.2 完成设备放置和连接后的 eNSP 界面

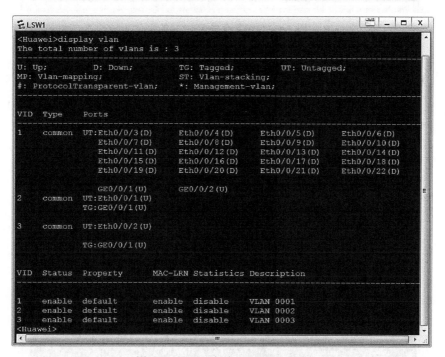

图 3.3 LSW1 有关 VLAN 的状态

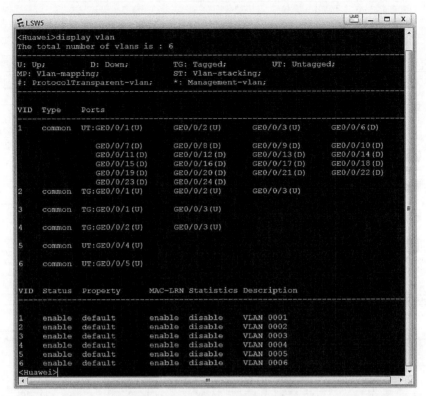

图 3.4　LSW5 有关 VLAN 的状态

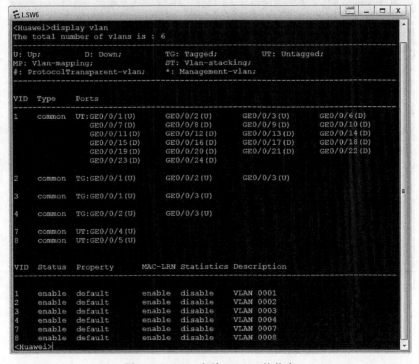

图 3.5　LSW6 有关 VLAN 的状态

（3）在三层交换机 LSW5 和 LSW6 中定义各个 VLAN 对应的 IP 接口,为这些 IP 接口分配 IP 地址和子网掩码。LSW5 和 LSW6 中各个 VLAN 对应的 IP 接口的状态分别如图 3.6 和图 3.7 所示。需要说明的是,LSW5 和 LSW6 中分别定义了 VLAN 1～VLAN 4 对应的 IP 接口,针对同一个 VLAN 对应的 IP 接口,LSW5 和 LSW6 分别分配网络号相同、主机号不同的 IP 地址,如针对 VLAN 1 对应的 IP 接口,LSW5 和 LSW6 分别分配 IP 地址和子网掩码 192.168.1.254/24 和 192.168.1.253/24。FW1、AR2、AR1 和 AR3 各个 IP 接口配置的 IP 地址和子网掩码如图 3.8～图 3.11 所示。

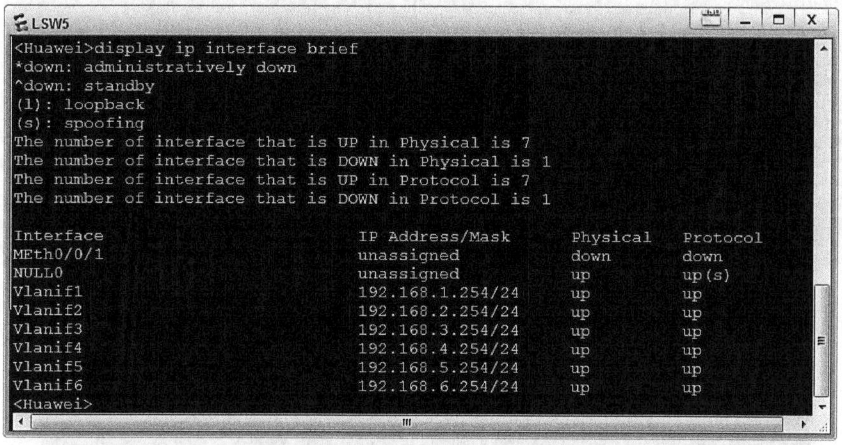

```
LSW5                                                    _ □ X
<Huawei>display ip interface brief
*down: administratively down
^down: standby
(l): loopback
(s): spoofing
The number of interface that is UP in Physical is 7
The number of interface that is DOWN in Physical is 1
The number of interface that is UP in Protocol is 7
The number of interface that is DOWN in Protocol is 1

Interface                     IP Address/Mask      Physical    Protocol
MEth0/0/1                     unassigned           down        down
NULL0                         unassigned           up          up(s)
Vlanif1                       192.168.1.254/24     up          up
Vlanif2                       192.168.2.254/24     up          up
Vlanif3                       192.168.3.254/24     up          up
Vlanif4                       192.168.4.254/24     up          up
Vlanif5                       192.168.5.254/24     up          up
Vlanif6                       192.168.6.254/24     up          up
<Huawei>
```

图 3.6　LSW5 中各个 VLAN 对应的 IP 接口的状态

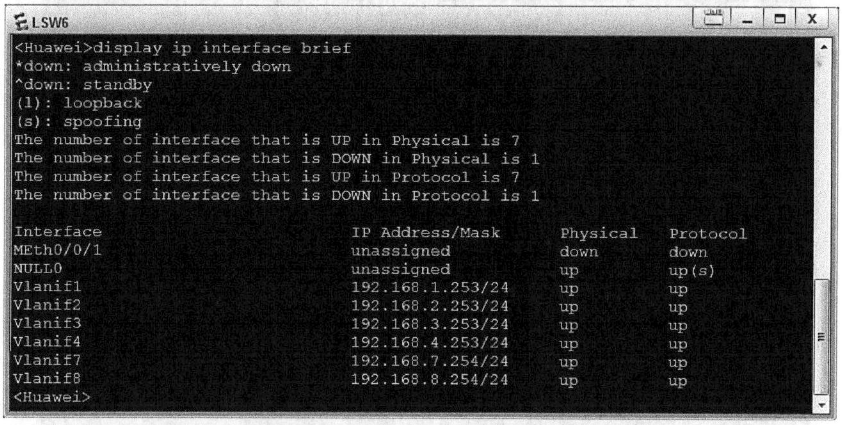

```
LSW6                                                    _ □ X
<Huawei>display ip interface brief
*down: administratively down
^down: standby
(l): loopback
(s): spoofing
The number of interface that is UP in Physical is 7
The number of interface that is DOWN in Physical is 1
The number of interface that is UP in Protocol is 7
The number of interface that is DOWN in Protocol is 1

Interface                     IP Address/Mask      Physical    Protocol
MEth0/0/1                     unassigned           down        down
NULL0                         unassigned           up          up(s)
Vlanif1                       192.168.1.253/24     up          up
Vlanif2                       192.168.2.253/24     up          up
Vlanif3                       192.168.3.253/24     up          up
Vlanif4                       192.168.4.253/24     up          up
Vlanif7                       192.168.7.254/24     up          up
Vlanif8                       192.168.8.254/24     up          up
<Huawei>
```

图 3.7　LSW6 中各个 VLAN 对应的 IP 接口的状态

（4）针对 VLAN 1～VLAN 4,配置冗余网关,将 LSW5 中这 4 个 VLAN 对应的 IP 接口作为活跃 IP 接口,将 LSW6 中这 4 个 VLAN 对应的 IP 接口作为备份 IP 接口。图 3.12 所示的 LSW5 冗余网关信息表明,VRID 分别为 1、2、3 和 4 的虚拟路由器接口都是主路由器接口。图 3.13 所示的 LSW6 冗余网关信息表明,VRID 分别为 1、2、3 和 4 的虚拟路由器接口都是备份路由器接口。

VLAN 1～VLAN 4 对应的冗余网关的虚拟 IP 地址(Virtual IP)分别是 192.168.1.250、192.168.2.250、192.168.3.250 和 192.168.4.250。

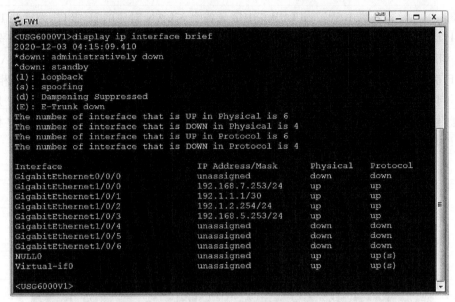

图 3.8 防火墙 FW1 各个 IP 接口配置的 IP 地址和子网掩码

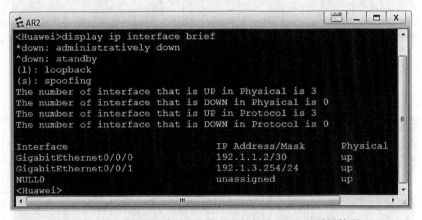

图 3.9 路由器 AR2 各个 IP 接口配置的 IP 地址和子网掩码

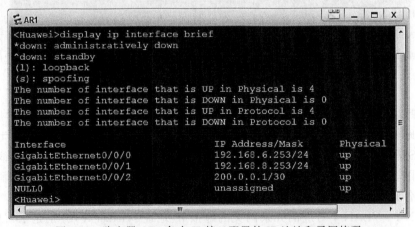

图 3.10 路由器 AR1 各个 IP 接口配置的 IP 地址和子网掩码

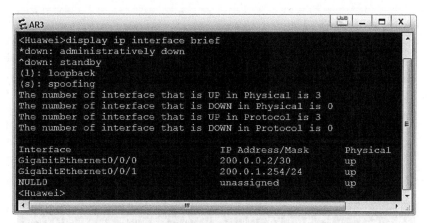

图 3.11　路由器 AR3 各个 IP 接口配置的 IP 地址和子网掩码

```
 ⊏ LSW5                                                          ⊟ _ ☐ X
<Huawei>
<Huawei>display vrrp brief
VRID  State        Interface              Type       Virtual IP
-----------------------------------------------------------------------
1     Master       Vlanif1                Normal     192.168.1.250
2     Master       Vlanif2                Normal     192.168.2.250
3     Master       Vlanif3                Normal     192.168.3.250
4     Master       Vlanif4                Normal     192.168.4.250
-----------------------------------------------------------------------
Total:4    Master:4    Backup:0    Non-active:0
<Huawei>
<Huawei>
<Huawei>
```

图 3.12　LSW5 冗余网关信息

```
 ⊏ LSW6                                                          ⊟ _ ☐ X
<Huawei>
<Huawei>display vrrp brief
VRID  State        Interface              Type       Virtual IP
-----------------------------------------------------------------------
1     Backup       Vlanif1                Normal     192.168.1.250
2     Backup       Vlanif2                Normal     192.168.2.250
3     Backup       Vlanif3                Normal     192.168.3.250
4     Backup       Vlanif4                Normal     192.168.4.250
-----------------------------------------------------------------------
Total:4    Master:0    Backup:4    Non-active:0
<Huawei>
<Huawei>
<Huawei>
```

图 3.13　LSW6 冗余网关信息

（5）完成 LSW5、LSW6、防火墙 FW1 和路由器 AR1 的 RIP 配置过程。完成防火墙 FW1，路由器 AR2、AR1 和 AR3 的 OSPF 配置过程。LSW5、LSW6、防火墙 FW1 和路由器 AR1 通过 RIP 创建用于指明通往内部网络各个子网的传输路径的路由项。防火墙 FW1，路由器 AR2、AR1 和 AR3 通过 OSPF 创建用于指明通往 Internet 和行业服务网的传输路径的路由项。LSW5、LSW6、FW1、AR2、AR1 和 AR3 的完整路由表如图 3.14～图 3.20 所

```
LSW5
<Huawei>display ip routing-table
Route Flags: R - relay, D - download to fib
------------------------------------------------------------------------------
Routing Tables: Public
         Destinations : 22       Routes : 29

Destination/Mask      Proto   Pre  Cost      Flags NextHop         Interface

        0.0.0.0/0     Static  60   0         RD    192.168.5.253   Vlanif5
      127.0.0.0/8     Direct  0    0         D     127.0.0.1       InLoopBack0
      127.0.0.1/32    Direct  0    0         D     127.0.0.1       InLoopBack0
    192.168.1.0/24    Direct  0    0         D     192.168.1.254   Vlanif1
  192.168.1.250/32    Direct  0    0         D     127.0.0.1       Vlanif1
  192.168.1.254/32    Direct  0    0         D     127.0.0.1       Vlanif1
    192.168.2.0/24    Direct  0    0         D     192.168.2.254   Vlanif2
  192.168.2.250/32    Direct  0    0         D     127.0.0.1       Vlanif2
  192.168.2.254/32    Direct  0    0         D     127.0.0.1       Vlanif2
    192.168.3.0/24    Direct  0    0         D     192.168.3.254   Vlanif3
  192.168.3.250/32    Direct  0    0         D     127.0.0.1       Vlanif3
  192.168.3.254/32    Direct  0    0         D     127.0.0.1       Vlanif3
    192.168.4.0/24    Direct  0    0         D     192.168.4.254   Vlanif4
  192.168.4.250/32    Direct  0    0         D     127.0.0.1       Vlanif4
  192.168.4.254/32    Direct  0    0         D     127.0.0.1       Vlanif4
    192.168.5.0/24    Direct  0    0         D     192.168.5.254   Vlanif5
  192.168.5.254/32    Direct  0    0         D     127.0.0.1       Vlanif5
    192.168.6.0/24    Direct  0    0         D     192.168.6.254   Vlanif6
  192.168.6.254/32    Direct  0    0         D     127.0.0.1       Vlanif6
    192.168.7.0/24    RIP     100  1         D     192.168.1.253   Vlanif1
                      RIP     100  1         D     192.168.3.253   Vlanif3
                      RIP     100  1         D     192.168.2.253   Vlanif2
                      RIP     100  1         D     192.168.4.253   Vlanif4
    192.168.8.0/24    RIP     100  1         D     192.168.1.253   Vlanif1
                      RIP     100  1         D     192.168.6.253   Vlanif6
                      RIP     100  1         D     192.168.3.253   Vlanif3
                      RIP     100  1         D     192.168.2.253   Vlanif2
                      RIP     100  1         D     192.168.4.253   Vlanif4
    200.0.1.0/24      Static  60   0         RD    192.168.6.253   Vlanif6
<Huawei>
```

图 3.14　LSW5 的完整路由表

```
LSW6
<Huawei>display ip routing-table
Route Flags: R - relay, D - download to fib
------------------------------------------------------------------------------
Routing Tables: Public
         Destinations : 22       Routes : 29

Destination/Mask      Proto   Pre  Cost      Flags NextHop         Interface

        0.0.0.0/0     Static  60   0         RD    192.168.7.253   Vlanif7
      127.0.0.0/8     Direct  0    0         D     127.0.0.1       InLoopBack0
      127.0.0.1/32    Direct  0    0         D     127.0.0.1       InLoopBack0
    192.168.1.0/24    Direct  0    0         D     192.168.1.253   Vlanif1
  192.168.1.250/32    RIP     100  1         D     192.168.1.254   Vlanif1
  192.168.1.253/32    Direct  0    0         D     127.0.0.1       Vlanif1
    192.168.2.0/24    Direct  0    0         D     192.168.2.253   Vlanif2
  192.168.2.250/32    RIP     100  1         D     192.168.2.254   Vlanif2
  192.168.2.253/32    Direct  0    0         D     127.0.0.1       Vlanif2
    192.168.3.0/24    Direct  0    0         D     192.168.3.253   Vlanif3
  192.168.3.250/32    RIP     100  1         D     192.168.3.254   Vlanif3
  192.168.3.253/32    Direct  0    0         D     127.0.0.1       Vlanif3
    192.168.4.0/24    Direct  0    0         D     192.168.4.253   Vlanif4
  192.168.4.250/32    RIP     100  1         D     192.168.4.254   Vlanif4
  192.168.4.253/32    Direct  0    0         D     127.0.0.1       Vlanif4
    192.168.5.0/24    RIP     100  1         D     192.168.4.254   Vlanif4
                      RIP     100  1         RD    192.168.3.254   Vlanif3
                      RIP     100  1         D     192.168.2.254   Vlanif2
                      RIP     100  1         D     192.168.1.254   Vlanif1
    192.168.6.0/24    RIP     100  1         D     192.168.4.254   Vlanif4
                      RIP     100  1         D     192.168.3.254   Vlanif3
                      RIP     100  1         D     192.168.2.254   Vlanif2
                      RIP     100  1         D     192.168.1.254   Vlanif1
                      RIP     100  1         D     192.168.8.253   Vlanif8
    192.168.7.0/24    Direct  0    0         D     192.168.7.254   Vlanif7
  192.168.7.254/32    Direct  0    0         D     127.0.0.1       Vlanif7
    192.168.8.0/24    Direct  0    0         D     192.168.8.254   Vlanif8
  192.168.8.254/32    Direct  0    0         D     127.0.0.1       Vlanif8
    200.0.1.0/24      Static  60   0         RD    192.168.8.253   Vlanif8
<Huawei>
```

图 3.15　LSW6 的完整路由表

图 3.16　防火墙 FW1 的完整路由表

```
FW1                                                                    _ □ X
2020-12-03 04:17:03.910
Route Flags: R - relay, D - download to fib
------------------------------------------------------------------------------
Routing Tables: Public
         Destinations : 17       Routes : 17

Destination/Mask       Proto   Pre  Cost      Flags NextHop        Interface
     127.0.0.0/8       Direct  0    0           D   127.0.0.1      InLoopBack0
     127.0.0.1/32      Direct  0    0           D   127.0.0.1      InLoopBack0
     192.1.1.0/30      Direct  0    0           D   192.1.1.1      GigabitEthernet
1/0/1
     192.1.1.1/32      Direct  0    0           D   127.0.0.1      GigabitEthernet
1/0/1
     192.1.2.0/24      Direct  0    0           D   192.1.2.254    GigabitEthernet
1/0/2
     192.1.2.254/32    Direct  0    0           D   127.0.0.1      GigabitEthernet
1/0/2
     192.1.3.0/24      OSPF    10   2           D   192.1.1.2      GigabitEthernet
1/0/1
   192.168.1.0/24      RIP     100  1           D   192.168.5.254  GigabitEthernet
1/0/3
   192.168.2.0/24      RIP     100  1           D   192.168.5.254  GigabitEthernet
1/0/3
   192.168.3.0/24      RIP     100  1           D   192.168.5.254  GigabitEthernet
1/0/3
   192.168.4.0/24      RIP     100  1           D   192.168.5.254  GigabitEthernet
1/0/3
   192.168.5.0/24      Direct  0    0           D   192.168.5.253  GigabitEthernet
1/0/3
   192.168.5.253/32    Direct  0    0           D   127.0.0.1      GigabitEthernet
1/0/3
   192.168.6.0/24      RIP     100  1           D   192.168.5.254  GigabitEthernet
1/0/3
   192.168.7.0/24      Direct  0    0           D   192.168.7.253  GigabitEthernet
1/0/0
   192.168.7.253/32    Direct  0    0           D   127.0.0.1      GigabitEthernet
1/0/0
   192.168.8.0/24      RIP     100  2           D   192.168.5.254  GigabitEthernet
1/0/3
```

图 3.17　AR2 的完整路由表

```
AR2                                                                    _ □ X
<Huawei>display ip routing-table
Route Flags: R - relay, D - download to fib
------------------------------------------------------------------------------
Routing Tables: Public
         Destinations : 11       Routes : 11

Destination/Mask       Proto   Pre  Cost      Flags NextHop        Interface
       127.0.0.0/8     Direct  0    0           D   127.0.0.1      InLoopBack0
       127.0.0.1/32    Direct  0    0           D   127.0.0.1      InLoopBack0
127.255.255.255/32     Direct  0    0           D   127.0.0.1      InLoopBack0
       192.1.1.0/30    Direct  0    0           D   192.1.1.2      GigabitEthernet
0/0/0
       192.1.1.2/32    Direct  0    0           D   127.0.0.1      GigabitEthernet
0/0/0
       192.1.1.3/32    Direct  0    0           D   127.0.0.1      GigabitEthernet
0/0/0
       192.1.2.0/24    OSPF    10   2           D   192.1.1.1      GigabitEthernet
0/0/0
       192.1.3.0/24    Direct  0    0           D   192.1.3.254    GigabitEthernet
0/0/1
     192.1.3.254/32    Direct  0    0           D   127.0.0.1      GigabitEthernet
0/0/1
     192.1.3.255/32    Direct  0    0           D   127.0.0.1      GigabitEthernet
0/0/1
255.255.255.255/32     Direct  0    0           D   127.0.0.1      InLoopBack0

<Huawei>
```

图 3.18　AR1 的完整路由表(一)

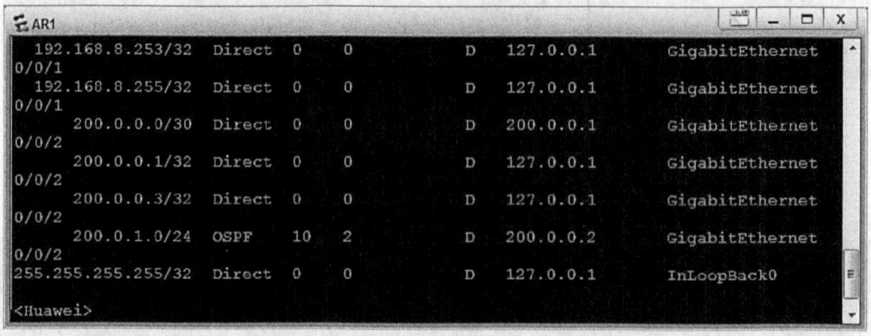

图 3.19　AR1 的完整路由表(二)

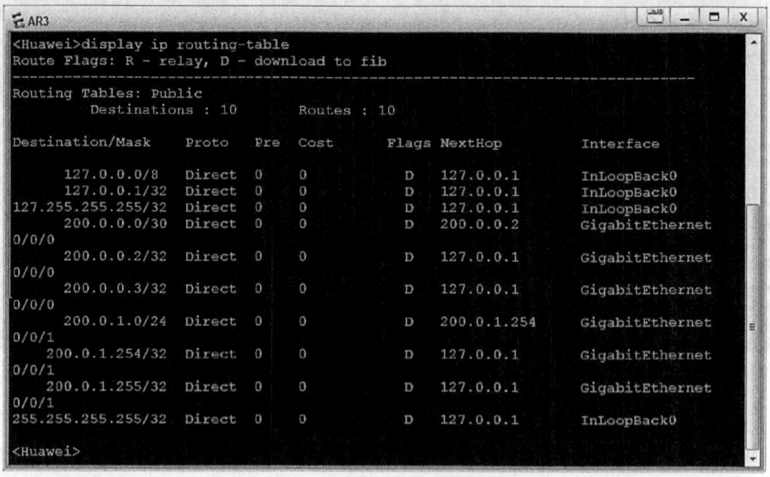

图 3.20　AR3 的完整路由表

示。LSW5 和 LSW6 完整路由表中不但有 RIP 建立的用于指明通往内部网络各个子网的传输路径的路由项,还有用于指明通往 Internet 和行业服务网的传输路径的静态路由项。防火墙 FW1 的路由表中,不仅包含 RIP 生成的用于指明通往内部网络各个子网的传输路径的路由项,还包含 OSPF 生成的用于指明通往 DMZ 和 Internet 的传输路径的路由项。路由器 AR2 的路由表中,只包含 OSPF 生成的用于指明通往 DMZ 和 Internet 的传输路径的路由项,内部网络对 AR2 是透明的。同样,路由器 AR1 的路由表中,不仅包含 RIP 生成的用于指明通往内部网络各个子网的传输路径的路由项,还包含 OSPF 生成的用于指明通往行业服务网的传输路径的路由项。路由器 AR3 的路由表中,只包含用于指明通往路由器 AR1 连接行业服务网的接口和行业服务网 200.0.1.0/24 的传输路径的路由项,内部网络对 AR3 也是透明的。

（6）在仿真 DHCP 服务器的路由器 AR0 上创建 VLAN 2、VLAN 3 和 VLAN 4 对应的作用域,这 3 个作用域对应的 IP 地址池如图 3.21 所示。分别在三层交换机 LSW5 和 LSW6 中 VLAN 2、VLAN 3 和 VLAN 4 对应的 IP 接口上启动 DHCP 中继功能,配置 DHCP 服务器的 IP 地址。三层交换机 LSW5 和 LSW6 配置的中继信息分别如图 3.22 和图 3.23 所示。完成 DHCP 配置过程后,各个终端可以自动获取网络信息。如图 3.24 所示为 PC1 的基础配置界面,选择 DHCP 自动获取网络信息方式。如图 3.25 所示为 PC1 自动获取的网络信息。如图 3.26 所示为 PC2 自动获取的网络信息。PC1 是普通用户终端,连接在 VLAN 2 上。PC2 是业务员终端,连接在 VLAN 3 上。

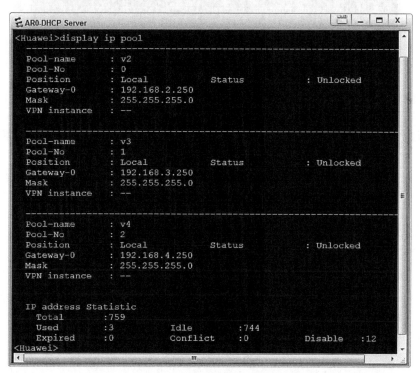

图 3.21　仿真 DHCP 服务器的 AR0 配置的作用域

（7）在防火墙 FW1 和路由器 AR1 中完成有关 PAT 的配置过程,允许连接在 VLAN 2、VLAN 3 和 VLAN 4 上的终端访问 Internet,允许连接在 VLAN 3 和 VLAN 4 上的终端访问行

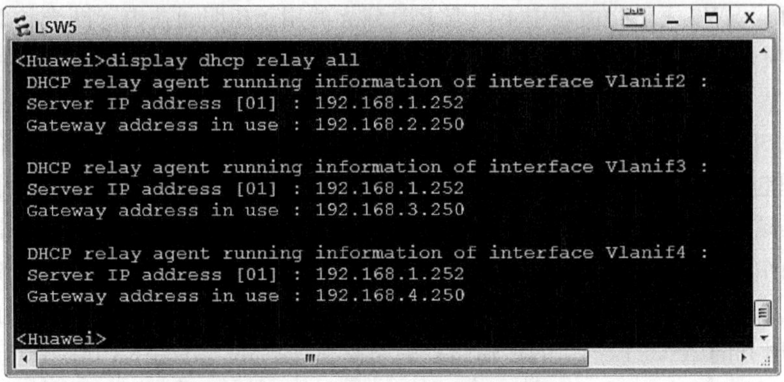

图 3.22 LSW5 配置的中继信息

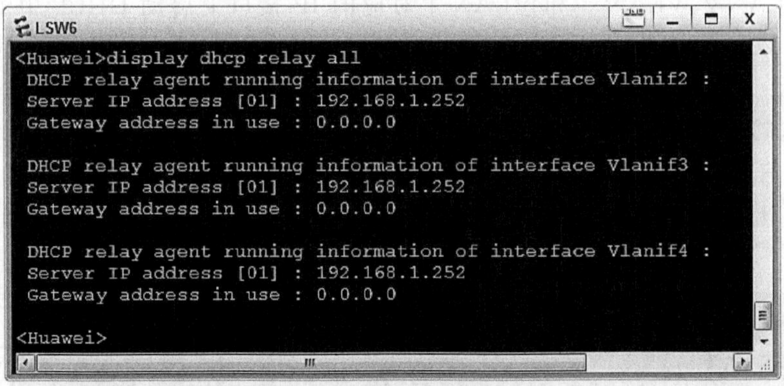

图 3.23 LSW6 配置的中继信息

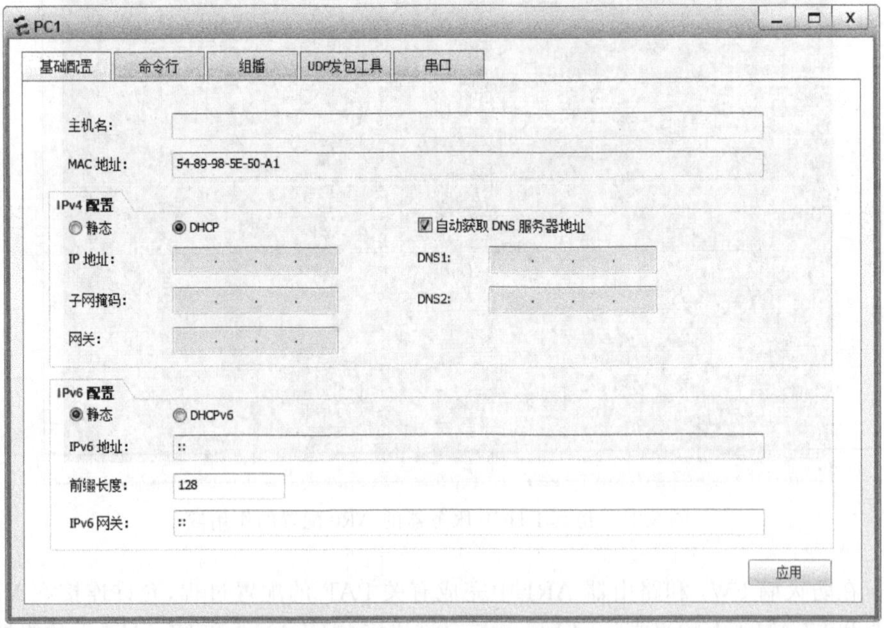

图 3.24 PC1 的基础配置界面

图 3.25 PC1 自动获取的网络信息

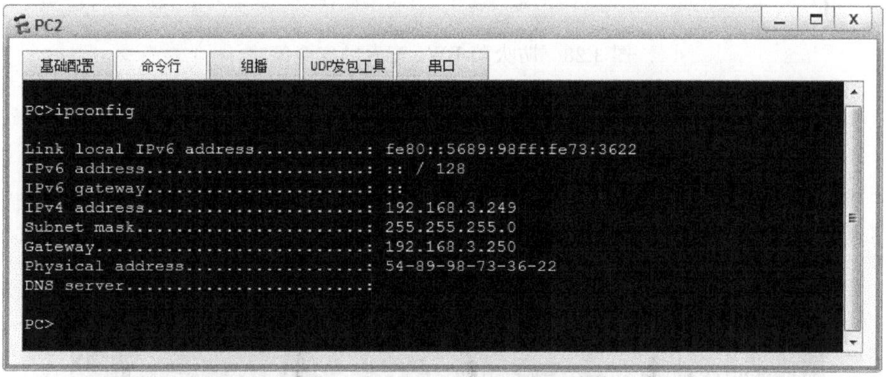

图 3.26 PC2 自动获取的网络信息

业服务网。防火墙通过地址转换策略完成 PAT 配置过程,指定允许进行地址转换的内部网络私有 IP 地址范围的 IP 地址集如图 3.27 所示,涵盖内部网络中的子网 192.168.2.0/24、192.168.3.0/24 和 192.168.4.0/24。为了实现内部网络访问 Internet 的过程,需要配置允许内部网络访问 Internet 的安全策略。为了通过 OSPF 建立用于指明通往 Internet 的传输路径的路由项,需要配置允许 OSPF 消息传输给防火墙 FW1 的安全策略。防火墙 FW1 配置的安全策略如图 3.28 所示。防火墙 FW1 配置的 NAT 策略如图 3.29 所示,easy-ip 表明采用 PAT 方式。

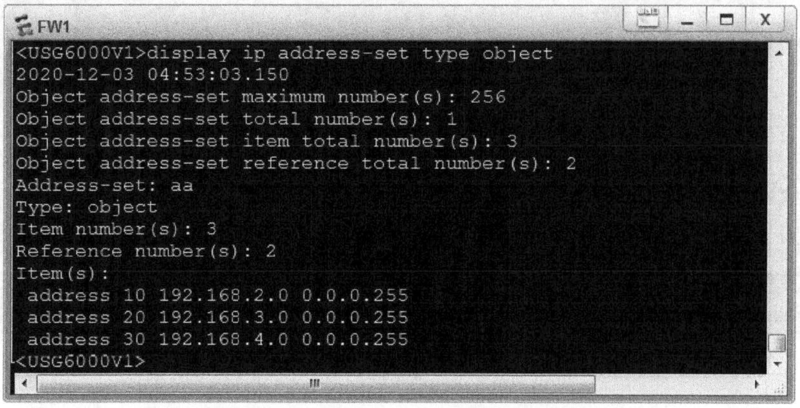

```
FW1                                                            _ □ X
<USG6000V1>display ip address-set type object
2020-12-03 04:53:03.150
Object address-set maximum number(s): 256
Object address-set total number(s): 1
Object address-set item total number(s): 3
Object address-set reference total number(s): 2
Address-set: aa
Type: object
Item number(s): 3
Reference number(s): 2
Item(s):
 address 10 192.168.2.0 0.0.0.255
 address 20 192.168.3.0 0.0.0.255
 address 30 192.168.4.0 0.0.0.255
<USG6000V1>
```

图 3.27 防火墙 FW1 配置的地址集

图 3.28 防火墙 FW1 配置的安全策略

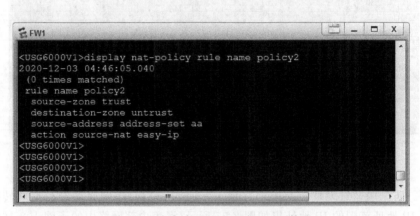

图 3.29 防火墙 FW1 配置的 NAT 策略

路由器 AR1 通过配置访问控制列表(ACL)指定允许进行地址转换的内部网络私有 IP 地址范围,访问控制列表指定的私有 IP 地址范围是 192.168.3.0/24 和 192.168.4.0/24,如图 3.30 所示。在路由器 AR1 连接行业服务网的接口启动 PAT 功能,如图 3.30 所示。

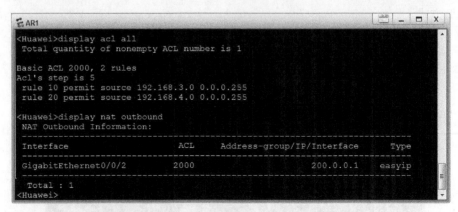

图 3.30 路由器 AR1 配置的 ACL 和实施 PAT 的接口

（8）验证连接在 VLAN 2、VLAN 3 和 VLAN 4 上的终端可以访问 Internet，只有连接在 VLAN 3 和 VLAN 4 上的终端可以访问行业服务网。因此，PC1 只能 ping 通连接在 Internet 上的 Web Server2，PC2 可以 ping 通连接在 Internet 上的 Web Server2 和连接在行业服务网上的 Web Server3。Web Server2 和 Web Server3 的基础配置界面分别如图 3.31 和图 3.32 所示。PC1 和 PC2 的命令行操作界面分别如图 3.33 和图 3.34 所示。

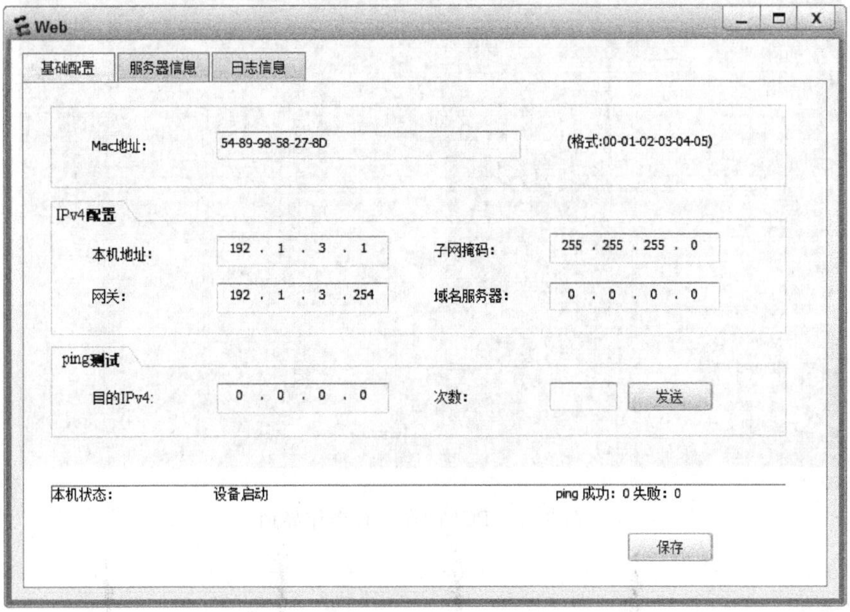

图 3.31　Web Server2 的基础配置界面

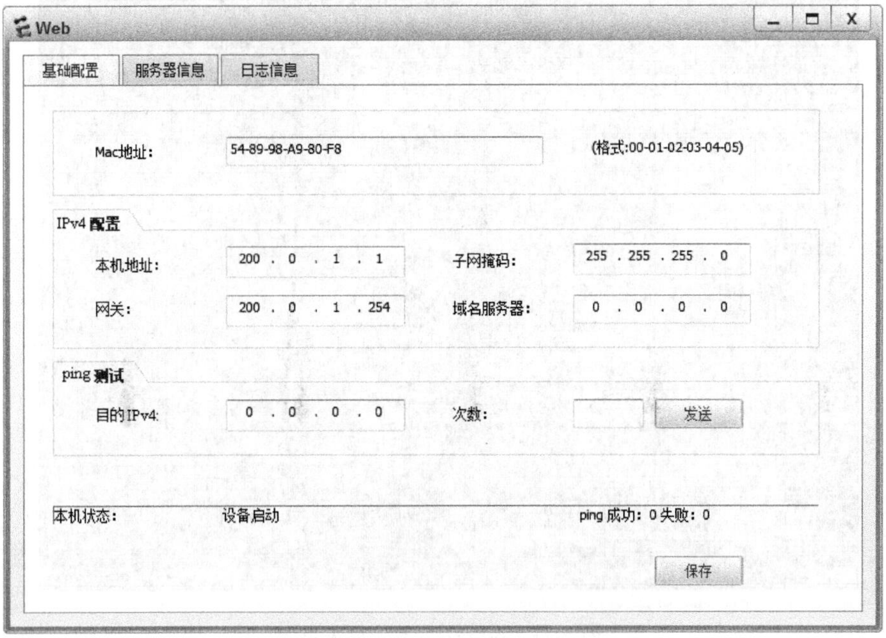

图 3.32　Web Server3 的基础配置界面

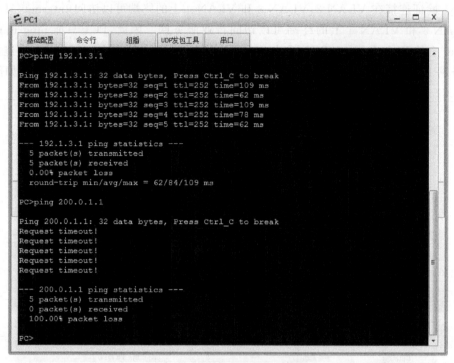

图 3.33　PC1 的命令行操作界面

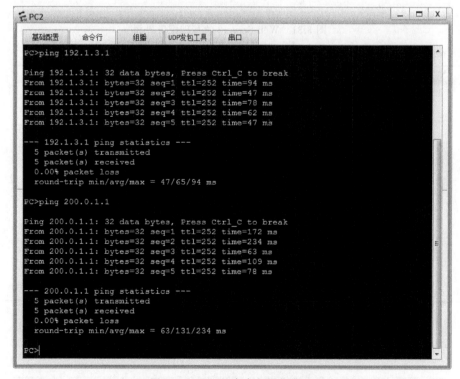

图 3.34　PC2 的命令行操作界面

3.2.6 命令行接口配置过程

1. LSW1 命令行接口配置过程

```
<Huawei>system-view
[Huawei]undo info-center enable
[Huawei]vlan batch 2 3
[Huawei]interface Ethernet0/0/1
[Huawei-Ethernet0/0/1]port link-type access
[Huawei-Ethernet0/0/1]port default vlan 2
[Huawei-Ethernet0/0/1]quit
[Huawei]interface Ethernet0/0/2
[Huawei-Ethernet0/0/2]port link-type access
[Huawei-Ethernet0/0/2]port default vlan 3
[Huawei-Ethernet0/0/2]quit
[Huawei]interface GigabitEthernet0/0/1
[Huawei-GigabitEthernet0/0/1]port link-type trunk
[Huawei-GigabitEthernet0/0/1]port trunk allow-pass vlan 1 2 3
[Huawei-GigabitEthernet0/0/1]quit
[Huawei]interface GigabitEthernet0/0/2
[Huawei-GigabitEthernet0/0/2]port link-type access
[Huawei-GigabitEthernet0/0/2]port default vlan 1
[Huawei-GigabitEthernet0/0/2]quit
[Huawei]quit
```

LSW2～LSW4 的命令行接口配置过程与 LSW1 相似,这里不再赘述。

2. LSW5 命令行接口配置过程

```
<Huawei>system-view
[Huawei]undo info-center enable
[Huawei]vlan batch 1 2 3 4 5 6
[Huawei]interface GigabitEthernet0/0/1
[Huawei-GigabitEthernet0/0/1]port link-type trunk
[Huawei-GigabitEthernet0/0/1]port trunk allow-pass vlan 1 2 3
[Huawei-GigabitEthernet0/0/1]quit
[Huawei]interface GigabitEthernet0/0/2
[Huawei-GigabitEthernet0/0/2]port link-type trunk
[Huawei-GigabitEthernet0/0/2]port trunk allow-pass vlan 1 2 4
[Huawei-GigabitEthernet0/0/2]quit
[Huawei]interface GigabitEthernet0/0/3
[Huawei-GigabitEthernet0/0/3]port link-type trunk
[Huawei-GigabitEthernet0/0/3]port trunk allow-pass vlan 1 to 4
[Huawei-GigabitEthernet0/0/3]quit
[Huawei]interface GigabitEthernet0/0/4
[Huawei-GigabitEthernet0/0/4]port link-type access
[Huawei-GigabitEthernet0/0/4]port default vlan 5
[Huawei-GigabitEthernet0/0/4]quit
```

```
[Huawei]interface GigabitEthernet0/0/5
[Huawei-GigabitEthernet0/0/5]port link-type access
[Huawei-GigabitEthernet0/0/5]port default vlan 6
[Huawei-GigabitEthernet0/0/5]quit
[Huawei]dhcp enable
[Huawei]interface vlanif 1
[Huawei-Vlanif1]ip address 192.168.1.254 24
[Huawei-Vlanif1]quit
[Huawei]interface vlanif 2
[Huawei-Vlanif2]ip address 192.168.2.254 24
[Huawei-Vlanif2]dhcp select relay
[Huawei-Vlanif2]dhcp relay server-ip 192.168.1.252
[Huawei-Vlanif2]quit
[Huawei]interface vlanif 3
[Huawei-Vlanif3]ip address 192.168.3.254 24
[Huawei-Vlanif3]dhcp select relay
[Huawei-Vlanif3]dhcp relay server-ip 192.168.1.252
[Huawei-Vlanif3]quit
[Huawei]interface vlanif 4
[Huawei-Vlanif4]ip address 192.168.4.254 24
[Huawei-Vlanif4]dhcp select relay
[Huawei-Vlanif4]dhcp relay server-ip 192.168.1.252
[Huawei-Vlanif4]quit
[Huawei]interface vlanif 5
[Huawei-Vlanif5]ip address 192.168.5.254 24
[Huawei-Vlanif5]quit
[Huawei]interface vlanif 6
[Huawei-Vlanif6]ip address 192.168.6.254 24
[Huawei-Vlanif6]quit
[Huawei]rip
[Huawei-rip-1]network 192.168.1.0
[Huawei-rip-1]network 192.168.2.0
[Huawei-rip-1]network 192.168.3.0
[Huawei-rip-1]network 192.168.4.0
[Huawei-rip-1]network 192.168.5.0
[Huawei-rip-1]network 192.168.6.0
[Huawei-rip-1]quit
[Huawei]interface vlanif 1
[Huawei-Vlanif1]vrrp vrid 1 virtual-ip 192.168.1.250
[Huawei-Vlanif1]vrrp vrid 1 priority 120
[Huawei-Vlanif1]vrrp vrid 1 preempt-mode time delay 20
[Huawei-Vlanif1]quit
[Huawei]interface vlanif 2
[Huawei-Vlanif2]vrrp vrid 2 virtual-ip 192.168.2.250
[Huawei-Vlanif2]vrrp vrid 2 priority 120
```

```
[Huawei-Vlanif2]vrrp vrid 2 preempt-mode time delay 20
[Huawei-Vlanif2]quit
[Huawei]interface vlanif 3
[Huawei-Vlanif3]vrrp vrid 3 virtual-ip 192.168.3.250
[Huawei-Vlanif3]vrrp vrid 3 priority 120
[Huawei-Vlanif3]vrrp vrid 3 preempt-mode time delay 20
[Huawei-Vlanif3]quit
[Huawei]interface vlanif 4
[Huawei-Vlanif4]vrrp vrid 4 virtual-ip 192.168.4.250
[Huawei-Vlanif4]vrrp vrid 4 priority 120
[Huawei-Vlanif4]vrrp vrid 4 preempt-mode time delay 20
[Huawei-Vlanif4]quit
[Huawei]ip route-static 200.0.1.0 24 192.168.6.253
[Huawei]ip route-static 0.0.0.0 0 192.168.5.253
```

LSW6 命令行接口配置过程与 LSW5 相似,这里不再赘述。

3. FW1 命令行接口配置过程

```
Username:admin
Password:Admin@123(粗体是不可见的)
The password needs to be changed. Change now?  [Y/N]: y
Please enter old password: Admin@123(粗体是不可见的)
Please enter new password: 1234-a5678(粗体是不可见的)
Please confirm new password: 1234-a5678(粗体是不可见的)
<USG6000V1>system-view
[USG6000V1]undo info-center enable
[USG6000V1]interface GigabitEthernet1/0/0
[USG6000V1-GigabitEthernet1/0/0]ip address 192.168.7.253 24
[USG6000V1-GigabitEthernet1/0/0]quit
[USG6000V1]interface GigabitEthernet1/0/2
[USG6000V1-GigabitEthernet1/0/2]ip address 192.1.2.254 24
[USG6000V1-GigabitEthernet1/0/2]quit
[USG6000V1]interface GigabitEthernet1/0/1
[USG6000V1-GigabitEthernet1/0/1]ip address 192.1.1.1 30
[USG6000V1-GigabitEthernet1/0/1]quit
[USG6000V1]interface GigabitEthernet1/0/3
[USG6000V1-GigabitEthernet1/0/3]ip address 192.168.5.253 24
[USG6000V1-GigabitEthernet1/0/3]quit
[USG6000V1]rip
[USG6000V1-rip-1]network 192.168.5.0
[USG6000V1-rip-1]network 192.168.6.0
[USG6000V1-rip-1]quit
[USG6000V1]ospf 11
[USG6000V1-ospf-11]area 2
[USG6000V1-ospf-11-area-0.0.0.2]network 192.1.1.0 0.0.0.3
[USG6000V1-ospf-11-area-0.0.0.2]network 192.1.2.0 0.0.0.255
```

```
[USG6000V1-ospf-11-area-0.0.0.2]quit
[USG6000V1-ospf-11]quit
[USG6000V1]ip address-set aa type object
[USG6000V1-object-address-set-aa]address 10 192.168.2.0 0.0.0.255
[USG6000V1-object-address-set-aa]address 20 192.168.3.0 0.0.0.255
[USG6000V1-object-address-set-aa]address 30 192.168.4.0 0.0.0.255
[USG6000V1-object-address-set-aa]quit
[USG6000V1]firewall zone trust
[USG6000V1-zone-trust]add interface GigabitEthernet1/0/0
[USG6000V1-zone-trust]add interface GigabitEthernet1/0/3
[USG6000V1-zone-trust]quit
[USG6000V1]firewall zone untrust
[USG6000V1-zone-untrust]add interface GigabitEthernet1/0/1
[USG6000V1-zone-untrust]quit
[USG6000V1]security-policy
[USG6000V1-policy-security]rule name policy1
[USG6000V1-policy-security-rule-policy1]source-zone trust
[USG6000V1-policy-security-rule-policy1]destination-zone untrust
[USG6000V1-policy-security-rule-policy1]source-address address-set aa
[USG6000V1-policy-security-rule-policy1]action permit
[USG6000V1-policy-security-rule-policy1]quit
[USG6000V1-policy-security]quit
[USG6000V1]nat-policy
[USG6000V1-policy-nat]rule name policy2
[USG6000V1-policy-nat-rule-policy2]source-zone trust
[USG6000V1-policy-nat-rule-policy2]destination-zone untrust
[USG6000V1-policy-nat-rule-policy2]source-address address-set aa
[USG6000V1-policy-nat-rule-policy2]action source-nat easy-ip
[USG6000V1-policy-nat-rule-policy2]quit
[USG6000V1-policy-nat]quit
[USG6000V1]security-policy
[USG6000V1-policy-security]rule name policy3
[USG6000V1-policy-security-rule-policy3]source-zone untrust
[USG6000V1-policy-security-rule-policy3]source-address 192.1.1.2 32
[USG6000V1-policy-security-rule-policy3]service protocol 89
[USG6000V1-policy-security-rule-policy3]action permit
[USG6000V1-policy-security-rule-policy3]quit
[USG6000V1-policy-security]quit
```

4. AR2 命令行接口配置过程

```
<Huawei>system-view
[Huawei]undo info-center enable
[Huawei]interface GigabitEthernet0/0/0
[Huawei-GigabitEthernet0/0/0]ip address 192.1.1.2 30
[Huawei-GigabitEthernet0/0/0]quit
[Huawei]interface GigabitEthernet0/0/1
```

```
[Huawei-GigabitEthernet0/0/1]ip address 192.1.3.254 24
[Huawei-GigabitEthernet0/0/1]quit
[Huawei]ospf 2
[Huawei-ospf-2]area 2
[Huawei-ospf-2-area-0.0.0.2]network 192.1.1.0 0.0.0.3
[Huawei-ospf-2-area-0.0.0.2]network 192.1.3.0 0.0.0.255
[Huawei-ospf-2-area-0.0.0.2]quit
[Huawei-ospf-2]quit
```

5. AR1 命令行接口配置过程

```
<Huawei>system-view
[Huawei]undo info-center enable
[Huawei]interface GigabitEthernet0/0/0
[Huawei-GigabitEthernet0/0/0]ip address 192.168.6.253 24
[Huawei-GigabitEthernet0/0/0]quit
[Huawei]interface GigabitEthernet0/0/1
[Huawei-GigabitEthernet0/0/1]ip address 192.168.8.253 24
[Huawei-GigabitEthernet0/0/1]quit
[Huawei]interface GigabitEthernet0/0/2
[Huawei-GigabitEthernet0/0/2]ip address 200.0.0.1 30
[Huawei-GigabitEthernet0/0/2]quit
[Huawei]rip
[Huawei-rip-1]network 192.168.6.0
[Huawei-rip-1]network 192.168.8.0
[Huawei-rip-1]quit
[Huawei]ospf 1
[Huawei-ospf-1]area 1
[Huawei-ospf-1-area-0.0.0.1]network 200.0.0.0 0.0.0.3
[Huawei-ospf-1-area-0.0.0.1]quit
[Huawei-ospf-1]quit
[Huawei]acl 2000
[Huawei-acl-basic-2000]rule 10 permit source 192.168.3.0 0.0.0.255
[Huawei-acl-basic-2000]rule 20 permit source 192.168.4.0 0.0.0.255
[Huawei-acl-basic-2000]quit
[Huawei]interface GigabitEthernet0/0/2
[Huawei-GigabitEthernet0/0/2]nat outbound 2000
[Huawei-GigabitEthernet0/0/2]quit
```

6. AR3 命令行接口配置过程

```
[Huawei]interface GigabitEthernet0/0/0
[Huawei-GigabitEthernet0/0/0]ip address 200.0.0.2 30
[Huawei-GigabitEthernet0/0/0]quit
[Huawei]interface GigabitEthernet0/0/1
[Huawei-GigabitEthernet0/0/1]ip address 200.0.1.254 24
[Huawei-GigabitEthernet0/0/1]quit
[Huawei]ospf 3
```

```
[Huawei-ospf-3]area 1
[Huawei-ospf-3-area-0.0.0.1]network 200.0.0.0 0.0.0.3
[Huawei-ospf-3-area-0.0.0.1]network 200.0.1.0 0.0.0.255
[Huawei-ospf-3-area-0.0.0.1]quit
[Huawei-ospf-3]quit
```

7. AR0(仿真 DHCP 服务器)命令行接口配置过程

```
<Huawei>system-view
[Huawei]undo info-center enable
[Huawei]interface GigabitEthernet0/0/0
[Huawei-GigabitEthernet0/0/0]ip address 192.168.1.252 24
[Huawei-GigabitEthernet0/0/0]quit
[Huawei]dhcp enable
[Huawei]interface GigabitEthernet0/0/0
[Huawei-GigabitEthernet0/0/0]dhcp select global
[Huawei-GigabitEthernet0/0/0]quit
[Huawei]ip pool v2
[Huawei-ip-pool-v2]network 192.168.2.0 mask 255.255.255.0
[Huawei-ip-pool-v2]gateway-list 192.168.2.250
[Huawei-ip-pool-v2]excluded-ip-address 192.168.2.251 192.168.2.254
[Huawei-ip-pool-v2]quit
[Huawei]ip pool v3
[Huawei-ip-pool-v3]network 192.168.3.0 mask 255.255.255.0
[Huawei-ip-pool-v3]gateway-list 192.168.3.250
[Huawei-ip-pool-v3]excluded-ip-address 192.168.3.251 192.168.3.254
[Huawei-ip-pool-v3]quit
[Huawei]ip pool v4
[Huawei-ip-pool-v4]network 192.168.4.0 mask 255.255.255.0
[Huawei-ip-pool-v4]gateway-list 192.168.4.250
[Huawei-ip-pool-v4]excluded-ip-address 192.168.4.251 192.168.4.254
[Huawei-ip-pool-v4]quit
```

8. 命令列表

三层交换机和路由器命令行接口配置过程中使用的命令格式、功能和参数说明见表 3.1。

表 3.1　命令列表

命 令 格 式	功能和参数说明
rip [*process-id*]	启动 RIP 进程,并进入 RIP 视图,在 RIP 视图下完成 RIP 相关参数的配置过程。参数 *process-id* 是 RIP 进程编号,默认值是 1
network *network-address*	指定参与 RIP 创建动态路由项过程的路由器接口和直接连接的网络。参数 *network-address* 用于指定分类网络地址

续表

命令格式	功能和参数说明
ip route-static *ip-address* 〔 *mask* ｜ *mask-length* 〕〔 *nexthop-address* ｜ *interface-type interface-number* 〕	配置静态路由项,参数 *ip-address* 是目的网络的网络地址,参数 *mask* 是目的网络的子网掩码,参数 *mask-length* 是目的网络的网络前缀长度。子网掩码和网络前缀长度二者选一。参数 *nexthop-address* 是下一跳 IP 地址,参数 *interface-type* 是接口类型,参数 *interface-number* 是接口编号,接口类型和接口编号一起用于指定输出接口。下一跳 IP 地址和输出接口二者选一。对于以太网,需要配置下一跳 IP 地址
vrrp vrid *virtual-router-id* **virtual-ip** *virtual-address*	在指定接口中创建编号为 *virtual-router-id* 的 VRRP 备份组,并为该 VRRP 备份组分配虚拟 IP 地址。参数 *virtual-address* 是虚拟 IP 地址
vrrp vrid *virtual-router-id* **priority** *priority-value*	在编号为 *virtual-router-id* 的 VRRP 备份组中,为设备配置优先级值 *priority-value* 。优先级值越大,设备的优先级越高
vrrp vrid *virtual-router-id* **preempt-mode timer delay** *delay-value*	配置设备在编号为 *virtual-router-id* 的 VRRP 备份组中的抢占延迟时间。参数 *delay-value* 是抢占延迟时间
acl *acl-number*	创建编号为 *acl-number* 的 acl,并进入 acl 视图。acl 是访问控制列表,由一组过滤规则组成。这里用 acl 指定需要进行地址转换的内网 IP 地址范围
rule 〔 *rule-id* 〕〔 **deny** ｜ **permit** 〕〔 **source** 〕〔 *source-address source-wildcard* ｜ **any** 〕	配置一条用于指定允许通过或拒绝通过的 IP 分组的源 IP 地址范围的规则。参数 *rule-id* 是规则编号,用于确定匹配顺序。参数 *source-address* 和 *source-wildcard* 用于指定源 IP 地址范围。参数 *source-address* 是网络地址,参数 *source-wildcard* 是反掩码,反掩码是子网掩码的反码
nat outbound *acl-number* 〔 **interface** *interface-type interface-number* 〔 .*subnumber* 〕〕	在指定接口启动 PAT 功能,参数 *acl-number* 是访问控制列表编号,用该访问控制列表指定源 IP 地址范围。参数 *interface-type* 是接口类型,参数 *interface-number* 〔 .*subnumber* 〕是接口编号(或是子接口编号),接口类型和接口编号(或是子接口编号)一起用于指定接口。将指定接口的 IP 地址作为全球 IP 地址。对于源 IP 地址属于编号为 *acl-number* 的 acl 指定的源 IP 地址范围的 IP 分组,用指定接口的全球 IP 地址替换该 IP 分组的源 IP 地址
ip address-set *address-set-name* 〔 **type** 〕〔 **object** ｜ **group** 〕	创建一个地址对象(object)或地址组(group),并进入地址对象或地址组视图。参数 *address-set-name* 是地址对象或地址组名称
address 〔 *id* 〕〔 *ipv4-address* 〔 0 ｜ *wildcard* 〕 ｜ **mask** 〔 *mask-address* ｜ *mask-len* 〕〕	添加一个或一组 IPv4 地址,参数 *id* 是序号,参数 *ipv4-address* 可以是主机地址或 CIDR 地址块的起始地址,如果是主机地址,则反掩码为 0,否则用参数 *wildcard* 给出反掩码。也可以直接用参数 *mask-address* 给出子网掩码或用参数 *mask-len* 给出网络前缀长度
firewall zone *zone-name*	创建安全区域,并进入安全区域视图,如果已经存在该安全区域,直接进入该安全区域对应的安全区域视图。参数 *zone-name* 是安全区域名

命令格式	功能和参数说明
add interface *interface-type* ⟨ *interface-number* ⏐ *interface-number.subinterface-number* ⟩	将接口或子接口加入指定安全区域中。参数 *interface-type* 是接口类型,参数 *interface-number* 是接口编号,参数 *interface-number.subinterface-number* 是子接口编号,接口类型和接口编号(或子接口编号)一起唯一指定接口(或子接口)
security-policy	进入安全策略视图
rule name *rule-name*	创建安全策略规则,并进入安全策略规则视图。参数 *rule-name* 是安全策略规则名称
source-zone ⟨ *zone-name* ⏐ **any** ⟩	指定安全策略规则的源安全区域,参数 *zone-name* 是安全区域名称。any 表明是任意安全区域
destination-zone ⟨ *zone-name* ⏐ **any** ⟩	指定安全策略规则的目的安全区域,参数 *zone-name* 是安全区域名称。any 表明是任意安全区域
source-address ⟨ **address-set** *address-set-name* ⏐ *ipv4-address ipv4-mask-length* ⟩	指定安全策略规则的源 IP 地址,参数 *address-set-name* 是地址集名称。参数 *ipv4-address* 是 IP 地址。参数 *ipv4-mask-length* 是网络前缀长度
destination-address *ipv4-address ipv4-mask-length*	指定安全策略规则的目的 IP 地址,参数 *ipv4-address* 是 IP 地址。参数 *ipv4-mask-length* 是网络前缀长度
service protocol ⟨ ⟨ **17** ⏐ **udp** ⟩ ⏐ ⟨ **6** ⏐ **tcp** ⟩ ⟩ [**source-port** ⟨ *source-port* ⏐ *start-source-port* **to** *end-source-port* ⟩ **destination-port** ⟨ *destination-port* ⏐ *start-destination-port* **to** *end-destination-port* ⟩]	指定安全策略规则的协议类型、源和目的端口号。17 或 udp 表明协议类型是 udp,6 或 tcp 表明协议类型是 tcp。参数 *source-port* 是源端口号。如果指定一组端口号,参数 *start-source-port* 是起始源端口号,参数 *end-source-port* 是结束源端口号。参数 *destination-port* 是目的端口号。如果指定一组目的端口号,则参数 *start-destination-port* 是起始目的端口号,参数 *end-destination-port* 是结束目的端口号
action ⟨ **permit** ⏐ **deny** ⟩	用于为安全策略规则指定动作。permit 表示允许匹配该规则的信息流通过,deny 表示禁止匹配该规则的信息流通过
nat-policy	进入 NAT 策略视图
action source-nat easy-ip	用于为 NAT 策略规则指定动作,这里的动作是基于 PAT 实施源地址转换,用信息流的输出接口的 IP 地址作为转换后的信息流的源 IP 地址

3.3 防火墙配置实验

3.3.1 实验内容

针对如图 3.1 所示的企业网结构,将防火墙连接内部网络的接口 1 和接口 2 定义为信任区,将连接 DMZ 的接口 3 定义为非军事区,将连接 Internet 的接口 4 定义为非信任区。

① 允许信任区中的终端发起访问非信任区中的 Web 服务器。

② 允许信任区中的终端发起访问非军事区中的 Web 服务器。

③ 允许信任区中的终端通过 SMTP 和 POP3 发起访问非军事区中的邮件服务器。

④ 允许非军事区中的邮件服务器通过 SMTP 发起访问非信任区中的邮件服务器。

⑤ 允许非信任区中的终端发起访问非军事区中的 Web 服务器。

⑥ 允许非信任区中的邮件服务器通过 SMTP 发起访问非军事区中的邮件服务器。

3.3.2 实验目的

(1) 深入理解有状态分组过滤器的监测机制。

(2) 验证对安全区域间传输的数据实施控制的过程。

(3) 深入理解通过服务定义安全区域间信息交换过程的原理。

(4) 掌握基于分区防火墙的配置过程。

3.3.3 实验原理

将防火墙连接的网络划分为三个区域：内部网络为信任区 trust；DMZ 为非军事区 dmz；Internet 为非信任区 untrust。在防火墙中配置安全策略，在安全策略中定义如下作用于区域 trust 至区域 untrust 方向的 1 条过滤规则。

过滤规则 1：允许内部网络终端访问 untrust 区域中的 Web Server。

① 源区域=trust；

② 目的区域=untrust；

③ 源 IP 地址=192.168.2.0/24、192.168.3.0/24 和 192.168.4.0/24；

④ 目的 IP 地址=任意；

⑤ 协议类型=TCP；

⑥ 目的端口号=80；

⑦ 动作=允许。

在安全策略中定义如下作用于区域 trust 至区域 dmz 方向的 3 条过滤规则。

过滤规则 1：允许内部网络终端访问 DMZ 区域中的 Web Server。

① 源区域=trust；

② 目的区域=dmz；

③ 源 IP 地址=192.168.2.0/24、192.168.3.0/24 和 192.168.4.0/24；

④ 目的 IP 地址=192.1.2.1/32；

⑤ 协议类型=TCP；

⑥ 目的端口号=80；

⑦ 动作=允许。

过滤规则 2：允许内部网络终端通过 SMTP 访问 DMZ 区域中的 E-mail Server。

① 源区域=trust；

② 目的区域=dmz；

③ 源 IP 地址=192.168.2.0/24、192.168.3.0/24 和 192.168.4.0/24；

④ 目的 IP 地址=192.1.2.2/32；

⑤ 协议类型=TCP；

⑥ 目的端口号=25；

⑦ 动作＝允许。

过滤规则 3：允许内部网络终端通过 POP3 访问 DMZ 区域中的 E-mail Server。

① 源区域＝trust；

② 目的区域＝dmz；

③ 源 IP 地址＝192.168.2.0/24、192.168.3.0/24 和 192.168.4.0/24；

④ 目的 IP 地址＝192.1.2.2/32；

⑤ 协议类型＝TCP；

⑥ 目的端口号＝110；

⑦ 动作＝允许。

在安全策略中定义如下作用于区域 dmz 至区域 untrust 方向的 1 条过滤规则。

过滤规则 1：允许 dmz 中的 E-mail Server 通过 SMTP 访问 Internet 中的 E-mail Server。

① 源区域＝dmz；

② 目的区域＝untrust；

③ 源 IP 地址＝192.1.2.2/32；

④ 目的 IP 地址＝任意；

⑤ 协议类型＝TCP；

⑥ 目的端口号＝25；

⑦ 动作＝允许。

在安全策略中定义如下作用于区域 untrust 至区域 dmz 方向的两条过滤规则。

过滤规则 1：允许 Internet 中的终端访问 dmz 中的 Web Server。

① 源区域＝untrust；

② 目的区域＝dmz；

③ 源 IP 地址＝任意；

④ 目的 IP 地址＝192.1.2.1/32；

⑤ 协议类型＝TCP；

⑥ 目的端口号＝80；

⑦ 动作＝允许。

过滤规则 2：允许 Internet 中的 E-mail Server 访问 dmz 中的 E-mail Server。

① 源区域＝untrust；

② 目的区域＝dmz；

③ 源 IP 地址＝任意；

④ 目的 IP 地址＝192.1.2.2/32；

⑤ 协议类型＝TCP；

⑥ 目的端口号＝25；

⑦ 动作＝允许。

3.3.4　关键命令说明

以下命令序列用于配置实现区域 trust 至区域 dmz 方向，允许内部网络终端访问 dmz 中的 Web Server 的访问控制策略的规则。

```
[USG6000V1]security-policy
[USG6000V1-policy-security]rule name trust-dmz-http
[USG6000V1-policy-security-rule-trust-dmz-http]source-zone trust
[USG6000V1-policy-security-rule-trust-dmz-http]destination-zone dmz
[USG6000V1-policy-security-rule-trust-dmz-http]source-address address-set aa
[USG6000V1-policy-security-rule-trust-dmz-http]destination-address 192.1.2.1 32
[USG6000V1 - policy - security - rule - trust - dmz - http] service protocol tcp
destination-port 80
[USG6000V1-policy-security-rule-trust-dmz-http]action permit
[USG6000V1-policy-security-rule-trust-dmz-http]quit
```

destination-address 192.1.2.1 32 是安全策略规则视图下使用的命令,该命令的作用是为当前规则(这里是名为 trust-dmz-http 的规则)指定目的 IP 地址。这里指定的目的 IP 地址是唯一的 IP 地址 192.1.2.1(网络前缀长度为 32 位)。

service protocol tcp destination-port 80 是安全策略规则视图下使用的命令,该命令的作用是为当前规则(这里是名为 trust-dmz-http 的规则)指定协议类型、源和目的端口号。这里指定的协议类型是 TCP,即 IP 分组净荷是 TCP 报文,且 TCP 报文的目的端口号是80。没有指定源端口号,表明源端口号可以是任意端口号。

3.3.5　实验步骤

(1) 该实验在 3.2 节完成的实验的基础上进行。

(2) 为了验证只能通过 HTTP 访问 Web Server 的功能,分别在内部网络 VLAN 2 和 Internet 中增加 Client1 和 Client2。Client1 和 Client2 的基础配置界面分别如图 3.35 和图 3.36 所示。

图 3.35　Client1 的基础配置界面

图 3.36 Client2 的基础配置界面

（3）在防火墙中完成安全策略配置过程，分别定义实现以下访问控制策略的规则。

① 允许信任区中的终端发起访问非信任区中的 Web 服务器。

② 允许信任区中的终端发起访问非军事区中的 Web 服务器。

③ 允许信任区中的终端通过 SMTP 发起访问非军事区中的邮件服务器。

④ 允许信任区中的终端通过 POP3 发起访问非军事区中的邮件服务器。

⑤ 允许非军事区中的邮件服务器通过 SMTP 发起访问非信任区中的邮件服务器。

⑥ 允许非信任区中的终端发起访问非军事区中的 Web 服务器。

⑦ 允许非信任区中的邮件服务器通过 SMTP 发起访问非军事区中的邮件服务器。

防火墙 FW1 配置的针对上述 7 条访问控制策略的 7 条规则名称如图 3.37 所示。7 条规则的详细内容如图 3.38 和图 3.39 所示。需要说明的是，安全策略中删除了 3.2 节完成的实验中名为 policy1 的允许内部网络中的终端访问 Internet 的规则，增加了名为 trust-untrust 的只允许内部网络中的终端通过 HTTP 访问 Internet 的 Web Server 的规则。

```
E FW1                                                                _ □ X
<USG6000V1>
<USG6000V1>display security-policy rule all
2020-12-05 15:56:56.840
Total:9
RULE ID   RULE NAME                  STATE      ACTION     HITS
2         policy3                    enable     permit     0
3         trust-untrust              enable     permit     1
4         trust-dmz-http             enable     permit     1
5         trust-dmz-smtp             enable     permit     0
6         trust-dmz-pop3             enable     permit     0
7         dmz-untrust                enable     permit     0
8         untrust-dmz-http           enable     permit     1
9         untrust-dmz-smtp           enable     permit     1
0         default                    enable     deny       22

<USG6000V1>
```

图 3.37 安全策略中定义的全部规则的名称

图 3.38　7 条规则的详细内容(一)

图 3.39　7 条规则的详细内容(二)

（4）验证内部网络终端允许访问非军事区中的 Web Server1 和非信任区中的 Web Server2，Web Server1 和 Web Server2 的基础配置界面分别如图 3.40 和图 3.41 所示。启动 Web Server1 的界面如图 3.42 所示。内部网络终端 Client1 通过浏览器成功访问 Web Server1 的界面如图 3.43 所示，成功访问 Web Server2 的界面如图 3.44 所示。内部网络终端 Client1 无法 ping 通 Web Server1，Client1 基础配置界面中的 ping 测试结果如图 3.35 所示。内部网络终端 Client1 无法 ping 通 Web Server2，如图 3.45 所示的 Client1 针对 Web Server2 的 ping 测试结果。

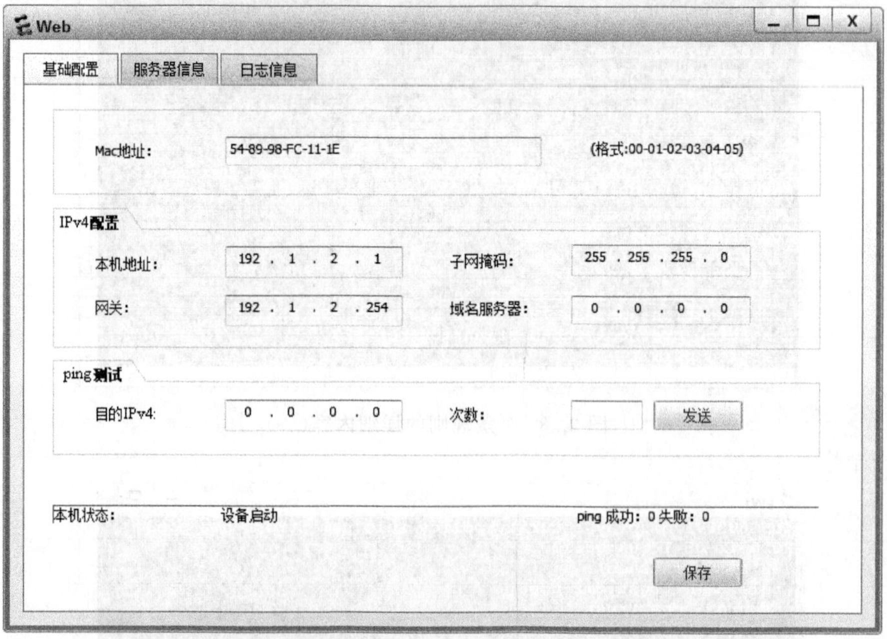

图 3.40　Web Server1 的基础配置界面

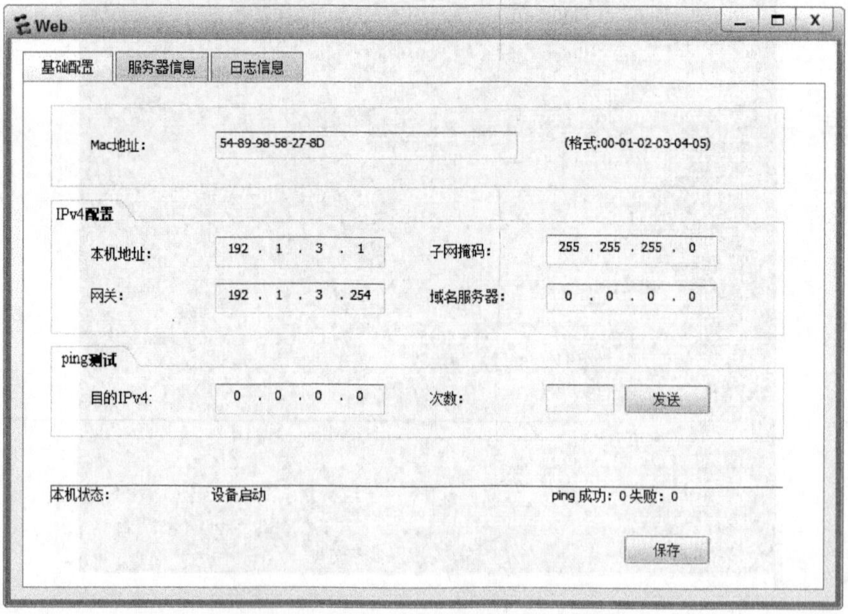

图 3.41　Web Server2 的基础配置界面

图 3.42　启动 Web Server1 的界面

图 3.43　Client1 通过浏览器成功访问 Web Server1 的界面

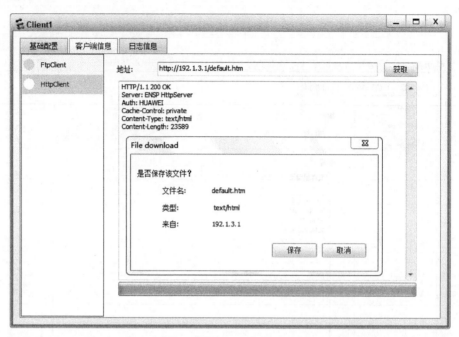

图 3.44　Client1 通过浏览器成功访问 Web Server2 的界面

图 3.45　Client1 无法 ping 通 Web Server2 的界面

　　(5) 验证 Internet 中的终端允许访问非军事区中的 Web Server1。Internet 中的终端 Client2 通过浏览器成功访问 Web Server1 的界面如图 3.46 所示。Internet 中的终端 Client2 无法 ping 通 Web Server1,如图 3.36 所示的 Client2 基础配置界面中的 ping 测试 结果。

图 3.46 Client2 通过浏览器成功访问 Web Server1 的界面

3.3.6 命令行接口配置过程

以下命令序列是在 3.2 节完成的实验的基础上增加的命令序列。

1. LSW1 增加的命令序列

```
[Huawei]interface Ethernet0/0/3
[Huawei-Ethernet0/0/3]port link-type access
[Huawei-Ethernet0/0/3]port default vlan 2
[Huawei-Ethernet0/0/3]quit
```

2. FW1 增加的命令序列

```
[USG6000V1]security-policy
[USG6000V1-policy-security]undo rule name policy1
[USG6000V1-policy-security]quit
[USG6000V1]firewall zone dmz
[USG6000V1-zone-dmz]add interface GigabitEthernet1/0/2
[USG6000V1-zone-dmz]quit
[USG6000V1]security-policy
[USG6000V1-policy-security]rule name trust-untrust
[USG6000V1-policy-security-rule-trust-untrust]source-zone trust
[USG6000V1-policy-security-rule-trust-untrust]destination-zone untrust
[USG6000V1-policy-security-rule-trust-untrust]source-address address-set aa
[USG6000V1 - policy - security - rule - trust - untrust] service protocol tcp
destination-port 80
[USG6000V1-policy-security-rule-trust-untrust]action permit
```

```
[USG6000V1-policy-security-rule-trust-untrust]quit
[USG6000V1-policy-security]rule name trust-dmz-http
[USG6000V1-policy-security-rule-trust-dmz-http]source-zone trust
[USG6000V1-policy-security-rule-trust-dmz-http]destination-zone dmz
[USG6000V1-policy-security-rule-trust-dmz-http]source-address address-set aa
[USG6000V1-policy-security-rule-trust-dmz-http]destination-address 192.1.2.1 32
[USG6000V1 - policy - security - rule - trust - dmz - http] service protocol tcp
destination-port 80
[USG6000V1-policy-security-rule-trust-dmz-http]action permit
[USG6000V1-policy-security-rule-trust-dmz-http]quit
[USG6000V1-policy-security]rule name trust-dmz-smtp
[USG6000V1-policy-security-rule-trust-dmz-smtp]source-zone trust
[USG6000V1-policy-security-rule-trust-dmz-smtp]destination-zone dmz
[USG6000V1-policy-security-rule-trust-dmz-smtp]source-address address-set aa
[USG6000V1-policy-security-rule-trust-dmz-smtp]destination-address 192.1.2.2 32
[USG6000V1 - policy - security - rule - trust - dmz - smtp] service protocol tcp
destination-port 25
[USG6000V1-policy-security-rule-trust-dmz-smtp]action permit
[USG6000V1-policy-security-rule-trust-dmz-smtp]quit
[USG6000V1-policy-security]rule name trust-dmz-pop3
[USG6000V1-policy-security-rule-trust-dmz-pop3]source-zone trust
[USG6000V1-policy-security-rule-trust-dmz-pop3]destination-zone dmz
[USG6000V1-policy-security-rule-trust-dmz-pop3]source-address address-set aa
[USG6000V1-policy-security-rule-trust-dmz-pop3]destination-address 192.1.2.2 32
[USG6000V1 - policy - security - rule - trust - dmz - pop3] service protocol tcp
destination-port 110
[USG6000V1-policy-security-rule-trust-dmz-pop3]action permit
[USG6000V1-policy-security-rule-trust-dmz-pop3]quit
[USG6000V1-policy-security]rule name dmz-untrust
[USG6000V1-policy-security-rule-dmz-untrust]source-zone dmz
[USG6000V1-policy-security-rule-dmz-untrust]destination-zone untrust
[USG6000V1-policy-security-rule-dmz-untrust]source-address 192.1.2.2 32
[USG6000V1-policy-security-rule-dmz-untrust]service protocol tcp destination-
port 25
[USG6000V1-policy-security-rule-dmz-untrust]action permit
[USG6000V1-policy-security-rule-dmz-untrust]quit
[USG6000V1-policy-security]rule name untrust-dmz-http
[USG6000V1-policy-security-rule-untrust-dmz-http]source-zone untrust
[USG6000V1-policy-security-rule-untrust-dmz-http]destination-zone dmz
[USG6000V1-policy-security-rule-untrust-dmz-http]destination-address 192.1.2.1 32
[USG6000V1- policy - security - rule - untrust - dmz - http] service protocol tcp
destination-port 80
[USG6000V1-policy-security-rule-untrust-dmz-http]action permit
[USG6000V1-policy-security-rule-untrust-dmz-http]quit
[USG6000V1-policy-security]rule name untrust-dmz-smtp
```

```
[USG6000V1-policy-security-rule-untrust-dmz-smtp]source-zone untrust
[USG6000V1-policy-security-rule-untrust-dmz-smtp]destination-zone dmz
[USG6000V1-policy-security-rule-untrust-dmz-smtp]destination-address 192.1.2.2 32
[USG6000V1-policy-security-rule-untrust-dmz-smtp]service protocol tcp
destination-port 25
[USG6000V1-policy-security-rule-untrust-dmz-smtp]action permit
[USG6000V1-policy-security-rule-untrust-dmz-smtp]quit
[USG6000V1-policy-security]quit
```

第 4 章　ISP 网络设计实验

互联网服务提供商(Internet Service Provider,ISP)网络涉及多个自治系统互联,并且涉及广域网技术。因此,实现 ISP 网络的关键步骤有两个:一是通过广域网技术实现路由器远距离互连;二是通过内部网关协议和外部网关协议实现分层路由结构。

4.1　ISP 网络结构和实施过程

4.1.1　ISP 网络结构

ISP 网络结构如图 4.1 所示,由四个自治系统组成。自治系统内部通过内部网关协议建立用于指明通往自治系统内各个网络的传输路径的内部路由项。自治系统之间通过外部网关协议建立用于指明通往其他自治系统内各个网络的传输路径的外部路由项。

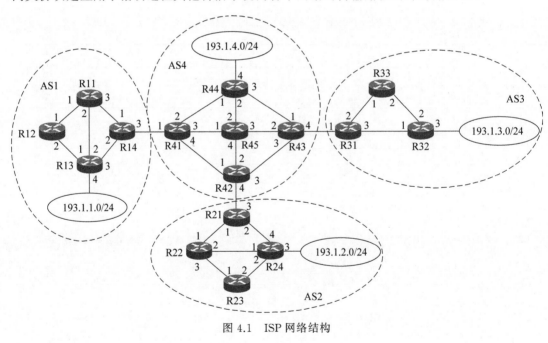

图 4.1　ISP 网络结构

4.1.2　实施过程

由于 ISP 网络中的路由器之间可能相隔甚远,因此,ISP 网络通常采用广域网实现路由器之间的互连。因此,针对 ISP 网络的分层路由结构,实验过程分为三个步骤,分别是广域网互连路由器实验、自治系统配置实验和 ISP 网络配置实验。

1. 广域网互连路由器实验

为路由器安装串行接口,通过串行接口连接点对点物理链路,以此仿真通过类似同步数字体系(Synchronous Digital Hierarchy,SDH)这样的广域网生成的点对点物理链路实现两个路由器远距离互连的过程。

2. 自治系统配置实验

ISP 由多个自治系统组成,首先通过内部网关协议(如 OSPF)生成用于指明通往自治系统内各个网络的传输路径的路由项。该实验以图 4.1 中的 AS1 自治系统为例,讨论通过 OSPF 生成用于指明通往 AS1 自治系统内各个网络的传输路径的路由项的过程。

3. ISP 网络配置实验

首先,每一个自治系统都通过内部网关协议(如 OSPF)生成用于指明通往自治系统内各个网络的传输路径的路由项。然后,自治系统之间通过外部网关协议(如 BGP)交换每一个自治系统都能够到达的网络。最后使得每一个自治系统中的路由器都能生成用于指明通往所有其他自治系统中网络的传输路径的路由项。

4.2　广域网互连路由器实验

4.2.1　实验内容

用 SDH 建立的点对点物理链路互连路由器 R1 和 R2,构建如图 4.2 所示的广域网互连路由器的网络结构,实现 LAN 1 与 LAN 2 之间的通信过程。

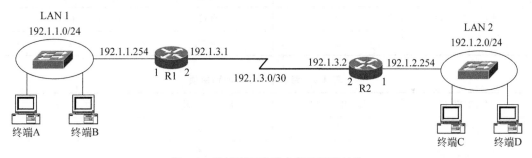

图 4.2　广域网互连路由器的网络结构

4.2.2　实验目的

(1)掌握路由器串行接口配置过程。

(2)掌握点对点协议(Point-to-Point Protocol,PPP)建立点对点链路过程。

(3)掌握挑战握手鉴别协议(Challenge Handshake Authentication Protocol,CHAP)鉴别路由器身份过程。

(4)掌握路由器 RIP 配置过程。

(5)掌握 RIP 建立动态路由项过程。

4.2.3　实验原理

广域网互连路由器结构通常是如图 4.2 所示的串行链路互连路由器结构,路由器通过串行链路实现相互通信的关键是建立基于串行链路的 PPP 链路。

1. 配置串行接口

串行接口除了需要配置 IP 地址和子网掩码外,还需要配置串行接口帧封装格式——PPP 帧格式和路由器身份鉴别协议 CHAP。完成上述配置后,路由器 R1 和 R2 通过互连它们的串行链路相互鉴别对方身份、建立 PPP 链路。成功建立 PPP 链路后,路由器之间可以相互传输 PPP 帧。路由器之间相互传输的 IP 分组封装成 PPP 帧后,经过互连它们的串行链路传输给对方。

2. 直连路由项

路由器接口配置的 IP 地址和子网掩码确定了该路由器接口所连接的网络的网络地址,并因此自动生成用于指明通往直接连接的网络的传输路径的直连路由项。按照如图 4.2 所示的路由器接口配置信息完成路由器 R1 和 R2 各个接口的 IP 地址和子网掩码配置后,路由器 R1 和 R2 自动生成如表 4.1 和表 4.2 所示的直连路由项。两个路由器之间一旦成功建立 PPP 链路,路由器还给出用于指明通往 PPP 链路另一端的传输路径的直连路由项,如表 4.1 中目的网络为 192.1.3.2/32 的直连路由项,192.1.3.2/32 是路由器 R2 串行接口的 IP 地址。

表 4.1　路由器 R1 直连路由项

目 的 网 络	输 出 接 口	下 一 跳	距 离
192.1.1.0/24	1	直接	0
192.1.3.0/30	2	直接	0
192.1.3.2/32	2	直接	0

表 4.2　路由器 R2 直连路由项

目 的 网 络	输 出 接 口	下 一 跳	距 离
192.1.2.0/24	1	直接	0
192.1.3.0/30	2	直接	0
192.1.3.1/32	2	直接	0

3. RIP 创建动态路由项

路由器为了转发目的网络不是与其直接连接的网络的 IP 分组,需要建立用于指明通往这些没有与其直接连接的网络的传输路径的路由项,这些路由项往往通过路由协议创建。为了通过路由信息协议(RIP)创建这些路由项,需要完成路由器的 RIP 配置,在每个路由器中指定用于参与 RIP 创建动态路由项过程的路由器接口和直接连接的网络。路由器 R1 和 R2 包含 RIP 创建的动态路由项的路由表见表 4.3 和表 4.4。表 4.3 中网络地址为 192.1.2.0/24 的目的网络是连接在路由器 R2 上的网络,路由器 R1 通往该网络的传输路径上的下一跳是路由器 R2 连接串行链路的接口,因此,下一跳 IP 地址是该接口的 IP 地址 192.1.3.2。直连路由项的距离为 0,通往目的网络的传输路径每经过一跳路由器,距离增 1。

表 4.3　路由器 R1 路由表

目 的 网 络	输 出 接 口	下 一 跳	距 离
192.1.1.0/24	1	直接	0
192.1.3.0/30	2	直接	0
192.1.3.2/32	2	直接	0
192.1.2.0/24	2	192.1.3.2	1

表 4.4　路由器 R2 路由表

目 的 网 络	输 出 接 口	下 一 跳	距 离
192.1.2.0/24	1	直接	0
192.1.3.0/30	2	直接	0
192.1.3.1/32	2	直接	0
192.1.1.0/24	2	192.1.3.1	1

4.2.4　关键命令说明

1. 配置串行接口

以下命令序列将 PPP 作为串行接口 Serial2/0/0 使用的链路层协议,并为该接口配置 IP 地址 192.1.3.1 和子网掩码 255.255.255.252(网络前缀长度为 30)。

```
[Huawei]interface Serial2/0/0
[Huawei-Serial2/0/0]link-protocol ppp
[Huawei-Serial2/0/0]ip address 192.1.3.1 30
[Huawei-Serial2/0/0]quit
```

link-protocol ppp 是接口视图下使用的命令,该命令的作用是将 PPP 作为指定接口(这里是串行接口 Serial2/0/0)使用的链路层协议。

2. 配置鉴别方案

以下命令序列用于创建一个采用本地鉴别机制的、名为 yyy 的鉴别方案。

```
[Huawei]aaa
[Huawei-aaa]authentication-scheme yyy
[Huawei-aaa-authen-yyy]authentication-mode local
[Huawei-aaa-authen-yyy]quit
```

aaa 是系统视图下使用的命令,该命令的作用是进入 AAA 视图。AAA 是 Authentication(鉴别)、Authorization(授权)和 Accounting(计费)的简称。

authentication-scheme yyy 是 AAA 视图下使用的命令,该命令的作用是创建一个名为 yyy 的鉴别方案,并进入鉴别方案视图。

authentication-mode local 是鉴别方案视图下使用的命令,该命令的作用是指定本地鉴别模式为当前鉴别方案所采用的鉴别机制。

3. 创建和配置鉴别域

以下命令序列用于创建一个域名为 system 的鉴别域,并为该鉴别域引用名为 yyy 的鉴别方案。

```
[Huawei-aaa]domain system
[Huawei-aaa-domain-system]authentication-scheme yyy
[Huawei-aaa-domain-system]quit
```

domain system 是 AAA 视图下使用的命令,该命令的作用是创建一个名为 system 的鉴别域,并进入该鉴别域的域视图。

authentication-scheme yyy 是域视图下使用的命令,该命令的作用是指定名为 yyy 的鉴别方案作为该鉴别域使用的鉴别方案。

4. 创建本地用户

```
[Huawei-aaa]local-user aaa1 password cipher bbb1
```

local-user aaa1 password cipher bbb1 是 AAA 视图下使用的命令,该命令的作用是创建一个用户名为 aaa1、口令为 bbb1 的本地用户,并以密文方式存储口令。

5. 配置本地用户接入类型

```
[Huawei-aaa]local-user aaa1 service-type ppp
```

local-user aaa1 service-type ppp 是 AAA 视图下使用的命令,该命令的作用是指定 PPP 作为名为 aaa1 的本地用户的接入类型,即名为 aaa1 的本地用户通过 PPP 完成接入过程。

6. 指定建立 PPP 链路时的鉴别方式

以下命令序列指定建立 PPP 链路时使用的鉴别协议是 CHAP、鉴别方案是名为 system 的鉴别域所引用的鉴别方案。用 CHAP 鉴别自身身份时,向对端提供的用户名是 aaa2、口令是 bbb2。

```
[Huawei]interface Serial2/0/0
[Huawei-Serial2/0/0]ppp authentication-mode chap domain system
[Huawei-Serial2/0/0]ppp chap user aaa2
[Huawei-Serial2/0/0]ppp chap password cipher bbb2
[Huawei-Serial2/0/0]shutdown
[Huawei-Serial2/0/0]undo shutdown
[Huawei-Serial2/0/0]quit
```

ppp authentication-mode chap domain system 是接口视图下使用的命令,该命令的作用是指定 CHAP 作为建立 PPP 链路时使用的鉴别协议、名为 system 的鉴别域所引用的鉴别方案作为建立 PPP 链路时使用的鉴别方案。

ppp chap user aaa2 是接口视图下使用的命令,该命令的作用是指定 aaa2 作为用 CHAP 鉴别自身身份时,向对端提供的用户名。

ppp chap password cipher bbb2 是接口视图下使用的命令,该命令的作用是指定 bbb2 作为用 CHAP 鉴别自身身份时,向对端提供的口令,口令以密文方式提供。

shutdown 是接口视图下使用的命令,该命令的作用是关闭指定接口(这里是串行接口 Serial2/0/0)。

undo shutdown 是接口视图下使用的命令,该命令的作用是启动指定接口(这里是串行接口 Serial2/0/0)。

4.2.5 实验步骤

(1) AR1220 的默认配置是没有串行接口的,因此,需要为 AR1220 安装串行接口模块。安装过程如下:启动 eNSP,将 AR1220 放置到工作区,右击 AR1220,弹出如图 4.3 所示的菜单,选择"设置"命令,将会弹出如图 4.4 所示的安装模块界面。如果没有关闭电源,则需要先关闭电源。选中串行接口模块 2SA,将其拖放到上面的插槽,如图 4.5 所示。

图 4.3 右击 AR1220
弹出的菜单

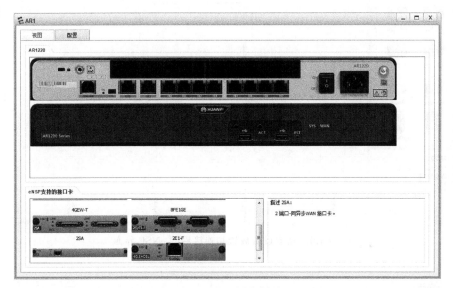

图 4.4 安装模块界面

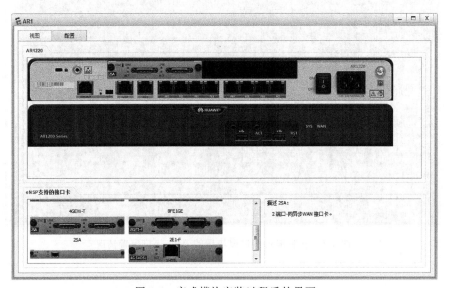

图 4.5 完成模块安装过程后的界面

（2）按照如图 4.2 所示的网络结构放置和连接设备，完成设备放置和连接后的 eNSP 界面如图 4.6 所示。启动所有设备。需要说明的是，AR1 和 AR2 必须事先完成串行接口模块 2SA 的安装过程。安装串行接口模块 2SA 后的 AR1 和 AR2 接口配置情况分别如图 4.7 和图 4.8 所示。

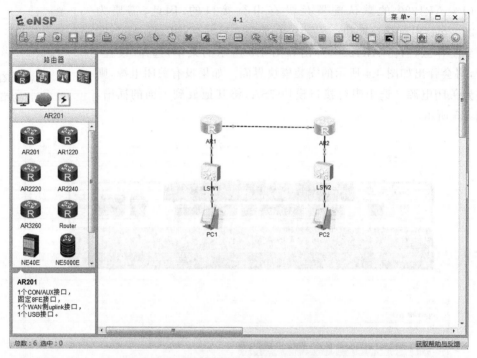

图 4.6　完成设备放置和连接后的 eNSP 界面

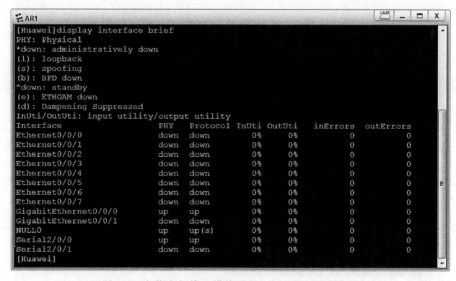

图 4.7　安装串行接口模块后的 AR1 接口配置情况

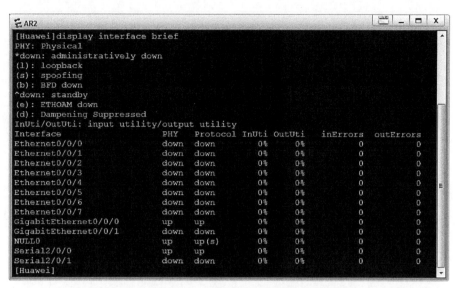

图 4.8　安装串行接口模块后的 AR2 接口配置情况

（3）完成 AR1、AR2 千兆以太网接口和串行接口的 IP 地址和子网掩码配置过程。指定 PPP 作为串行接口使用的链路层协议，建立 PPP 链路时需要用 CHAP 完成双方身份鉴别过程。创建本地用户。如图 4.9 所示为 AR1 各个接口配置的 IP 地址和子网掩码。如图 4.10 所示为 AR1 串行接口配置的 IP 地址、子网掩码和 PPP 相关信息。如图 4.11 所示为 AR2 各个接口配置的 IP 地址和子网掩码。如图 4.12 所示为 AR2 串行接口配置的 IP 地址、子网掩码和 PPP 相关信息。

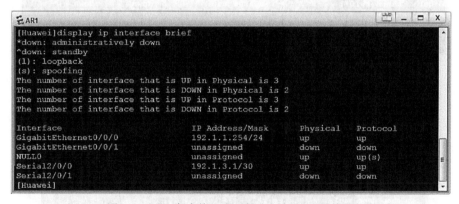

图 4.9　AR1 各个接口配置的 IP 地址和子网掩码

（4）完成路由器 AR1 和 AR2 的 RIP 配置过程，成功建立 PPP 链路后，AR1 和 AR2 的完整路由表分别如图 4.13 和图 4.14 所示。

（5）完成 PC1 和 PC2 的 IP 地址、子网掩码和默认网关地址配置过程。PC1 的基础配置界面如图 4.15 所示。PC2 的基础配置界面如图 4.16 所示。

（6）为了验证网络的连通性，启动如图 4.17 所示的 PC1 与 PC2 之间的通信过程。

图 4.10　AR1 串行接口配置的 IP 地址、子网掩码和 PPP 相关信息

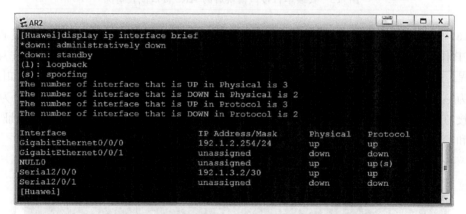

图 4.11　AR2 各个接口配置的 IP 地址和子网掩码

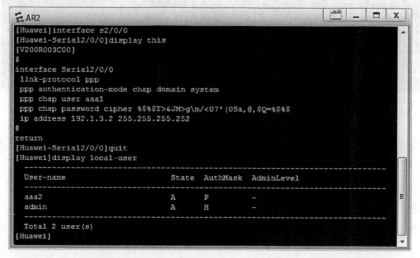

图 4.12　AR2 串行接口配置的 IP 地址、子网掩码和 PPP 相关信息

图 4.13　AR1 的完整路由表

```
AR1                                                          _ □ X
[Huawei]display ip routing-table
Route Flags: R - relay, D - download to fib
------------------------------------------------------------
Routing Tables: Public
         Destinations : 12      Routes : 12

Destination/Mask    Proto   Pre  Cost      Flags NextHop       Interface
        127.0.0.0/8     Direct  0    0          D    127.0.0.1     InLoopBack0
        127.0.0.1/32    Direct  0    0          D    127.0.0.1     InLoopBack0
127.255.255.255/32      Direct  0    0          D    127.0.0.1     InLoopBack0
        192.1.1.0/24    Direct  0    0          D    192.1.1.254   GigabitEthernet
0/0/0
      192.1.1.254/32    Direct  0    0          D    127.0.0.1     GigabitEthernet
0/0/0
      192.1.1.255/32    Direct  0    0          D    127.0.0.1     GigabitEthernet
0/0/0
        192.1.2.0/24    RIP     100  1          D    192.1.3.2     Serial2/0/0
        192.1.3.0/30    Direct  0    0          D    192.1.3.1     Serial2/0/0
        192.1.3.1/32    Direct  0    0          D    127.0.0.1     Serial2/0/0
        192.1.3.2/32    Direct  0    0          D    192.1.3.2     Serial2/0/0
        192.1.3.3/32    Direct  0    0          D    127.0.0.1     Serial2/0/0
255.255.255.255/32      Direct  0    0          D    127.0.0.1     InLoopBack0

[Huawei]
```

图 4.14　AR2 的完整路由表

```
AR2                                                          _ □ X
[Huawei]display ip routing-table
Route Flags: R - relay, D - download to fib
------------------------------------------------------------
Routing Tables: Public
         Destinations : 12      Routes : 12

Destination/Mask    Proto   Pre  Cost      Flags NextHop       Interface
        127.0.0.0/8     Direct  0    0          D    127.0.0.1     InLoopBack0
        127.0.0.1/32    Direct  0    0          D    127.0.0.1     InLoopBack0
127.255.255.255/32      Direct  0    0          D    127.0.0.1     InLoopBack0
        192.1.1.0/24    RIP     100  1          D    192.1.3.1     Serial2/0/0
        192.1.2.0/24    Direct  0    0          D    192.1.2.254   GigabitEthernet
0/0/0
      192.1.2.254/32    Direct  0    0          D    127.0.0.1     GigabitEthernet
0/0/0
      192.1.2.255/32    Direct  0    0          D    127.0.0.1     GigabitEthernet
0/0/0
        192.1.3.0/30    Direct  0    0          D    192.1.3.2     Serial2/0/0
        192.1.3.1/32    Direct  0    0          D    192.1.3.1     Serial2/0/0
        192.1.3.2/32    Direct  0    0          D    127.0.0.1     Serial2/0/0
        192.1.3.3/32    Direct  0    0          D    127.0.0.1     Serial2/0/0
255.255.255.255/32      Direct  0    0          D    127.0.0.1     InLoopBack0

[Huawei]
```

图 4.15　PC1 的基础配置界面

图 4.16　PC2 的基础配置界面

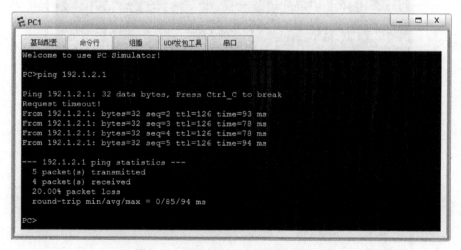

图 4.17　PC1 与 PC2 之间的通信过程

4.2.6　命令行接口配置过程

1. 路由器 AR1 命令行接口配置过程

```
<Huawei>system-view
[Huawei]undo info-center enable
[Huawei]interface Serial2/0/0
[Huawei-Serial2/0/0]link-protocol ppp
[Huawei-Serial2/0/0]ip address 192.1.3.1 30
[Huawei-Serial2/0/0]quit
```

```
[Huawei]aaa
[Huawei-aaa]authentication-scheme yyy
[Huawei-aaa-authen-yyy]authentication-mode local
[Huawei-aaa-authen-yyy]quit
[Huawei-aaa]domain system
[Huawei-aaa-domain-system]authentication-scheme yyy
[Huawei-aaa-domain-system]quit
[Huawei-aaa]local-user aaa1 password cipher bbb1
[Huawei-aaa]local-user aaa1 service-type ppp
[Huawei-aaa]quit
[Huawei]interface Serial2/0/0
[Huawei-Serial2/0/0]ppp authentication-mode chap domain system
[Huawei-Serial2/0/0]ppp chap user aaa2
[Huawei-Serial2/0/0]ppp chap password cipher bbb2
[Huawei-Serial2/0/0]shutdown
[Huawei-Serial2/0/0]undo shutdown
[Huawei-Serial2/0/0]quit
[Huawei]interface GigabitEthernet0/0/0
[Huawei-GigabitEthernet0/0/0]ip address 192.1.1.254 24
[Huawei-GigabitEthernet0/0/0]quit
[Huawei]rip
[Huawei-rip-1]network 192.1.1.0
[Huawei-rip-1]network 192.1.3.0
[Huawei-rip-1]quit
```

2. 路由器 AR2 命令行接口配置过程

```
<Huawei>system-view
[Huawei]undo info-center enable
[Huawei]interface Serial2/0/0
[Huawei-Serial2/0/0]link-protocol ppp
[Huawei-Serial2/0/0]ip address 192.1.3.2 30
[Huawei-Serial2/0/0]quit
[Huawei]aaa
[Huawei-aaa]authentication-scheme yyy
[Huawei-aaa-authen-yyy]authentication-mode local
[Huawei-aaa-authen-yyy]quit
[Huawei-aaa]domain system
[Huawei-aaa-domain-system]authentication-scheme yyy
[Huawei-aaa-domain-system]quit
[Huawei-aaa]local-user aaa2 password cipher bbb2
[Huawei-aaa]local-user aaa2 service-type ppp
[Huawei-aaa]quit
[Huawei]interface Serial2/0/0
[Huawei-Serial2/0/0]ppp authentication-mode chap domain system
```

```
[Huawei-Serial2/0/0]ppp chap user aaa1

[Huawei-Serial2/0/0]ppp chap password cipher bbb1

[Huawei-Serial2/0/0]shutdown

[Huawei-Serial2/0/0]undo shutdown

[Huawei-Serial2/0/0]quit

[Huawei]interface GigabitEthernet0/0/0

[Huawei-GigabitEthernet0/0/0]ip address 192.1.2.254 24

[Huawei-GigabitEthernet0/0/0]quit

[Huawei]rip

[Huawei-rip-1]network 192.1.2.0

[Huawei-rip-1]network 192.1.3.0

[Huawei-rip-1]quit
```

3. 命令列表

路由器命令行接口配置过程中使用的命令格式、功能和参数说明见表 4.5。

表 4.5　命令列表

命 令 格 式	功能和参数说明
link-protocol ppp	指定 PPP 作为接口使用的链路层协议
authentication-scheme *scheme-name*	创建鉴别方案,并进入该鉴别方案的鉴别方案视图,参数 *scheme-name* 是鉴别方案名
authentication-mode local	将本地鉴别机制作为指定鉴别方案使用的鉴别机制
domain *domain-name*	创建鉴别域,并进入该鉴别域的域视图。参数 *domain-name* 是鉴别域域名
authentication-scheme *scheme-name*	指定鉴别域所使用的鉴别方案,参数 *scheme-name* 是鉴别方案名
local-user *user-name* **password** 〈 **cipher** ∣ **irreversible-cipher** 〉 *password*	定义本地用户,参数 *user-name* 是本地用户的用户名,参数 *password* 是本地用户的口令,加密口令时,密文或者是可逆的(cipher),或者是不可逆的(irreversible-cipher)
local-user *user-name* **service-type** 〈 **ppp** ∣ **ssh** ∣ **telnet** 〉	指定本地用户接入类型,或者通过 PPP 完成接入过程,或者通过 ssh 完成接入过程,或者通过 Telnet 完成接入过程
ppp authentication-mode 〈 **chap** ∣ **pap** 〉 **domain** *domain-name*	指定本端设备用于鉴别对端设备的鉴别方式。可以选择的鉴别协议有 chap 和 pap,鉴别方案采用名为 *domain-name* 的鉴别域所引用的鉴别方案
ppp chap user *username*	用于在对端设备使用 chap 鉴别本端设备时,指定提供给对端设备的用户名。参数 *username* 是用户名
ppp chap password 〈 **cipher** ∣ **simple** 〉 *password*	用于在对端设备使用 chap 鉴别本端设备时,指定提供给对端设备的口令。参数 *password* 是口令。口令或者是密文(cipher)形式,或者是明文(simple)形式
shutdown	关闭接口
display this	查看当前视图下的运行配置
display local-user	查看本地用户的配置信息

4.3 自治系统配置实验

4.3.1 实验内容

如图 4.1 所示的 ISP 网络结构中的 AS1 自治系统,在去掉与其他自治系统互连的链路后,成为如图 4.18 所示的 OSPF 单区域网络结构。通过 OSPF 生成用于指明通往 AS1 自治系统内所有网络的传输路径的路由项。

4.3.2 实验目的

(1) 掌握路由器 OSPF 配置过程。
(2) 掌握 OSPF 创建动态路由项过程。
(3) 掌握自治系统内部路由项建立过程。

4.3.3 实验原理

图 4.18 中,路由器 R11、R12、R13、R14 和网络 193.1.1.0/24 构成一个 OSPF 区域。为了节省 IP 地址,可用 CIDR 地址块 193.1.5.0/27 涵盖所有分配给

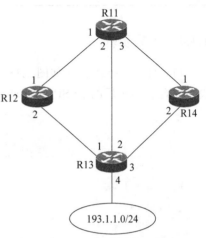

图 4.18　OSPF 单区域网络结构

实现路由器互连的路由器接口的 IP 地址。各个路由器接口配置的 IP 地址和子网掩码见表 4.6。OSPF 单区域的配置过程分为两部分:一是完成所有路由器接口的 IP 地址和子网掩码配置过程,使得各个路由器自动生成用于指明通往直接连接的网络的传输路径的直连路由项;二是各个路由器确定参与 OSPF 创建动态路由项过程的路由器接口和直接连接的网络,确定参与 OSPF 创建动态路由项过程的路由器接口将发送和接收 OSPF 报文,其他路由器创建的动态路由项中包含用于指明通往确定参与 OSPF 创建动态路由项过程的网络的传输路径的动态路由项。

表 4.6　AS1 路由器接口 IP 地址

路　由　器	接　　口	IP 地址和子网掩码
R11	1	193.1.5.1/30
	2	193.1.5.5/30
	3	193.1.5.9/30
R12	1	193.1.5.2/30
	2	193.1.5.13/30
R13	1	193.1.5.14/30
	2	193.1.5.6/30
	3	193.1.5.17/30
	4	193.1.1.254/24

路　由　器	接　　口	IP 地址和子网掩码
R14	1	193.1.5.10/30
	2	193.1.5.18/30
	3	193.1.9.1/30

4.3.4　实验步骤

（1）启动 eNSP，按照如图 4.18 所示的 AS1 自治系统网络结构放置和连接设备。完成设备放置和连接后的 eNSP 界面如图 4.19 所示。启动所有设备。

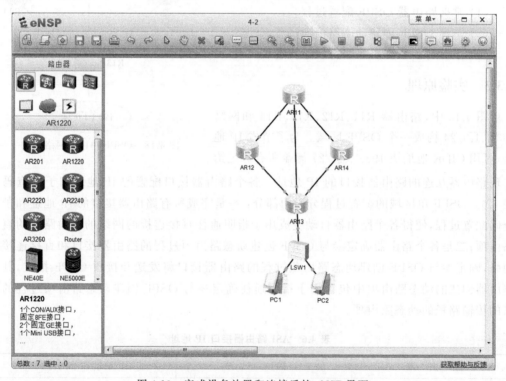

图 4.19　完成设备放置和连接后的 eNSP 界面

（2）AR1220 的默认配置只有两个千兆以太网路由器接口，因此，需要为 AR1220 安装千兆以太网路由器接口模块。在如图 4.20 所示的安装模块界面中选中具有 4 个千兆以太网路由器接口的模块 4GE-WT，将其拖放到上面的插槽，如图 4.21 所示。如果没有关闭电源，则需要先关闭电源，然后完成上述操作。

（3）各个路由器的物理接口分别如图 4.22～图 4.25 所示。需要说明的是，Ethernet0/0/0-Ethernet0/0/7 是默认配置的以太网交换端口，GigabitEthernet0/0/0- GigabitEthernet0/0/1 是默认配置的千兆以太网路由器接口，GigabitEthernet2/0/0- GigabitEthernet2/0/3 是模块 4GE-WT 具有的 4 个千兆以太网路由器接口。

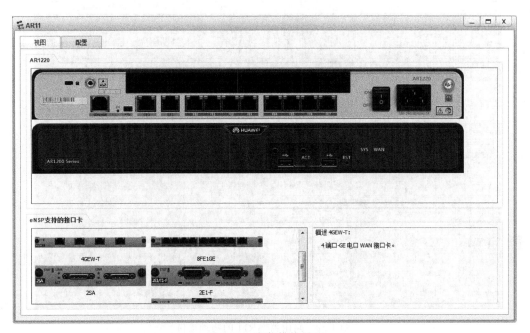

图 4.20　安装模块界面

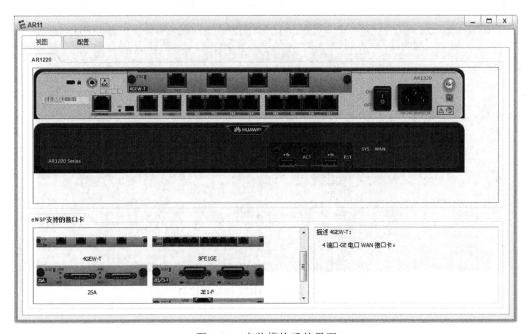

图 4.21　安装模块后的界面

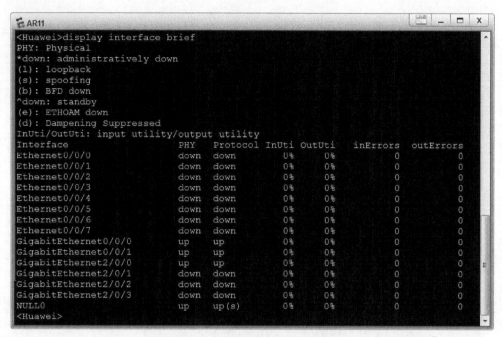

图 4.22 路由器 AR11 的物理接口

图 4.23 路由器 AR12 的物理接口

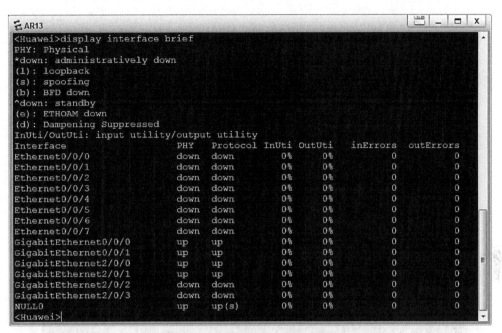

图 4.24　路由器 AR13 的物理接口

```
AR13
<Huawei>display interface brief
PHY: Physical
*down: administratively down
(l): loopback
(s): spoofing
(b): BFD down
^down: standby
(e): ETHOAM down
(d): Dampening Suppressed
InUti/OutUti: input utility/output utility
Interface               PHY     Protocol InUti OutUti    inErrors   outErrors
Ethernet0/0/0           down    down       0%    0%             0           0
Ethernet0/0/1           down    down       0%    0%             0           0
Ethernet0/0/2           down    down       0%    0%             0           0
Ethernet0/0/3           down    down       0%    0%             0           0
Ethernet0/0/4           down    down       0%    0%             0           0
Ethernet0/0/5           down    down       0%    0%             0           0
Ethernet0/0/6           down    down       0%    0%             0           0
Ethernet0/0/7           down    down       0%    0%             0           0
GigabitEthernet0/0/0    up      up         0%    0%             0           0
GigabitEthernet0/0/1    up      up         0%    0%             0           0
GigabitEthernet2/0/0    up      up         0%    0%             0           0
GigabitEthernet2/0/1    up      up         0%    0%             0           0
GigabitEthernet2/0/2    down    down       0%    0%             0           0
GigabitEthernet2/0/3    down    down       0%    0%             0           0
NULL0                   up      up(s)      0%    0%             0           0
<Huawei>
```

图 4.24　路由器 AR13 的物理接口

```
AR14
<Huawei>display interface brief
PHY: Physical
*down: administratively down
(l): loopback
(s): spoofing
(b): BFD down
^down: standby
(e): ETHOAM down
(d): Dampening Suppressed
InUti/OutUti: input utility/output utility
Interface               PHY     Protocol InUti OutUti    inErrors   outErrors
Ethernet0/0/0           down    down       0%    0%             0           0
Ethernet0/0/1           down    down       0%    0%             0           0
Ethernet0/0/2           down    down       0%    0%             0           0
Ethernet0/0/3           down    down       0%    0%             0           0
Ethernet0/0/4           down    down       0%    0%             0           0
Ethernet0/0/5           down    down       0%    0%             0           0
Ethernet0/0/6           down    down       0%    0%             0           0
Ethernet0/0/7           down    down       0%    0%             0           0
GigabitEthernet0/0/0    up      up         0%    0%             0           0
GigabitEthernet0/0/1    up      up         0%    0%             0           0
GigabitEthernet2/0/0    down    down       0%    0%             0           0
GigabitEthernet2/0/1    down    down       0%    0%             0           0
GigabitEthernet2/0/2    down    down       0%    0%             0           0
GigabitEthernet2/0/3    down    down       0%    0%             0           0
NULL0                   up      up(s)      0%    0%             0           0
<Huawei>
```

图 4.25　路由器 AR14 的物理接口

（4）按照表 4.6 所示内容为各个路由器接口配置 IP 地址和子网掩码。路由器 AR11～AR14 各个接口配置的 IP 地址和子网掩码分别如图 4.26～图 4.29 所示。

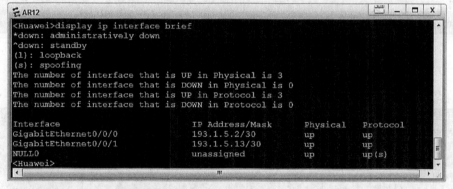

图 4.26　路由器 AR11 各个接口配置的 IP 地址和子网掩码

图 4.27　路由器 AR12 各个接口配置的 IP 地址和子网掩码

图 4.28　路由器 AR13 各个接口配置的 IP 地址和子网掩码

```
AR14
<Huawei>display ip interface brief
*down: administratively down
^down: standby
(l): loopback
(s): spoofing
The number of interface that is UP in Physical is 3
The number of interface that is DOWN in Physical is 4
The number of interface that is UP in Protocol is 3
The number of interface that is DOWN in Protocol is 4

Interface                         IP Address/Mask      Physical   Protocol
GigabitEthernet0/0/0              193.1.5.10/30        up         up
GigabitEthernet0/0/1              193.1.5.18/30        up         up
GigabitEthernet2/0/0              unassigned           down       down
GigabitEthernet2/0/1              unassigned           down       down
GigabitEthernet2/0/2              unassigned           down       down
GigabitEthernet2/0/3              unassigned           down       down
NULL0                             unassigned           up         up(s)
<Huawei>
```

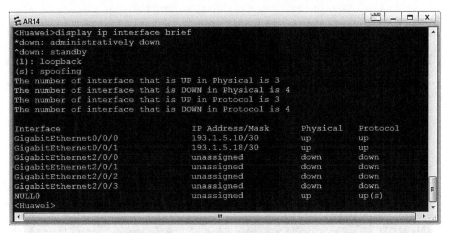

图 4.29　路由器 AR14 各个接口配置的 IP 地址和子网掩码

（5）完成每一个路由器的 OSPF 配置。各个路由器都完成 OSPF 配置后，开始创建动态路由项过程，完成动态路由项创建过程后，路由器 AR11～AR14 的完整路由表如图 4.30～图 4.34 所示。协议（Proto）为 OSPF 的路由项是 OSPF 创建的动态路由项，优先级（Pre）值越低，路由项的优先级越高，直连路由项的优先级为 0，OSPF 创建的动态路由项的优先级为 10，表明直连路由项的优先级高于 OSPF 创建的动态路由项。路由项中的代价（Cost）是该路由器至目的网络传输路径经过的所有路由器输出接口的代价之和，千兆以太网路由器接口的代价为 1。

```
AR11
<Huawei>display ip routing-table
Route Flags: R - relay, D - download to fib
------------------------------------------------------------------------------
Routing Tables: Public
         Destinations : 16       Routes : 18

Destination/Mask    Proto   Pre  Cost      Flags NextHop         Interface

      127.0.0.0/8   Direct  0    0           D   127.0.0.1       InLoopBack0
      127.0.0.1/32  Direct  0    0           D   127.0.0.1       InLoopBack0
127.255.255.255/32  Direct  0    0           D   127.0.0.1       InLoopBack0
      193.1.1.0/24  OSPF    10   2           D   193.1.5.6       GigabitEthernet
0/0/1
      193.1.5.0/30  Direct  0    0           D   193.1.5.1       GigabitEthernet
0/0/0
      193.1.5.1/32  Direct  0    0           D   127.0.0.1       GigabitEthernet
0/0/0
      193.1.5.3/32  Direct  0    0           D   127.0.0.1       GigabitEthernet
0/0/0
      193.1.5.4/30  Direct  0    0           D   193.1.5.5       GigabitEthernet
0/0/1
      193.1.5.5/32  Direct  0    0           D   127.0.0.1       GigabitEthernet
0/0/1
      193.1.5.7/32  Direct  0    0           D   127.0.0.1       GigabitEthernet
0/0/1
      193.1.5.8/30  Direct  0    0           D   193.1.5.9       GigabitEthernet
2/0/0
      193.1.5.9/32  Direct  0    0           D   127.0.0.1       GigabitEthernet
2/0/0
     193.1.5.11/32  Direct  0    0           D   127.0.0.1       GigabitEthernet
2/0/0
     193.1.5.12/30  OSPF    10   2           D   193.1.5.2       GigabitEthernet
0/0/0
                    OSPF    10   2           D   193.1.5.6       GigabitEthernet
0/0/1
     193.1.5.16/30  OSPF    10   2           D   193.1.5.6       GigabitEthernet
0/0/1
                    OSPF    10   2           D   193.1.5.10      GigabitEthernet
2/0/0
255.255.255.255/32  Direct  0    0           D   127.0.0.1       InLoopBack0
```

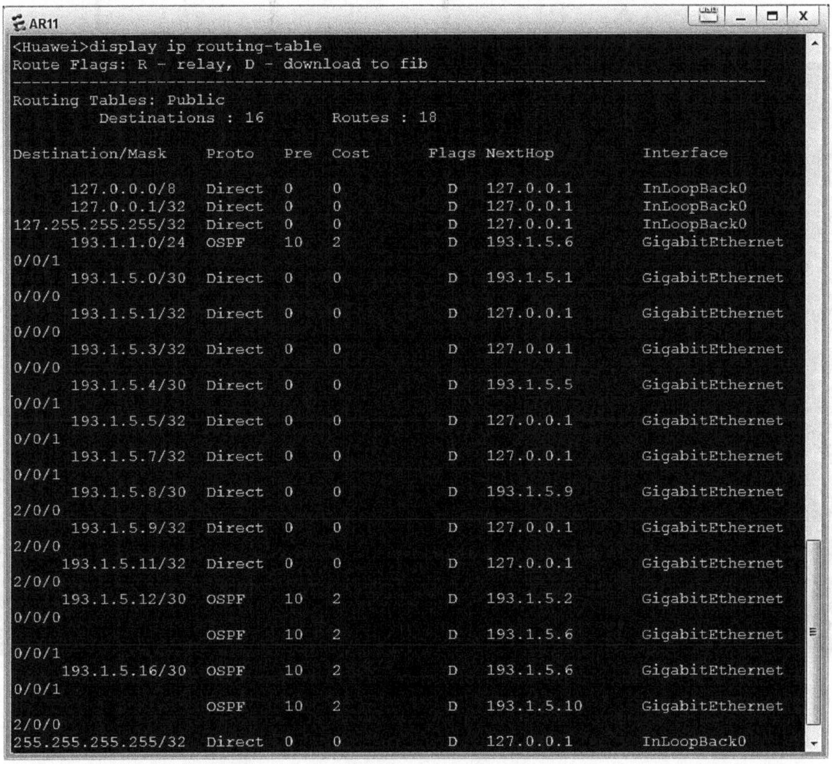

图 4.30　路由器 AR11 的完整路由表

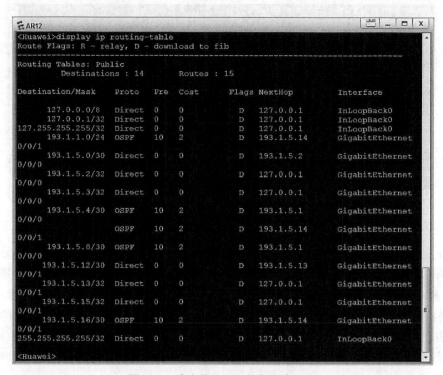

图 4.31 路由器 AR12 的完整路由表

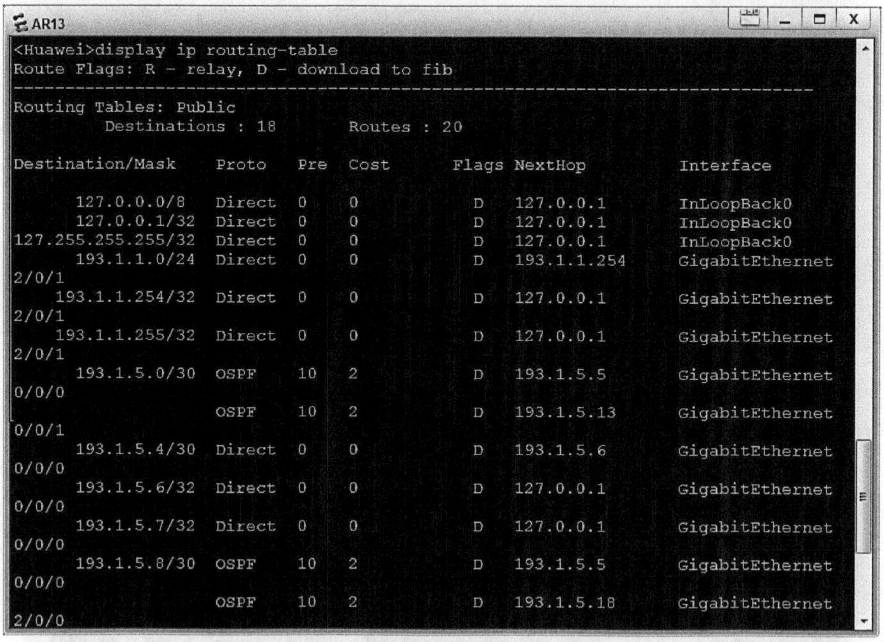

图 4.32 路由器 AR13 的完整路由表(一)

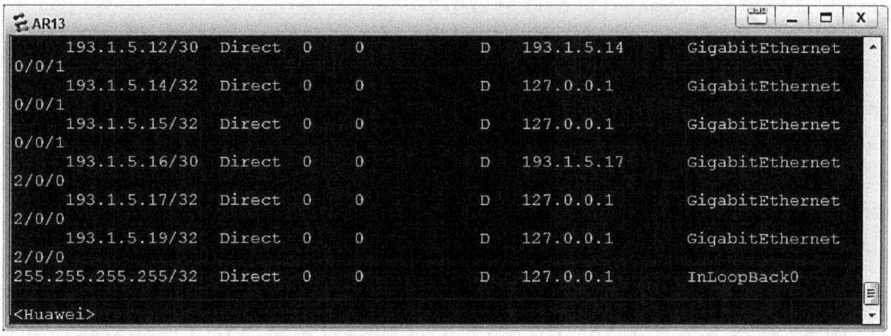

图 4.33　路由器 AR13 的完整路由表(二)

图 4.34　路由器 AR14 的完整路由表

4.3.5　命令行接口配置过程

1. AR11 命令行接口配置过程

```
<Huawei>system-view
[Huawei]undo info-center enable
[Huawei]interface GigabitEthernet0/0/0
[Huawei-GigabitEthernet0/0/0]ip address 193.1.5.1 30
[Huawei-GigabitEthernet0/0/0]quit
[Huawei]interface GigabitEthernet0/0/1
[Huawei-GigabitEthernet0/0/1]ip address 193.1.5.5 30
[Huawei-GigabitEthernet0/0/1]quit
```

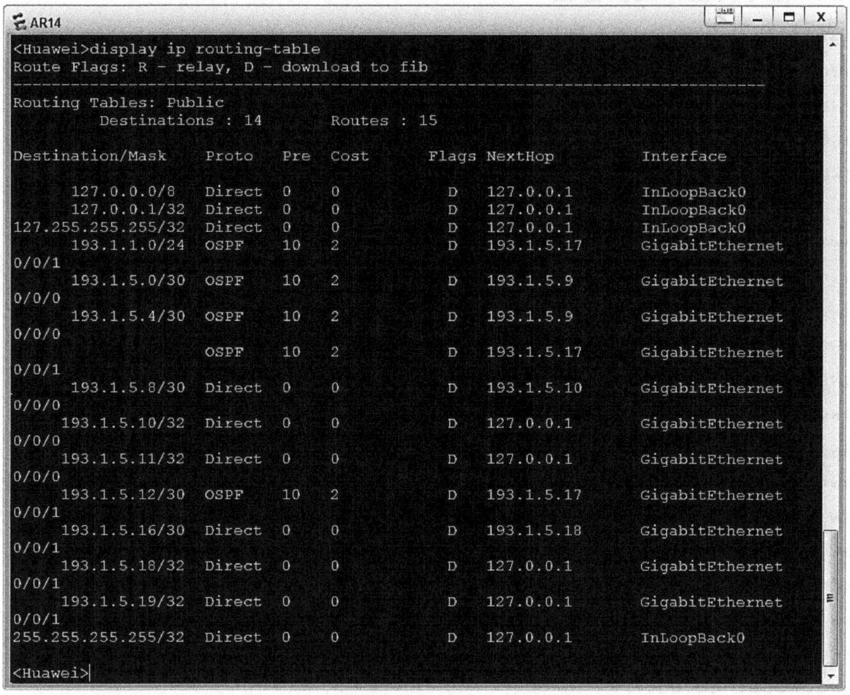

```
[Huawei]interface GigabitEthernet2/0/0
[Huawei-GigabitEthernet2/0/0]ip address 193.1.5.9 30
[Huawei-GigabitEthernet2/0/0]quit
[Huawei]ospf 11
[Huawei-ospf-11]area 1
[Huawei-ospf-11-area-0.0.0.1]network 193.1.5.0 0.0.0.31
[Huawei-ospf-11-area-0.0.0.1]quit
[Huawei-ospf-11]quit
```

CIDR 地址块 193.1.5.0/27 涵盖路由器 AR11 所有接口的 IP 地址和接口连接的网络的网络地址,因此,命令 network 193.1.5.0 0.0.0.31 指定路由器 AR11 的所有接口和接口连接的网络参与区域 1 的 OSPF 动态路由项建立过程。

2. AR13 命令行接口配置过程

```
<Huawei>system-view
[Huawei]undo info-center enable
[Huawei]interface GigabitEthernet0/0/0
[Huawei-GigabitEthernet0/0/0]ip address 193.1.5.6 30
[Huawei-GigabitEthernet0/0/0]quit
[Huawei]interface GigabitEthernet0/0/1
[Huawei-GigabitEthernet0/0/1]ip address 193.1.5.14 30
[Huawei-GigabitEthernet0/0/1]quit
[Huawei]interface GigabitEthernet2/0/0
[Huawei-GigabitEthernet2/0/0]ip address 193.1.5.17 30
[Huawei-GigabitEthernet2/0/0]quit
[Huawei]interface GigabitEthernet2/0/1
[Huawei-GigabitEthernet2/0/1]ip address 193.1.1.254 24
[Huawei-GigabitEthernet2/0/1]quit
[Huawei]ospf 13
[Huawei-ospf-13]area 1
[Huawei-ospf-13-area-0.0.0.1]network 193.1.1.0 0.0.0.255
[Huawei-ospf-13-area-0.0.0.1]network 193.1.5.0 0.0.0.31
[Huawei-ospf-13-area-0.0.0.1]quit
[Huawei-ospf-13]quit
[Huawei]quit
```

同样,命令 network 193.1.5.0 0.0.0.31 指定 AR13 所有与其他路由器相连的接口和接口连接的网络参与区域 1 的 OSPF 动态路由项建立过程。命令 network 193.1.1.0 0.0.0.255 指定 AR13 连接网络 193.1.1.0/24 的接口和网络 193.1.1.0/24 参与区域 1 的 OSPF 动态路由项建立过程。

其他路由器的命令行接口配置过程与 AR11 相似,这里不再赘述。

4.4 ISP 网络配置实验

4.4.1 实验内容

针对如图 4.1 所示的 ISP 网络结构,首先完成各个自治系统 OSPF 配置过程,建立用于指明通往自治系统内各个网络的传输路径的路由项,然后完成边界网关协议(Border Gateway Protocol,BGP)配置过程,使得每一个自治系统中的路由器都能建立用于指明通往其他自治系统中网络的传输路径的路由项。

4.4.2　实验目的

(1) 验证分层路由机制。
(2) 验证边界网关协议(BGP)的工作原理。
(3) 掌握网络自治系统划分方法。
(4) 掌握路由器 BGP 的配置过程。
(5) 验证自治系统之间的连通性。

4.4.3　实验原理

如图 4.1 所示的 ISP 网络结构由四个自治系统组成,每个自治系统都连接一个末端网络,如自治系统 AS1 连接末端网络 193.1.1.0/24。实现自治系统互连就是实现这些末端网络之间的连通性。整个实验过程分为三步:一是配置路由器接口,建立直连路由项;二是配置每个自治系统,建立用于指明通往自治系统内各个网络的传输路径的内部路由项;三是配置 BGP,建立用于指明通往其他自治系统中各个网络的传输路径的外部路由项。

1. 配置路由器接口

自治系统 AS1 路由器接口 IP 地址见表 4.6。自治系统 AS2、AS3 和 AS4 路由器接口 IP 地址分别见表 4.7~表 4.9。用 CIDR 地址块 193.1.5.0/27 涵盖 AS1 中所有用于实现路由器互连的接口的 IP 地址。用 CIDR 地址块 193.1.6.0/27 涵盖 AS2 中所有用于实现路由器互连的接口的 IP 地址。用 CIDR 地址块 193.1.7.0/27 涵盖 AS3 中所有用于实现路由器互连的接口的 IP 地址。用 CIDR 地址块 193.1.8.0/27 涵盖 AS4 中所有用于实现路由器互连的接口的 IP 地址。网络 193.1.9.0/30 用于互连自治系统 AS1 和 AS4。网络 193.1.10.0/30 用于互连自治系统 AS2 和 AS4。网络 193.1.11.0/30 用于互连自治系统 AS3 和 AS4。

表 4.7　AS2 路由器接口 IP 地址

路　由　器	接　　口	IP 地址和子网掩码
R21	1	193.1.6.1/30
	2	193.1.6.5/30
	3	193.1.10.1/30
R22	1	193.1.6.2/30
	2	193.1.6.9/30
	3	193.1.6.13/30
R23	1	193.1.6.14/30
	2	193.1.6.17/30

续表

路　由　器	接　　口	IP 地址和子网掩码
R24	1	193.1.6.10/30
	2	193.1.6.18/30
	3	193.1.2.254/24
	4	193.1.6.6/30

表 4.8　AS3 路由器接口 IP 地址

路　由　器	接　　口	IP 地址和子网掩码
R31	1	193.1.11.1/30
	2	193.1.7.1/30
	3	193.1.7.5/30
R32	1	193.1.7.6/30
	2	193.1.7.9/30
	3	193.1.3.254/24
R33	1	193.1.7.2/30
	2	193.1.7.10/30

表 4.9　AS4 路由器接口 IP 地址

路　由　器	接　　口	IP 地址和子网掩码
R41	1	193.1.9.2/30
	2	193.1.8.1/30
	3	193.1.8.5/30
	4	193.1.8.9/30
R42	1	193.1.8.10/30
	2	193.1.8.13/30
	3	193.1.8.17/30
	4	193.1.10.2/30
R43	1	193.1.8.21/30
	2	193.1.8.25/30
	3	193.1.8.18/30
	4	193.1.11.2/30
R44	1	193.1.8.2/30
	2	193.1.8.29/30

续表

路 由 器	接 口	IP 地址和子网掩码
R44	3	193.1.8.22/30
	4	193.1.4.254/24
R45	1	193.1.8.6/30
	2	193.1.8.30/30
	3	193.1.8.26/30
	4	193.1.8.14/30

2. 配置自治系统

选择 OSPF 作为自治系统内使用的内部网关协议。由于用 CIDR 地址块 193.1.X.0/27（$X=5$、6、7 或 8）涵盖自治系统中所有用于实现路由器互连的接口的 IP 地址，因此，配置 OSPF 较为简单，除了连接末端网络的路由器和用于互连其他自治系统的路由器外，还可以用 CIDR 地址块 193.1.X.0/27（$X=5$、6、7 或 8）指定路由器中所有参与 OSPF 动态路由项建立过程的接口和直接连接的网络。

3. 配置 BGP

图 4.1 中的路由器 R14 与 R41、R21 与 R42、R31 与 R43 互为 BGP 邻居。自治系统 AS1 中的所有路由器建立通往位于自治系统 AS2、AS3 和 AS4 中网络的传输路径的过程如下：一是自治系统 AS4 中的自治系统边界路由器 R42 和 R43 分别通过与其 BGP 邻居交换 BGP 路由更新报文，获知通往位于自治系统 AS2 和 AS3 中网络的传输路径；二是通过内部网关协议使得 R41 不仅获知通往位于自治系统 AS4 中网络的传输路径，而且，根据路由器 R42 和 R43 分别通过内部网关协议公告的通往位于自治系统 AS2 和 AS3 中网络的传输路径，获知通往位于自治系统 AS2 和 AS3 中网络的传输路径；三是路由器 R14 通过与 R41 交换 BGP 路由更新报文，获知通往位于自治系统 AS2、AS3 和 AS4 中网络的传输路径；四是路由器 R14 获取通往位于其他自治系统中网络的传输路径后，通过内部网关协议向自治系统 AS1 中的其他路由器公告通往位于其他自治系统中网络的传输路径，使得自治系统 AS1 中的所有路由器建立通往位于自治系统 AS2、AS3 和 AS4 中网络的传输路径。

其他自治系统边界路由器和 R14 一样，通过与其 BGP 邻居交换 BGP 路由更新报文，获知通往位于其他自治系统中网络的传输路径。

4.4.4 关键命令说明

1. 配置路由器标识符和外部邻居

4 个自治系统的编号如下，AS1 对应的自治系统编号为 100，AS2 对应的自治系统编号为 200，AS3 对应的自治系统编号为 300，AS4 对应的自治系统编号为 400。

```
[Huawei]bgp 100
[Huawei-bgp]router-id 14.14.14.14
[Huawei-bgp]peer 193.1.9.2 as-number 400
```

bgp 100 是系统视图下使用的命令，该命令的作用是在编号为 100 的自治系统中启动

BGP,并进入 BGP 视图。

router-id 14.14.14.14 是 BGP 视图下使用的命令,该命令的作用是以 IPv4 地址格式指定路由器标识符,14.14.14.14 是 IPv4 地址格式的路由器标识符。路由器标识符必须是唯一的。

peer 193.1.9.2 as-number 400 是 BGP 视图下使用的命令,该命令的作用是指定对等体,193.1.9.2 是对等体的 IP 地址,400 是对等体的自治系统号。对等体可以是 BGP 外部邻居,也可以是 BGP 内部邻居。

2. 配置 BGP 路由引入方式

```
[Huawei-bgp]ipv4-family unicast
[Huawei-bgp-af-ipv4]import-route ospf 14
[Huawei-bgp-af-ipv4]quit
```

ipv4-family unicast 是 BGP 视图下使用的命令,该命令的作用是启动 IPv4 单播地址族并进入 BGP 的 IPv4 单播地址族视图。在 IPv4 单播地址族视图下配置 BGP 路由引入方式。

import-route ospf 14 是 IPv4 单播地址族视图下使用的命令,该命令的作用是指定将进程编号为 14 的 ospf 进程生成的路由项引入 BGP 路由中,即 BGP 向对等体发送的路由消息中包含进程编号为 14 的 ospf 进程生成的路由项。

3. 配置 OSPF 路由引入方式

```
[Huawei]ospf 14
[Huawei-ospf-14]import-route bgp
[Huawei-ospf-14]quit
```

import-route bgp 是 OSPF 视图下使用的命令,该命令的作用是指定将通过 BGP 获取的其他自治系统中的路由项引入 OSPF 路由中,即 OSPF 发送的 LSA 中包含通过 BGP 获取的其他自治系统中的路由项。

4.4.5 实验步骤

(1) 启动 eNSP,按照如图 4.1 所示的网络结构放置和连接设备。完成设备放置和连接后的 eNSP 界面如图 4.35 所示。启动所有设备。

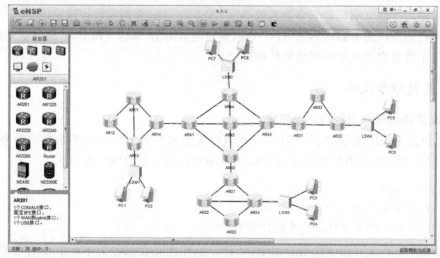

图 4.35 完成设备放置和连接后的 eNSP 界面

（2）根据表 4.6～表 4.9 所示内容配置各个路由器接口的 IP 地址和子网掩码。需要强调的是，位于不同自治系统的两个相邻路由器通常连接在同一个网络上，如 AR14 和 AR41 连接在网络 193.1.9.0/30 上，AR21 和 AR42 连接在网络 193.1.10.0/30 上，AR31 和 AR43 连接在网络 193.1.11.0/30 上，这样做的目的有两个：一是某个自治系统内的路由器能够建立通往位于另一个自治系统的相邻路由器的传输路径；二是两个相邻路由器可以直接交换 BGP 报文。由于 AR41 存在直接连接网络 193.1.9.0/30 的接口，AR14 所在自治系统内的其他路由器建立通往网络 193.1.9.0/30 的传输路径的同时，建立了通往 AR41 连接网络 193.1.9.0/30 的接口的传输路径。AR14 和 AR41 各个接口配置的 IP 地址和子网掩码如图 4.36 和图 4.37 所示。

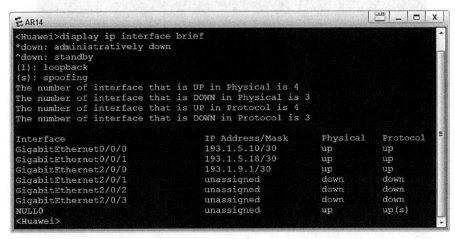

图 4.36 AR14 各个接口配置的 IP 地址和子网掩码

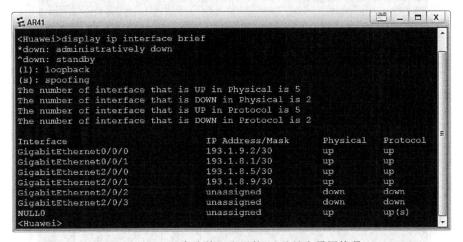

图 4.37 AR41 各个接口配置的 IP 地址和子网掩码

（3）完成各个自治系统内路由器 OSPF 配置过程。不同自治系统内的路由器通过 OSPF 创建用于指明通往自治系统内网络的传输路径的路由项，自治系统 AS1（自治系统编号为 100）中路由器 AR11、AR14 和自治系统 AS4（自治系统编号为 400）中路由器 AR41 的直连路由项和 OSPF 创建的动态路由项如图 4.38～图 4.41 所示。通过分析这些路由器的路由表可以得出两个结论：一是 OSPF 创建的动态路由项只包含用于指明通往自治系统内网络的传输路径的

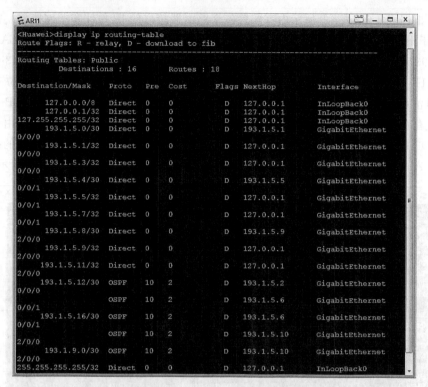

图 4.38   AR11 自治系统内部路由项

图 4.39   AR14 自治系统内部路由项

```
AR41
<Huawei>display ip routing-table
Route Flags: R - relay, D - download to fib
------------------------------------------------------------------------------
Routing Tables: Public
         Destinations : 24       Routes : 28

Destination/Mask    Proto   Pre  Cost      Flags NextHop         Interface

      127.0.0.0/8   Direct  0    0           D   127.0.0.1       InLoopBack0
      127.0.0.1/32  Direct  0    0           D   127.0.0.1       InLoopBack0
127.255.255.255/32  Direct  0    0           D   127.0.0.1       InLoopBack0
      193.1.4.0/24  OSPF    10   2           D   193.1.8.6       GigabitEthernet
2/0/0
      193.1.8.0/30  Direct  0    0           D   193.1.8.1       GigabitEthernet
0/0/1
      193.1.8.1/32  Direct  0    0           D   127.0.0.1       GigabitEthernet
0/0/1
      193.1.8.3/32  Direct  0    0           D   127.0.0.1       GigabitEthernet
0/0/1
      193.1.8.4/30  Direct  0    0           D   193.1.8.5       GigabitEthernet
2/0/0
      193.1.8.5/32  Direct  0    0           D   127.0.0.1       GigabitEthernet
2/0/0
      193.1.8.7/32  Direct  0    0           D   127.0.0.1       GigabitEthernet
2/0/0
      193.1.8.8/30  Direct  0    0           D   193.1.8.9       GigabitEthernet
2/0/1
      193.1.8.9/32  Direct  0    0           D   127.0.0.1       GigabitEthernet
2/0/1
     193.1.8.11/32  Direct  0    0           D   127.0.0.1       GigabitEthernet
2/0/1
     193.1.8.12/30  OSPF    10   2           D   193.1.8.2       GigabitEthernet
0/0/1
     193.1.8.16/30  OSPF    10   2           D   193.1.8.6       GigabitEthernet
2/0/0
```

图 4.40　AR41 自治系统内部路由项(一)

```
AR41
     193.1.8.20/30  OSPF    10   2           D   193.1.8.10      GigabitEthernet
2/0/1
     193.1.8.24/30  OSPF    10   2           D   193.1.8.6       GigabitEthernet
2/0/0
                    OSPF    10   2           D   193.1.8.10      GigabitEthernet
2/0/1
     193.1.8.28/30  OSPF    10   2           D   193.1.8.2       GigabitEthernet
0/0/1
                    OSPF    10   2           D   193.1.8.10      GigabitEthernet
2/0/1
      193.1.9.0/30  Direct  0    0           D   193.1.9.2       GigabitEthernet
0/0/0
      193.1.9.2/32  Direct  0    0           D   127.0.0.1       GigabitEthernet
0/0/0
      193.1.9.3/32  Direct  0    0           D   127.0.0.1       GigabitEthernet
0/0/0
     193.1.10.0/30  OSPF    10   2           D   193.1.8.2       GigabitEthernet
0/0/1
     193.1.11.0/30  OSPF    10   3           D   193.1.8.6       GigabitEthernet
2/0/0
                    OSPF    10   3           D   193.1.8.2       GigabitEthernet
0/0/1
                    OSPF    10   3           D   193.1.8.10      GigabitEthernet
2/0/1
255.255.255.255/32  Direct  0    0           D   127.0.0.1       InLoopBack0

<Huawei>
```

图 4.41　AR41 自治系统内部路由项(二)

动态路由项；二是路由器 AR14 包含用于指明通往网络 193.1.9.0/30 的传输路径的动态路由项，这项动态路由项实际上也指明了通往路由器 AR41 的传输路径，而路由器 AR41 是路由器 AR11 通往位于自治系统 AS4 中网络的传输路径上的自治系统边界路由器。通过自治系统 AS4，AR11 可以建立通往位于所有其他自治系统中网络的传输路径。

(4) 完成 PC1 的 IP 地址、子网掩码和默认网关地址配置过程。PC1 的基础配置界面如图 4.42 所示。在各个路由器建立自治系统内部路由项后，PC1 可以与属于 AS1 的路由器的各个接口相互通信，但无法与属于其他自治系统的路由器的各个接口相互通信。虽然 AR14 和 AR41 存在连接在同一网络 193.1.9.0/30 的接口，但 PC1 只能与属于同一自治系统的路由器 AR14 相互通信。如图 4.43 所示是 PC1 可以与属于 AS1 的路由器 AR14 相互通信，但无法与属于 AS4 的路由器 AR41 相互通信的通信过程。

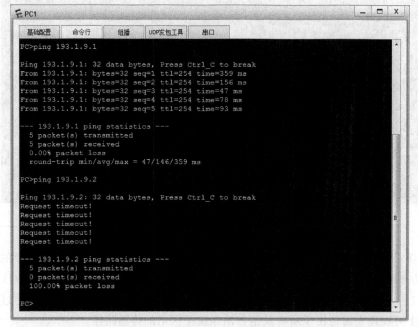

图 4.42　PC1 的基础配置界面

图 4.43　PC1 执行 ping 操作界面

(5) 完成各个自治系统 BGP 发言人的 BGP 配置，AR14 是自治系统 AS1 的 BGP 发言人。AR41、AR42 和 AR43 是自治系统 AS4 的 BGP 发言人。AR21 是自治系统 AS2(自治系统编号为 200)的 BGP 发言人。AR31 是自治系统 AS3(自治系统编号为 300)的 BGP 发言人。AR14 与 AR41、AR21 与 AR42、AR31 与 AR43 互为相邻路由器。BGP 发言人向相邻路由器发送的 BGP 路由更新报文中包含直连路由项和 OSPF 创建的动态路由项。相邻路由器之间交换 BGP 路由更新报文后，AR14 的路由表如图 4.44 和图 4.45 所示。AR14 路由表中存在三种类型的路由项：第一类是直连路由项；第二类是通过 OSPF 创建的用于指明通往自治系统内网络的传输路径的动态路由项；第三类是类型为 EBGP、通过 BGP 创建的动态路由项。AR14 路由表中类型为 EBGP 的路由项是图 4.40 和图 4.41 所示的 AR41 中的直连路由项和通过 OSPF 创建的用于指明通往自治系统 AS4 内网络的传输路径的动态路由项。AR14 中所有通过和 AR41 交换 BGP 路由更新报文创建的类型为 EBGP 的动态路由项的下一跳 IP 地址是 AR41 连接网络 193.1.9.0/30 的接口的 IP 地址 193.1.9.2。

```
AR14
<Huawei>display ip routing-table
Route Flags: R - relay, D - download to fib
------------------------------------------------------------------------------
Routing Tables: Public
         Destinations : 28       Routes : 29

Destination/Mask    Proto   Pre  Cost      Flags NextHop         Interface

      127.0.0.0/8   Direct  0    0           D   127.0.0.1       InLoopBack0
      127.0.0.1/32  Direct  0    0           D   127.0.0.1       InLoopBack0
127.255.255.255/32  Direct  0    0           D   127.0.0.1       InLoopBack0
      193.1.1.0/24  OSPF    10   2           D   193.1.5.17      GigabitEthernet
0/0/1
      193.1.4.0/24  EBGP    255  2           D   193.1.9.2       GigabitEthernet
2/0/0
      193.1.5.0/30  OSPF    10   2           D   193.1.5.9       GigabitEthernet
0/0/0
      193.1.5.4/30  OSPF    10   2           D   193.1.5.17      GigabitEthernet
0/0/1
                    OSPF    10   2           D   193.1.5.9       GigabitEthernet
0/0/0
      193.1.5.8/30  Direct  0    0           D   193.1.5.10      GigabitEthernet
0/0/0
     193.1.5.10/32  Direct  0    0           D   127.0.0.1       GigabitEthernet
0/0/0
     193.1.5.11/32  Direct  0    0           D   127.0.0.1       GigabitEthernet
0/0/0
     193.1.5.12/30  OSPF    10   2           D   193.1.5.17      GigabitEthernet
0/0/1
     193.1.5.16/30  Direct  0    0           D   193.1.5.18      GigabitEthernet
0/0/1
     193.1.5.18/32  Direct  0    0           D   127.0.0.1       GigabitEthernet
0/0/1
     193.1.5.19/32  Direct  0    0           D   127.0.0.1       GigabitEthernet
0/0/1
      193.1.8.0/30  EBGP    255  0           D   193.1.9.2       GigabitEthernet
2/0/0
      193.1.8.4/30  EBGP    255  0           D   193.1.9.2       GigabitEthernet
2/0/0
```

图 4.44　相邻路由器之间交换 BGP 路由更新报文后 AR14 的路由表(一)

(6) BGP 发言人可以通过 BGP 获取其他自治系统内的路由项，同时，又可以通过 OSPF 的 LSA 泛洪将其他自治系统内的路由项泛洪到 BGP 发言人所在的自治系统中的其他路由器，使得每一个路由器的路由表中同时建立用于指明通往自治系统内网络和其他自治系统中网络的传输路径的路由项。AR11、AR14 和 AR41 的完整路由表如图 4.46～图 4.54 所示。AR11 的完整路由表如图 4.46～图 4.48 所示，路由表中同时存在两类路由项：一类是用于指明通往自治系统内网络的传输路径的路由项；另一类是用于指明通往其他自治系

图 4.45　相邻路由器之间交换 BGP 路由更新报文后 AR14 的路由表（二）

图 4.46　AR11 的完整路由表（一）

统中网络的传输路径的路由项,由于这类路由项是 BGP 发言人通过 BGP 引入的,因此,协议类型是 O_ASE,代价统一为1,下一跳是 AR11 通往连接 AS1 的 BGP 发言人和其外部邻居的网络的传输路径上的下一跳。例如,AR11 路由表中目的网络为 193.1.2.0/24 的路由项,是 AS1 的 BGP 发言人 AR14 通过 BGP 引入的,AR14 和其外部邻居 AR41 连接在网络 193.1.9.0/30 上。AR11 通往网络 193.1.9.0/30 的传输路径上的下一跳是 AR14,下一跳 IP

地址是 AR14 连接 AR11 的接口的 IP 地址 193.1.5.10,从而使得 AR11 路由表中目的网络为 193.1.2.0/24 的路由项的下一跳 IP 地址也是 193.1.5.10。AR14 路由表中同时存在两类路由项:一类是用于指明通往自治系统内网络的传输路径的路由项;另一类是通过 BGP 从其外部邻居获取的用于指明通往其他自治系统中网络的传输路径的路由项,协议类型是 EBGP。AR41 路由表中同时存在三类路由项:第一类是用于指明通往自治系统内网络的传输路径的路由项;第二类是通过 BGP 从其外部邻居获取的用于指明通往自治系统 AS1 中网络的传输路径的路由项,协议类型是 EBGP;第三类是 AS4 中其他 BGP 发言人通过 BGP 引入的用于指明通往其他自治系统中网络的传输路径的路由项,协议类型是 O_ASE。

图 4.47　AR11 的完整路由表(二)

图 4.48　AR11 的完整路由表(三)

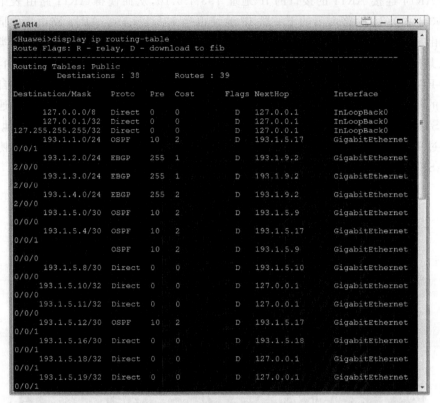

```
AR14
<Huawei>display ip routing-table
Route Flags: R - relay, D - download to fib
------------------------------------------------------------------------------
Routing Tables: Public
         Destinations : 38       Routes : 39

Destination/Mask    Proto   Pre  Cost      Flags NextHop       Interface

     127.0.0.0/8     Direct  0    0           D   127.0.0.1    InLoopBack0
     127.0.0.1/32    Direct  0    0           D   127.0.0.1    InLoopBack0
127.255.255.255/32   Direct  0    0           D   127.0.0.1    InLoopBack0
     193.1.1.0/24    OSPF    10   2           D   193.1.5.17   GigabitEthernet
0/0/1
     193.1.2.0/24    EBGP    255  1           D   193.1.9.2    GigabitEthernet
2/0/0
     193.1.3.0/24    EBGP    255  1           D   193.1.9.2    GigabitEthernet
2/0/0
     193.1.4.0/24    EBGP    255  2           D   193.1.9.2    GigabitEthernet
2/0/0
     193.1.5.0/30    OSPF    10   2           D   193.1.5.9    GigabitEthernet
0/0/0
     193.1.5.4/30    OSPF    10   2           D   193.1.5.17   GigabitEthernet
0/0/1
                     OSPF    10   2           D   193.1.5.9    GigabitEthernet
0/0/0
     193.1.5.8/30    Direct  0    0           D   193.1.5.10   GigabitEthernet
0/0/0
    193.1.5.10/32    Direct  0    0           D   127.0.0.1    GigabitEthernet
0/0/0
    193.1.5.11/32    Direct  0    0           D   127.0.0.1    GigabitEthernet
0/0/0
    193.1.5.12/30    OSPF    10   2           D   193.1.5.17   GigabitEthernet
0/0/1
    193.1.5.16/30    Direct  0    0           D   193.1.5.18   GigabitEthernet
0/0/1
    193.1.5.18/32    Direct  0    0           D   127.0.0.1    GigabitEthernet
0/0/1
    193.1.5.19/32    Direct  0    0           D   127.0.0.1    GigabitEthernet
0/0/1
```

图 4.49　AR14 的完整路由表(一)

```
AR14
     193.1.6.0/30    EBGP   255  1            D   193.1.9.2    GigabitEthernet
2/0/0
     193.1.6.4/30    EBGP   255  1            D   193.1.9.2    GigabitEthernet
2/0/0
     193.1.6.8/30    EBGP   255  1            D   193.1.9.2    GigabitEthernet
2/0/0
    193.1.6.12/30    EBGP   255  1            D   193.1.9.2    GigabitEthernet
2/0/0
    193.1.6.16/30    EBGP   255  1            D   193.1.9.2    GigabitEthernet
2/0/0
     193.1.7.0/30    EBGP   255  1            D   193.1.9.2    GigabitEthernet
2/0/0
     193.1.7.4/30    EBGP   255  1            D   193.1.9.2    GigabitEthernet
2/0/0
     193.1.7.8/30    EBGP   255  1            D   193.1.9.2    GigabitEthernet
2/0/0
     193.1.8.0/30    EBGP   255  0            D   193.1.9.2    GigabitEthernet
2/0/0
     193.1.8.4/30    EBGP   255  0            D   193.1.9.2    GigabitEthernet
2/0/0
     193.1.8.8/30    EBGP   255  0            D   193.1.9.2    GigabitEthernet
2/0/0
    193.1.8.12/30    EBGP   255  2            D   193.1.9.2    GigabitEthernet
2/0/0
    193.1.8.16/30    EBGP   255  2            D   193.1.9.2    GigabitEthernet
2/0/0
    193.1.8.20/30    EBGP   255  2            D   193.1.9.2    GigabitEthernet
2/0/0
    193.1.8.24/30    EBGP   255  2            D   193.1.9.2    GigabitEthernet
2/0/0
```

图 4.50　AR14 的完整路由表(二)

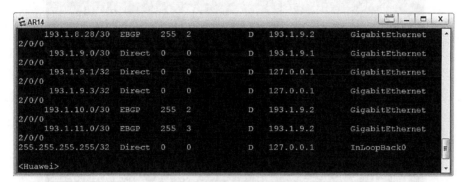

图 4.51　AR14 的完整路由表(三)

```
AR41                                                               ▱ _ □ X
<Huawei>display ip routing-table
Route Flags: R - relay, D - download to fib
------------------------------------------------------------------------
Routing Tables: Public
         Destinations : 40      Routes : 52

Destination/Mask    Proto   Pre  Cost      Flags NextHop          Interface

        127.0.0.0/8     Direct  0    0         D    127.0.0.1        InLoopBack0
        127.0.0.1/32    Direct  0    0         D    127.0.0.1        InLoopBack0
127.255.255.255/32     Direct  0    0         D    127.0.0.1        InLoopBack0
    193.1.1.0/24        EBGP    255  2         D    193.1.9.1        GigabitEthernet
0/0/0
      193.1.2.0/24      O_ASE   150  1         D    193.1.8.2        GigabitEthernet
0/0/1
      193.1.3.0/24      O_ASE   150  1         D    193.1.8.6        GigabitEthernet
2/0/0
                        O_ASE   150  1         D    193.1.8.2        GigabitEthernet
0/0/1
                        O_ASE   150  1         D    193.1.8.10       GigabitEthernet
2/0/1
      193.1.4.0/24      OSPF    10   2         D    193.1.8.6        GigabitEthernet
2/0/0
      193.1.5.0/30      EBGP    255  2         D    193.1.9.1        GigabitEthernet
0/0/0
      193.1.5.4/30      EBGP    255  2         D    193.1.9.1        GigabitEthernet
0/0/0
      193.1.5.8/30      EBGP    255  0         D    193.1.9.1        GigabitEthernet
0/0/0
     193.1.5.12/30      EBGP    255  2         D    193.1.9.1        GigabitEthernet
0/0/0
     193.1.5.16/30      EBGP    255  0         D    193.1.9.1        GigabitEthernet
0/0/0
      193.1.6.0/30      O_ASE   150  1         D    193.1.8.2        GigabitEthernet
0/0/1
      193.1.6.4/30      O_ASE   150  1         D    193.1.8.2        GigabitEthernet
0/0/1
      193.1.6.8/30      O_ASE   150  1         D    193.1.8.2        GigabitEthernet
0/0/1
```

图 4.52　AR41 的完整路由表(一)

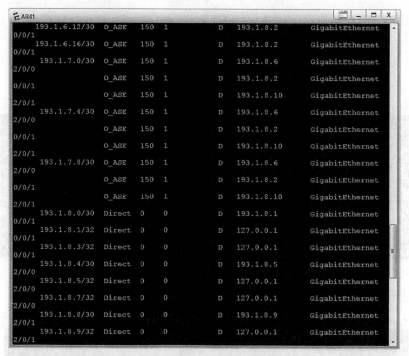

图 4.53　AR41 的完整路由表(二)

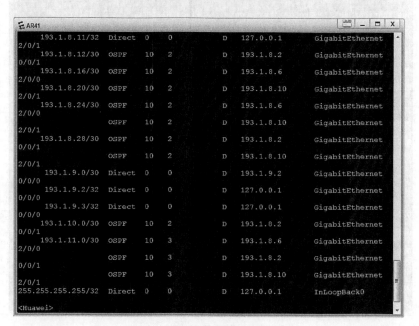

图 4.54　AR41 的完整路由表(三)

　　(7) 所有路由器建立完整路由表后,连接在不同自治系统上的 PC 之间可以相互通信,连接在自治系统 AS2 上的 PC3 的基础配置界面如图 4.55 所示。连接在自治系统 AS1 上的 PC1 与连接在自治系统 AS2 上的 PC3、连接在自治系统 AS3 上的 PC5 和连接在自治系统 AS4 上的 PC7 相互通信的过程分别如图 4.56~图 4.58 所示。

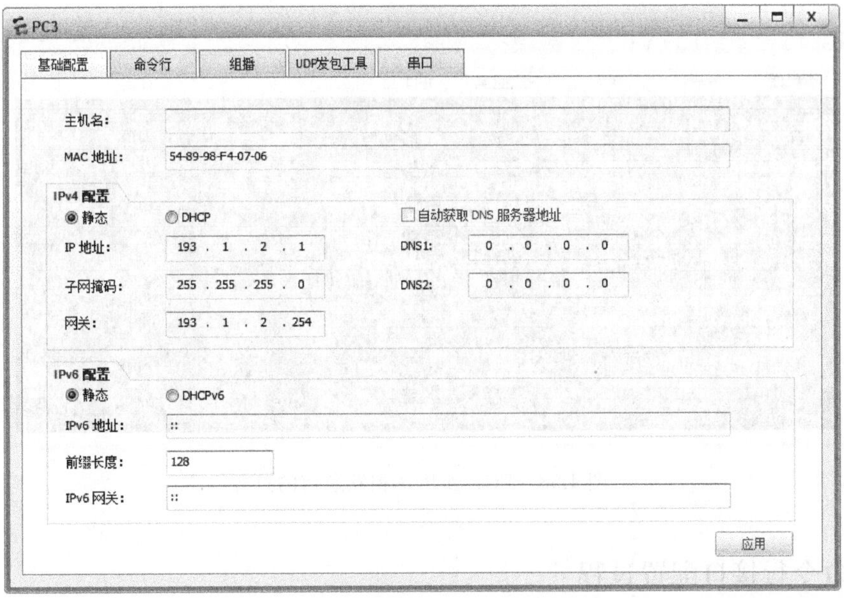

图 4.55　PC3 的基础配置界面

图 4.56　PC1 与 PC3 相互通信的过程

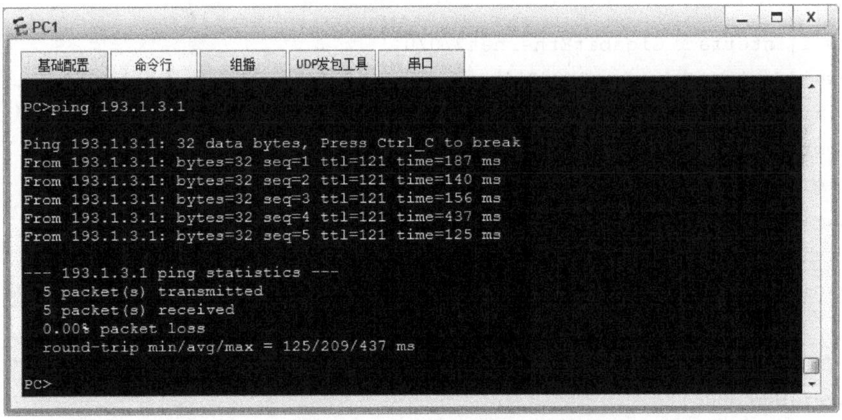

图 4.57　PC1 与 PC5 相互通信的过程

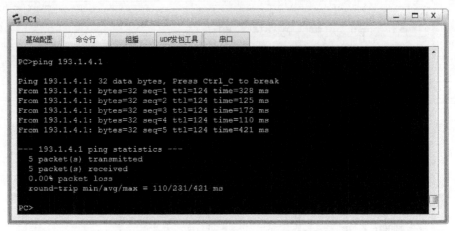

图 4.58 PC1 与 PC7 相互通信的过程

4.4.6 命令行接口配置过程

1. AR14 命令行接口配置过程介绍

```
<Huawei>system-view
[Huawei]undo info-center enable
[Huawei]interface GigabitEthernet0/0/0
[Huawei-GigabitEthernet0/0/0]ip address 193.1.5.10 30
[Huawei-GigabitEthernet0/0/0]quit
[Huawei]interface GigabitEthernet0/0/1
[Huawei-GigabitEthernet0/0/1]ip address 193.1.5.18 30
[Huawei-GigabitEthernet0/0/1]quit
[Huawei]ospf 14
[Huawei-ospf-14]area 1
[Huawei-ospf-14-area-0.0.0.1]network 193.1.5.0 0.0.0.31
[Huawei-ospf-14-area-0.0.0.1]quit
[Huawei-ospf-14]quit
```

注：上述命令行接口配置过程已在 4.3 节的实验过程中完成。

```
[Huawei]interface GigabitEthernet2/0/0
[Huawei-GigabitEthernet2/0/0]ip address 193.1.9.1 30
[Huawei-GigabitEthernet2/0/0]quit
[Huawei]ospf 14
[Huawei-ospf-14]area 1
[Huawei-ospf-14-area-0.0.0.1]network 193.1.9.0 0.0.0.3
[Huawei-ospf-14-area-0.0.0.1]quit
[Huawei-ospf-14]quit
```

注：以下命令序列对应 4.4.5 节实验步骤(5)。

```
[Huawei]bgp 100
[Huawei-bgp]router-id 14.14.14.14
```

```
[Huawei-bgp]peer 193.1.9.2 as-number 400
[Huawei-bgp]ipv4-family unicast
[Huawei-bgp-af-ipv4]import-route ospf 14
[Huawei-bgp-af-ipv4]quit
[Huawei-bgp]quit
```

注：以下命令序列对应 4.4.5 节实验步骤(6)。

```
[Huawei]ospf 14
[Huawei-ospf-14]import-route bgp
[Huawei-ospf-14]quit
```

2. AR41 命令行接口配置过程

```
<Huawei>system-view
[Huawei]undo info-center enable
[Huawei]interface GigabitEthernet0/0/0
[Huawei-GigabitEthernet0/0/0]ip address 193.1.9.2 30
[Huawei-GigabitEthernet0/0/0]quit
[Huawei]interface GigabitEthernet0/0/1
[Huawei-GigabitEthernet0/0/1]ip address 193.1.8.1 30
[Huawei-GigabitEthernet0/0/1]quit
[Huawei]interface GigabitEthernet2/0/0
[Huawei-GigabitEthernet2/0/0]ip address 193.1.8.5 30
[Huawei-GigabitEthernet2/0/0]quit
[Huawei]interface GigabitEthernet2/0/1
[Huawei-GigabitEthernet2/0/1]ip address 193.1.8.9 30
[Huawei-GigabitEthernet2/0/1]quit
[Huawei]ospf 41
[Huawei-ospf-41]area 4
[Huawei-ospf-41-area-0.0.0.4]network 193.1.8.0 0.0.0.31
[Huawei-ospf-41-area-0.0.0.4]network 193.1.9.0 0.0.0.3
[Huawei-ospf-41-area-0.0.0.4]quit
[Huawei-ospf-41]quit
```

注：以下命令序列对应 4.4.5 节实验步骤(5)。

```
[Huawei]bgp 400
[Huawei-bgp]router-id 41.41.41.41
[Huawei-bgp]peer 193.1.9.1 as-number 100
[Huawei-bgp]ipv4-family unicast
[Huawei-bgp-af-ipv4]import-route ospf 41
[Huawei-bgp-af-ipv4]quit
[Huawei-bgp]quit
```

注：以下命令序列对应 4.4.5 节实验步骤(6)。

```
[Huawei]ospf 41
[Huawei-ospf-41]import-route bgp
[Huawei-ospf-41]quit
```

3. AR42 命令行接口配置过程

```
<Huawei>system-view
[Huawei]undo info-center enable
[Huawei]interface GigabitEthernet0/0/0
[Huawei-GigabitEthernet0/0/0]ip address 193.1.8.2 30
[Huawei-GigabitEthernet0/0/0]quit
[Huawei]interface GigabitEthernet0/0/1
[Huawei-GigabitEthernet0/0/1]ip address 193.1.8.13 30
[Huawei-GigabitEthernet0/0/1]quit
[Huawei]interface GigabitEthernet2/0/0
[Huawei-GigabitEthernet2/0/0]ip address 193.1.8.29 30
[Huawei-GigabitEthernet2/0/0]quit
[Huawei]interface GigabitEthernet2/0/1
[Huawei-GigabitEthernet2/0/1]ip address 193.1.10.2 30
[Huawei-GigabitEthernet2/0/1]quit
[Huawei]ospf 42
[Huawei-ospf-42]area 4
[Huawei-ospf-42-area-0.0.0.4]network 193.1.8.0 0.0.0.31
[Huawei-ospf-42-area-0.0.0.4]network 193.1.10.0 0.0.0.3
[Huawei-ospf-42-area-0.0.0.4]quit
[Huawei-ospf-42]quit
```

注：以下命令序列对应 4.4.5 节实验步骤(5)。

```
[Huawei]bgp 400
[Huawei-bgp]router-id 42.42.42.42
[Huawei-bgp]peer 193.1.10.1 as-number 200
[Huawei-bgp]ipv4-family unicast
[Huawei-bgp-af-ipv4]import-route ospf 42
[Huawei-bgp-af-ipv4]quit
[Huawei-bgp]quit
```

注：以下命令序列对应 4.4.5 节实验步骤(6)。

```
[Huawei]ospf 42
[Huawei-ospf-42]import-route bgp
[Huawei-ospf-42]quit
```

4. AR43 命令行接口配置过程

```
<Huawei>system-view
[Huawei]undo info-center enable
[Huawei]interface GigabitEthernet0/0/0
[Huawei-GigabitEthernet0/0/0]ip address 193.1.8.14 30
[Huawei-GigabitEthernet0/0/0]quit
[Huawei]interface GigabitEthernet0/0/1
[Huawei-GigabitEthernet0/0/1]ip address 193.1.8.17 30
[Huawei-GigabitEthernet0/0/1]quit
```

```
[Huawei]interface GigabitEthernet2/0/0
[Huawei-GigabitEthernet2/0/0]ip address 193.1.8.21 30
[Huawei-GigabitEthernet2/0/0]quit
[Huawei]interface GigabitEthernet2/0/1
[Huawei-GigabitEthernet2/0/1]ip address 193.1.11.2 30
[Huawei-GigabitEthernet2/0/1]quit
[Huawei]ospf 43
[Huawei-ospf-43]area 4
[Huawei-ospf-43-area-0.0.0.4]network 193.1.8.0 0.0.0.31
[Huawei-ospf-43-area-0.0.0.4]network 193.1.11.0 0.0.0.3
[Huawei-ospf-43-area-0.0.0.4]quit
[Huawei-ospf-43]quit
```

注：以下命令序列对应 4.4.5 节实验步骤(5)。

```
[Huawei]bgp 400
[Huawei-bgp]router-id 43.43.43.43
[Huawei-bgp]peer 193.1.11.1 as-number 300
[Huawei-bgp]ipv4-family unicast
[Huawei-bgp-af-ipv4]import-route ospf 43
[Huawei-bgp-af-ipv4]quit
[Huawei-bgp]quit
```

注：以下命令序列对应 4.4.5 节实验步骤(6)。

```
[Huawei]ospf 43
[Huawei-ospf-43]import-route bgp
[Huawei-ospf-43]quit
```

5. AR21 命令行接口配置过程

```
Huawei>system-view
[Huawei]undo info-center enable
[Huawei]interface GigabitEthernet0/0/0
[Huawei-GigabitEthernet0/0/0]ip address 193.1.6.1 30
[Huawei-GigabitEthernet0/0/0]quit
[Huawei]interface GigabitEthernet0/0/1
[Huawei-GigabitEthernet0/0/1]ip address 193.1.6.5 30
[Huawei-GigabitEthernet0/0/1]quit
[Huawei]interface GigabitEthernet2/0/0
[Huawei-GigabitEthernet2/0/0]ip address 193.1.10.1 30
[Huawei-GigabitEthernet2/0/0]quit
[Huawei]ospf 21
[Huawei-ospf-21]area 2
[Huawei-ospf-21-area-0.0.0.2]network 193.1.6.0 0.0.0.31
[Huawei-ospf-21-area-0.0.0.2]network 193.1.10.0 0.0.0.3
[Huawei-ospf-21-area-0.0.0.2]quit
[Huawei-ospf-21]quit
```

注：以下命令序列对应 4.4.5 节实验步骤(5)。

```
[Huawei]bgp 200
[Huawei-bgp]router-id 21.21.21.21
[Huawei-bgp]peer 193.1.10.2 as-number 400
[Huawei-bgp]ipv4-family unicast
[Huawei-bgp-af-ipv4]import-route ospf 21
[Huawei-bgp-af-ipv4]quit
[Huawei-bgp]quit
```

注：以下命令序列对应 4.4.5 节实验步骤(6)。

```
[Huawei]ospf 21
[Huawei-ospf-21]import-route bgp
[Huawei-ospf-21]quit
```

6. AR31 命令行接口配置过程

```
<Huawei>system-view
[Huawei]undo info-center enable
[Huawei]interface GigabitEthernet0/0/0
[Huawei-GigabitEthernet0/0/0]ip address 193.1.7.1 30
[Huawei-GigabitEthernet0/0/0]quit
[Huawei]interface GigabitEthernet0/0/1
[Huawei-GigabitEthernet0/0/1]ip address 193.1.7.5 30
[Huawei-GigabitEthernet0/0/1]quit
[Huawei]interface GigabitEthernet2/0/0
[Huawei-GigabitEthernet2/0/0]ip address 193.1.11.1 30
[Huawei-GigabitEthernet2/0/0]quit
[Huawei]ospf 31
[Huawei-ospf-31]area 3
[Huawei-ospf-31-area-0.0.0.3]network 193.1.7.0 0.0.0.31
[Huawei-ospf-31-area-0.0.0.3]network 193.1.11.0 0.0.0.3
[Huawei-ospf-31-area-0.0.0.3]quit
[Huawei-ospf-31]quit
```

注：以下命令序列对应 4.4.5 节实验步骤(5)。

```
[Huawei]bgp 300
[Huawei-bgp]router-id 31.31.31.31
[Huawei-bgp]peer 193.1.11.2 as-number 400
[Huawei-bgp]ipv4-family unicast
[Huawei-bgp-af-ipv4]import-route ospf 31
[Huawei-bgp-af-ipv4]quit
[Huawei-bgp]quit
```

注：以下命令序列对应 4.4.5 节实验步骤(6)。

```
[Huawei]ospf 31
[Huawei-ospf-31]import-route bgp
[Huawei-ospf-31]quit
```

其他路由器命令行接口配置过程与 4.3 节自治系统配置实验中路由器命令行接口配置过程相似,这里不再赘述。

7. 命令列表

路由器命令行接口配置过程中使用的命令格式、功能和参数说明见表 4.10。

表 4.10　命令列表

命　令　格　式	功能和参数说明
bgp *as-number-plain*	启动 BGP 进程,并进入 BGP 视图,在 BGP 视图下完成 BGP 相关参数的配置过程。参数 *as-number-plain* 是整数形式的自治系统号
router-id *ipv4-address*	指定 IPv4 地址格式的路由器标识符,该标识符必须是唯一的。参数 *ipv4-address* 是 IPv4 地址格式的路由器标识符
peer *ipv4-address* **as-number** *as-number-plain*	指定对等体。对等体可以是 BGP 外部邻居或内部邻居等,参数 *ipv4-address* 是对等体的 IP 地址,参数 *as-number-plain* 是整数形式的对等体所属自治系统的自治系统号
ipv4-family unicast	启动 IPv4 单播地址族,并进入 IPv4 单播地址族视图
import-route *protocol* [*process-id*]	用于 BGP 引入其他路由协议创建的路由信息,参数 *protocol* 是路由协议,参数 *process-id* 是进程编号
import-route bgp	用于引入通过 BGP 从对等体获取的路由信息

第5章 接入网络设计实验

终端、内部以太网和内部无线局域网可以通过 Internet 接入过程接入 Internet。内部以太网和内部无线局域网对于 Internet 是透明的。因此,内部以太网和内部无线局域网中终端访问 Internet 时,需要由边缘路由器完成地址转换过程。

5.1　终端以太网接入 Internet 实验

5.1.1　实验内容

如图 5.1(a)所示的接入网络中,路由器 R1 作为接入控制设备,终端通过以太网与路由器 R1 实现互连。路由器 R1 一端连接作为接入网络的以太网,另一端连接 Internet。实现宽带接入前,终端没有配置任何网络信息,也无法访问 Internet。

终端访问 Internet 前,需要完成以下操作过程:一是完成注册,获取有效的用户名和口令;二是启动宽带连接程序。终端成功接入 Internet 后,可以访问 Internet 中的资源,如Web 服务器,也可以和 Internet 中的其他终端进行通信。

由于华为 eNSP 中的终端设备不支持宽带连接程序,因此用路由器仿真终端,如图 5.1(b)所示。当仿真终端的路由器通过以太网接入 Internet 时,对于作为接入控制设备的路由器R1,仿真终端的路由器等同于如图 5.1(a)所示的终端。

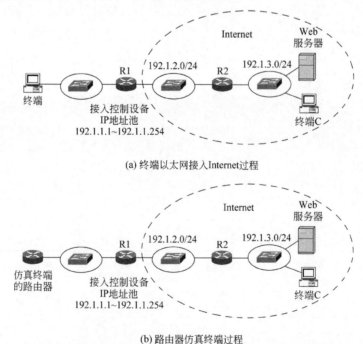

(a) 终端以太网接入Internet过程

(b) 路由器仿真终端过程

图 5.1　华为 eNSP 实现的终端以太网接入 Internet 过程

5.1.2　实验目的

（1）验证宽带接入网络的设计过程。

（2）验证接入控制设备的配置过程。

（3）验证路由器 PPPoE 接入过程。

（4）验证本地鉴别方式鉴别终端用户过程。

（5）验证仿真终端的路由器访问 Internet 的过程。

5.1.3　实验原理

由于仿真终端的路由器通过以太网与作为接入控制设备的路由器 R1 实现互连,因此需要通过 PPPoE 完成接入过程。对于路由器 R1,一是需要配置授权用户,二是需要配置用于鉴别授权用户身份的鉴别协议,三是需要配置 IP 地址池。对于仿真终端的路由器,需要启动 PPPoE 客户端功能,配置表明授权用户身份的有效用户名和口令。仿真终端的路由器与路由器 R1 之间完成以下操作过程:一是建立仿真终端的路由器与路由器 R1 之间的 PPP 会话;二是基于 PPP 会话建立仿真终端的路由器与路由器 R1 之间的 PPP 链路;三是由路由器 R1 完成对用户的身份鉴别过程;四是由路由器 R1 对仿真终端的路由器分配 IP 地址,并在路由表中创建用于将路由器 R1 与仿真终端的路由器之间的 PPP 会话和为仿真终端的路由器分配的 IP 地址绑定在一起的路由项。

5.1.4　关键命令说明

1. PPPoE 服务器端配置过程

1）定义 IP 地址池

```
[Huawei]ip pool r2
[Huawei-ip-pool-r2]network 192.1.1.0 mask 255.255.255.0
[Huawei-ip-pool-r2]gateway-list 192.1.1.254
[Huawei-ip-pool-r2]quit
```

ip pool r2 是系统视图下使用的命令,该命令的作用是创建一个名为 r2 的全局 IP 地址池,并进入全局 IP 地址池视图。

network 192.1.1.0 mask 255.255.255.0 是全局 IP 地址池视图下使用的命令,该命令的作用是为全局 IP 地址池分配 CIDR 地址块 192.1.1.0/24,其中 192.1.1.0 是 CIDR 地址块起始地址,255.255.255.0 是子网掩码(24 位网络前缀)。

gateway-list 192.1.1.254 是全局 IP 地址池视图下使用的命令,该命令的作用是为 PPPoE 客户端配置默认网关地址 192.1.1.254。

2）定义鉴别方案

```
[Huawei]aaa
[Huawei-aaa]authentication-scheme r2
[Huawei-aaa-authen-r2]authentication-mode local
[Huawei-aaa-authen-r2]quit
```

aaa 是系统视图下使用的命令,该命令的作用是进入 AAA 视图,AAA 是 Authentication(鉴别)、Authorization(授权)和 Accounting(计费)的简称,是网络安全的一种管理机制。

authentication-scheme r2 是 AAA 视图下使用的命令,该命令的作用是创建名为 r2 的鉴别方案,并进入鉴别方案视图。

authentication-mode local 是鉴别方案视图下使用的命令,该命令的作用是指定本地鉴别机制为当前鉴别方案使用的鉴别机制。

3）定义鉴别域

```
[Huawei-aaa]domain r2
[Huawei-aaa-domain-r2]authentication-scheme r2
[Huawei-aaa-domain-r2]quit
```

domain r2 是 AAA 视图下使用的命令,该命令的作用是创建名为 r2 的鉴别域,并进入 AAA 域视图。

authentication-scheme r2 是 AAA 域视图下使用的命令,该命令的作用是指定名为 r2 的鉴别方案为当前鉴别域引用的鉴别方案。

4）定义授权用户

```
[Huawei-aaa]local-user aaa1 password cipher bbb1
[Huawei-aaa]local-user aaa1 service-type ppp
```

local-user aaa1 password cipher bbb1 是 AAA 视图下使用的命令,该命令的作用是创建一个用户名为 aaa1、口令为 bbb1 的授权用户。采用可逆加密算法对口令进行加密。

local-user aaa1 service-type ppp 是 AAA 视图下使用的命令,该命令的作用是指定 PPP 为用户名是 aaa1 的授权用户的接入类型。

5）定义虚拟接口模板

```
[Huawei]interface virtual-template 1
[Huawei-Virtual-Template1]ppp authentication-mode chap domain r2
[Huawei-Virtual-Template1]ip address 192.1.1.254 255.255.255.0
[Huawei-Virtual-Template1]remote address pool r2
[Huawei-Virtual-Template1]quit
```

interface virtual-template 1 是系统视图下使用的命令,该命令的作用是创建编号为 1 的虚拟接口模板,并进入虚拟接口模板视图。

ppp authentication-mode chap domain r2 是虚拟接口模板视图下使用的命令,该命令的作用是指定 CHAP 为本端设备鉴别对端设备时采用的鉴别协议,指定域名为 r2 的鉴别域所引用的鉴别方案为本端设备鉴别对端设备时引用的鉴别方案。

ip address 192.1.1.254 255.255.255.0 是虚拟接口模板视图下使用的命令,该命令的作用是为虚拟接口配置 IP 地址 192.1.1.254 和子网掩码 255.255.255.0。

remote address pool r2 是虚拟接口模板视图下使用的命令,该命令的作用是指定名为 r2 的全局 IP 地址池为用于为对端设备分配 IP 地址时使用的全局 IP 地址池。

6）建立虚拟接口模板与以太网接口之间的关联

```
[Huawei]interface GigabitEthernet0/0/0
[Huawei-GigabitEthernet0/0/0]pppoe-server bind virtual-template 1
[Huawei-GigabitEthernet0/0/0]quit
```

pppoe-server bind virtual-template 1 是接口视图下使用的命令,该命令的作用是建立编号为 1 的虚拟接口模板与当前接口（这里是接口 GigabitEthernet0/0/0）之间的关联,并在当前接口（这里是接口 GigabitEthernet0/0/0）启用 PPPoE 协议。

2. PPPoE 客户端配置过程

1）创建并配置 dialer 接口

```
[Huawei]interface dialer 1
[Huawei-Dialer1]dialer user aaa2
[Huawei-Dialer1]dialer bundle 1
[Huawei-Dialer1]ppp chap user aaa1
[Huawei-Dialer1]ppp chap password cipher bbb1
[Huawei-Dialer1]ip address ppp-negotiate
[Huawei-Dialer1]quit
```

interface dialer 1 是系统视图下使用的命令,该命令的作用是创建一个编号为 1 的dialer 接口,并进入 dialer 接口视图。

dialer user aaa2 是 dialer 接口视图下使用的命令,该命令的作用有两个:一是启动当前dialer 接口（这里是编号为 1 的 dialer 接口）的共享拨号控制中心（Dial Control Center,DCC）功能;二是指定 aaa2 为当前 dialer 接口（这里是编号为 1 的 dialer 接口）对应的对端用户名。

dialer bundle 1 是 dialer 接口视图下使用的命令,该命令的作用是指定编号为 1 的dialer bundle 为当前 dialer 接口（这里是编号为 1 的 dialer 接口）使用的 dialer bundle。每一个 dialer 接口需要绑定一个 dialer bundle,然后通过该 dialer bundle 绑定一个或多个物理接口。

ppp chap user aaa1 是 dialer 接口视图下使用的命令,该命令的作用是指定 aaa1 为对端设备使用 CHAP 鉴别本端设备身份时发送给对端设备的用户名。

ppp chap password cipher bbb1 是 dialer 接口视图下使用的命令,该命令的作用是指定bbb1 为对端设备使用 CHAP 鉴别本端设备身份时发送给对端设备的口令。口令用可逆加密算法加密。

ip address ppp-negotiate 是 dialer 接口视图下使用的命令,该命令的作用是指定当前dialer 接口（这里是编号为 1 的 dialer 接口）通过 PPP 协商获取 IP 地址。

2）建立物理接口与 dialer bundle 之间的关联

```
[Huawei]interface GigabitEthernet0/0/0
[Huawei-GigabitEthernet0/0/0]pppoe-client dial-bundle-number 1
[Huawei-GigabitEthernet0/0/0]quit
```

pppoe-client dial-bundle-number 1 是接口视图下使用的命令,该命令的作用是指定编号为 1 的 dialer bundle 作为当前接口（这里是接口 GigabitEthernet0/0/0）建立 PPPoE 会话

时对应的 dialer bundle。

dialer 接口、dialer bundle 和物理接口之间的关系是,每一个 dialer 接口都需要绑定一个 dialer bundle,每一个 dialer bundle 都允许绑定一个或多个物理接口。dialer 接口通过 dialer bundle 建立与物理接口之间的关联。

5.1.5 实验步骤

(1) 启动 eNSP,按照如图 5.1(b)所示的网络结构放置和连接设备。完成设备放置和连接后的 eNSP 界面如图 5.2 所示。启动所有设备。

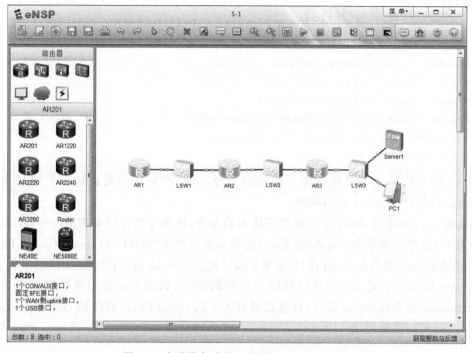

图 5.2 完成设备放置和连接后的 eNSP 界面

(2) 路由器 AR2 作为接入控制设备,路由器 AR1 作为仿真终端的路由器。完成路由器 AR2 全局 IP 地址池配置过程,全局 IP 地址池信息如图 5.3 所示。

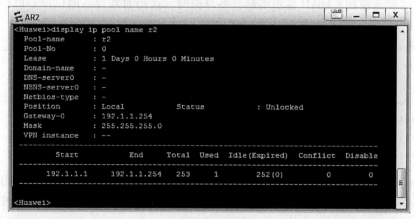

图 5.3 全局 IP 地址池信息

（3）完成路由器 AR2 鉴别方案、鉴别域和本地用户配置过程，本地用户信息如图 5.4 所示。

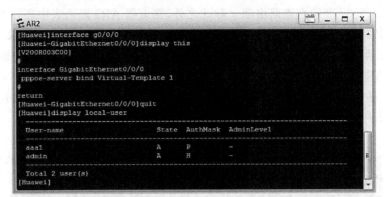

图 5.4　本地用户信息

（4）完成路由器 AR2 虚拟接口模板配置过程，虚拟接口模板信息如图 5.5 所示。建立虚拟接口模板与以太网接口 GigabitEthernet0/0/0 之间的关联，与以太网接口 GigabitEthernet0/0/0 关联的虚拟接口模板信息如图 5.4 所示。

图 5.5　与以太网接口 GigabitEthernet0/0/0 关联的虚拟接口模板信息

（5）完成路由器 AR1 dialer 接口配置过程，建立 dialer bundle 与以太网接口 GigabitEthernet0/0/0 之间的绑定。路由器 AR1 dialer 接口信息如图 5.6 所示，路由器 AR1 完成接入过程后，由路由器 AR2 为其分配 IP 地址 192.1.1.253。

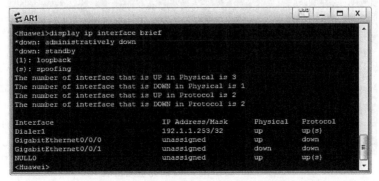

图 5.6　路由器 AR1 dialer 接口信息

（6）路由器 AR2 为路由器 AR1 分配 IP 地址 192.1.1.253 后，在路由表中建立目的 IP 地址为 192.1.1.253/32 的直连路由项。除此之外，路由器 AR2 路由表中还存在分别用于指明通往网络 192.1.2.0/24 和 192.1.3.0/24 的传输路径的路由项。路由器 AR3 路由表中存在分别用于指明通往网络 192.1.1.0/24、192.1.2.0/24 和 192.1.3.0/24 的传输路径的路由项。路由器 AR2 和 AR3 的完整路由表分别如图 5.7 和图 5.8 所示。由于 CIDR 地址块 192.1.1.0/24 是 AR2 用于分配给接入用户的全局 IP 地址池，因此，AR3 需要配置用于指明通往网络 192.1.1.0/24 的传输路径的静态路由项。

```
AR2                                                          □ _ □ X
<Huawei>display ip routing-table
Route Flags: R - relay, D - download to fib
-------------------------------------------------------------------
Routing Tables: Public
         Destinations : 12      Routes : 12

Destination/Mask    Proto   Pre  Cost      Flags NextHop       Interface

      127.0.0.0/8   Direct  0    0          D    127.0.0.1     InLoopBack0
      127.0.0.1/32  Direct  0    0          D    127.0.0.1     InLoopBack0
127.255.255.255/32  Direct  0    0          D    127.0.0.1     InLoopBack0
      192.1.1.0/24  Direct  0    0          D    192.1.1.254   Virtual-Templat
e1
    192.1.1.253/32  Direct  0    0          D    192.1.1.253   Virtual-Templat
e1
    192.1.1.254/32  Direct  0    0          D    127.0.0.1     Virtual-Templat
e1
    192.1.1.255/32  Direct  0    0          D    127.0.0.1     Virtual-Templat
e1
      192.1.2.0/24  Direct  0    0          D    192.1.2.1     GigabitEthernet
0/0/1
    192.1.2.1/32    Direct  0    0          D    127.0.0.1     GigabitEthernet
0/0/1
    192.1.2.255/32  Direct  0    0          D    127.0.0.1     GigabitEthernet
0/0/1
      192.1.3.0/24  RIP     100  1          D    192.1.2.2     GigabitEthernet
0/0/1
255.255.255.255/32  Direct  0    0          D    127.0.0.1     InLoopBack0

<Huawei>
```

图 5.7　路由器 AR2 的完整路由表

```
AR3                                                          □ _ □ X
<Huawei>display ip routing-table
Route Flags: R - relay, D - download to fib
-------------------------------------------------------------------
Routing Tables: Public
         Destinations : 11      Routes : 11

Destination/Mask    Proto   Pre  Cost      Flags NextHop       Interface

      127.0.0.0/8   Direct  0    0          D    127.0.0.1     InLoopBack0
      127.0.0.1/32  Direct  0    0          D    127.0.0.1     InLoopBack0
127.255.255.255/32  Direct  0    0          D    127.0.0.1     InLoopBack0
      192.1.1.0/24  Static  60   0          RD   192.1.2.1     GigabitEthernet
0/0/0
      192.1.2.0/24  Direct  0    0          D    192.1.2.2     GigabitEthernet
0/0/0
    192.1.2.2/32    Direct  0    0          D    127.0.0.1     GigabitEthernet
0/0/0
    192.1.2.255/32  Direct  0    0          D    127.0.0.1     GigabitEthernet
0/0/0
      192.1.3.0/24  Direct  0    0          D    192.1.3.254   GigabitEthernet
0/0/1
    192.1.3.254/32  Direct  0    0          D    127.0.0.1     GigabitEthernet
0/0/1
    192.1.3.255/32  Direct  0    0          D    127.0.0.1     GigabitEthernet
0/0/1
255.255.255.255/32  Direct  0    0          D    127.0.0.1     InLoopBack0

<Huawei>
```

图 5.8　路由器 AR3 的完整路由表

（7）完成服务器和 PC 的 IP 地址、子网掩码和默认网关地址配置过程。PC1 配置的 IP 地址、子网掩码和默认网关地址如图 5.9 所示。启动 PC1 与路由器 AR1 之间的通信过程，如图 5.10 所示是 PC1 执行 ping 操作的界面。

图 5.9　PC1 配置的 IP 地址、子网掩码和默认网关地址

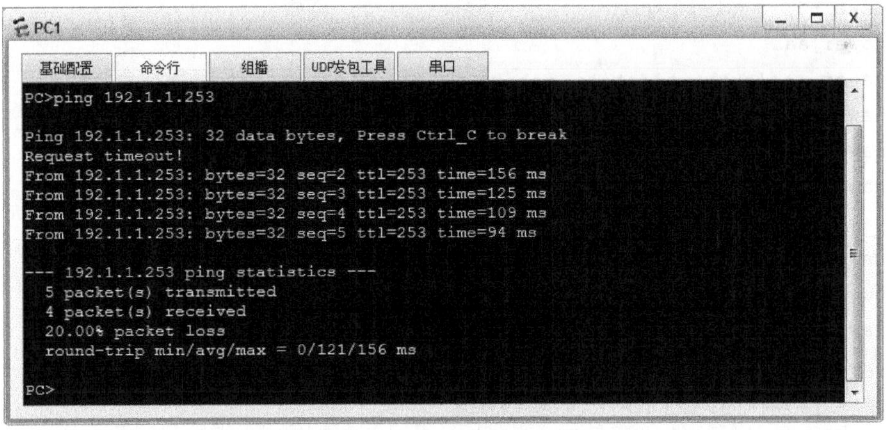

图 5.10　PC1 执行 ping 操作的界面

5.1.6　命令行接口配置过程

1. 路由器 AR1（仿真终端的路由器）命令行接口配置过程

```
<Huawei>system-view
[Huawei]undo info-center enable
[Huawei]interface dialer 1
```

```
[Huawei-Dialer1]dialer user aaa2
[Huawei-Dialer1]dialer bundle 1
[Huawei-Dialer1]ppp chap user aaa1
[Huawei-Dialer1]ppp chap password cipher bbb1
[Huawei-Dialer1]ip address ppp-negotiate
[Huawei-Dialer1]quit
[Huawei]interface GigabitEthernet0/0/0
[Huawei-GigabitEthernet0/0/0]pppoe-client dial-bundle-number 1
[Huawei-GigabitEthernet0/0/0]quit
[Huawei]ip route-static 0.0.0.0 0 dialer 1
```

2. 路由器 AR2 命令行接口配置过程

```
<Huawei>system-view
[Huawei]undo info-center enable
[Huawei]interface GigabitEthernet0/0/1
[Huawei-GigabitEthernet0/0/1]ip address 192.1.2.1 24
[Huawei-GigabitEthernet0/0/1]quit
[Huawei]rip 2
[Huawei-rip-2]version 2
[Huawei-rip-2]network 192.1.2.0
[Huawei-rip-2]quit
[Huawei]ip pool r2
[Huawei-ip-pool-r2]network 192.1.1.0 mask 255.255.255.0
[Huawei-ip-pool-r2]gateway-list 192.1.1.254
[Huawei-ip-pool-r2]quit
[Huawei]aaa
[Huawei-aaa]authentication-scheme r2
[Huawei-aaa-authen-r2]authentication-mode local
[Huawei-aaa-authen-r2]quit
[Huawei-aaa]domain r2
[Huawei-aaa-domain-r2]authentication-scheme r2
[Huawei-aaa-domain-r2]quit
[Huawei-aaa]local-user aaa1 password cipher bbb1
[Huawei-aaa]local-user aaa1 service-type ppp
[Huawei-aaa]quit
[Huawei]interface virtual-template 1
[Huawei-Virtual-Template1]ppp authentication-mode chap domain r2
[Huawei-Virtual-Template1]ip address 192.1.1.254 255.255.255.0
[Huawei-Virtual-Template1]remote address pool r2
[Huawei-Virtual-Template1]quit
[Huawei]interface GigabitEthernet0/0/0
[Huawei-GigabitEthernet0/0/0]pppoe-server bind virtual-template 1
[Huawei-GigabitEthernet0/0/0]quit
```

3. 路由器 AR3 命令行接口配置过程

```
<Huawei>system-view
```

```
[Huawei]undo info-center enable
[Huawei]interface GigabitEthernet0/0/0
[Huawei-GigabitEthernet0/0/0]ip address 192.1.2.2 24
[Huawei-GigabitEthernet0/0/0]quit
[Huawei]interface GigabitEthernet0/0/1
[Huawei-GigabitEthernet0/0/1]ip address 192.1.3.254 24
[Huawei-GigabitEthernet0/0/1]quit
[Huawei]rip 3
[Huawei-rip-3]version 2
[Huawei-rip-3]network 192.1.2.0
[Huawei-rip-3]network 192.1.3.0
[Huawei-rip-3]quit
[Huawei]ip route-static 192.1.1.0 24 192.1.2.1
```

4. 命令列表

路由器命令行接口配置过程中使用的命令格式、功能和参数说明见表 5.1。

表 5.1　命 令 列 表

命 令 格 式	功能和参数说明
ip pool *ip-pool-name*	创建全局 IP 地址池,并进入全局 IP 地址池视图,参数 *ip-pool-name* 是全局 IP 地址池名称
network *ip-address* 〔 **mask** 〈 *mask* | *mask-length* 〉〕	配置全局 IP 地址池中可分配的网络地址段,参数 *ip-address* 是网络地址。参数 *mask* 是子网掩码。参数 *mask-length* 是网络前缀长度,子网掩码和网络前缀长度二者选一
gateway-list *ip-address*	配置 DHCP 客户端的默认网关地址。参数 *ip-address* 是默认网关地址
aaa	用于进入 AAA 视图
authentication-scheme *scheme-name*	创建鉴别方案,并进入鉴别方案视图。参数 *scheme-name* 是鉴别方案名称
authentication-mode 〈**local** | **radius**〉	配置鉴别模式,local 是本地鉴别模式,radius 是基于 radius 服务器的统一鉴别模式
domain *domain-name*	创建鉴别域,并进入 AAA 域视图。参数 *domain-name* 是鉴别域名称
local-user *user-name* **password** 〈**cipher** | **irreversible-cipher**〉 *password*	定义授权用户,参数 *user-name* 是授权用户名,参数 *password* 是授权用户口令。cipher 表明用可逆加密算法加密口令。irreversible-cipher 表明用不可逆加密算法加密口令
local-user *user-name* **service-type** 〈 **ppp** | **telnet** 〉	指定授权用户的接入类型,参数 *user-name* 是授权用户名。ppp 表明授权用户通过 PPP 完成接入过程。telnet 表明授权用户通过 Telnet 完成接入过程
interface virtual-template *vt-number*	创建虚拟接口模板,并进入虚拟接口模板视图。参数 *vt-number* 是虚拟接口模板编号
ppp authentication-mode 〈 **chap** | **pap** 〉 **domain** *domain-name*	配置本端设备鉴别对端设备时使用的鉴别协议和鉴别方案。pap 表明采用 PAP 鉴别协议,chap 表明采用 CHAP 鉴别协议。参数 *domain-name* 是鉴别域域名,表明使用该鉴别域引用的鉴别方案

命 令 格 式	功能和参数说明
remote address〈 *ip-address* │ **pool** *pool-name* 〉	为对端设备指定 IP 地址,或指定用于分配 IP 地址的全局 IP 地址池。参数 *ip-address* 是为对端设备指定的 IP 地址。参数 *pool-name* 是用于为对端设备分配 IP 地址的全局 IP 地址池名称
pppoe-server bind virtual-template *vt-number*	用来将指定的虚拟接口模板绑定到当前以太网接口上,并在该以太网接口上启用 PPPoE 协议。参数 *vt-number* 是虚拟接口模板编号
interface dialer *number*	创建 dialer 接口,并进入 dialer 接口视图。参数 *number* 是 dialer 接口编号
dialer user *user-name*	启动共享 DCC 功能,并配置对端用户名。参数 *user-name* 是对端用户名
dialer bundle *number*	指定 dialer 接口使用的 dialer bundle。参数 *number* 是 dialer bundle 编号
ppp chap user *username*	设置对端设备通过 CHAP 鉴别本端设备身份时,本端设备发送给对端设备的用户名。参数 *username* 是用户名
ppp chap password〈 **cipher** │ **simple** 〉 *password*	设置对端设备通过 CHAP 鉴别本端设备身份时,本端设备发送给对端设备的口令。参数 *password* 是口令。cipher 表明以密文方式存储口令,simple 表明以明文方式存储口令
ip address ppp-negotiate	指定通过 PPP 协商获取 IP 地址

5.2 内部以太网接入 Internet 实验

5.2.1 实验内容

内部以太网接入 Internet 过程如图 5.11 所示,路由器 R1 作为接入控制设备,完成对边缘路由器的接入控制过程。边缘路由器一端连接 Internet 接入网络,一端连接内部以太网。连接 Internet 接入网络的一端由路由器 R1 分配全球 IP 地址。内部以太网分配私有 IP 地址 192.168.1.0/24。连接在内部以太网上分配私有 IP 地址的终端访问 Internet 时,由边缘路由器完成地址转换过程。

该实验在 5.1 节完成的终端以太网接入 Internet 实验的基础上进行,边缘路由器通过 PPPoE 完成接入 Internet 过程。内部以太网中的终端通过边缘路由器完成 Internet 访问过程。

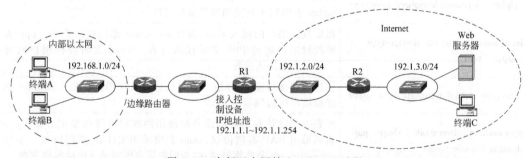

图 5.11 内部以太网接入 Internet 过程

5.2.2　实验目的

（1）验证内部以太网的设计过程。

（2）验证边缘路由器的配置过程。

（3）验证内部以太网接入 Internet 过程。

（4）验证边缘路由器 PPPoE 接入过程。

（5）验证边缘路由器的网络地址转换（Network Address Translation，NAT）功能。

5.2.3　实验原理

如图 5.11 所示的内部以太网接入 Internet 过程中，对于内部以太网中的终端，边缘路由器是默认网关，内部以太网中的终端发送给 Internet 的 IP 分组首先传输给边缘路由器，由边缘路由器转发给 Internet。对于 Internet 中的路由器，边缘路由器等同于连接在 Internet 上的一个终端。

内部以太网及内部以太网分配的私有 IP 地址对 Internet 中的终端和路由器是透明的，因此，当边缘路由器将内部以太网中的终端发送给 Internet 的 IP 分组转发给 Internet 时，需要将这些 IP 分组的源 IP 地址转换成边缘路由器连接 Internet 接入网络的接口的全球 IP 地址。当 Internet 中的终端向内部以太网中的终端发送 IP 分组时，这些 IP 分组以边缘路由器连接 Internet 接入网络的接口的全球 IP 地址为目的 IP 地址，边缘路由器将这些 IP 分组转发给内部以太网中的终端时，需要将这些 IP 分组的目的 IP 地址转换成内部以太网中终端配置的私有 IP 地址。边缘路由器根据建立的地址转换表完成地址转换过程。

由于内部以太网的私有 IP 地址被统一转换成边缘路由器连接 Internet 接入网络的接口的全球 IP 地址，因此，Internet 发送给边缘路由器的 IP 分组有相同的目的 IP 地址，边缘路由器建立的地址转换表必须能够根据作为接收到的 IP 分组的净荷的 TCP/UDP 报文中的全局端口号，或 ICMP 报文中的全局标识符找到对应的内部以太网中的终端。因此，对于 TCP/UDP 报文，边缘路由器建立的地址转换表必须建立全局端口号与内部以太网中终端私有 IP 地址之间的映射。对于 ICMP 报文，边缘路由器建立的地址转换表必须建立全局标识符与内部以太网中终端私有 IP 地址之间的映射。

5.2.4　关键命令说明

1. 确定需要地址转换的内网私有 IP 地址范围

以下命令序列通过基本过滤规则集将内网需要转换的私有 IP 地址范围定义为 CIDR 地址块 192.168.1.0/24。

```
[Huawei]acl 2000
[Huawei-acl-basic-2000]rule 10 permit source 192.168.1.0 0.0.0.255
[Huawei-acl-basic-2000]quit
```

acl 2000 是系统视图下使用的命令，该命令的作用是创建一个编号为 2000 的基本过滤规则集，并进入基本 acl 视图。

rule 10 permit source 192.168.1.0 0.0.0.255 是基本 acl 视图下使用的命令，该命令的作

用是创建允许源 IP 地址属于 CIDR 地址块 192.168.1.0/24 的 IP 分组通过的过滤规则。这里,该过滤规则的含义变为对源 IP 地址属于 CIDR 地址块 192.168.1.0/24 的 IP 分组实施地址转换过程。

2. 建立基本过滤规则集与公共接口之间的联系

```
[Huawei]interface dialer 1
[Huawei-Dialer1]nat outbound 2000
[Huawei-Dialer1]quit
```

nat outbound 2000 是 dialer 接口视图下使用的命令,该命令的作用是建立编号为 2000 的基本过滤规则集与指定 dialer 接口(这里是接口 dialer 1)之间的联系。建立该联系后,一是对从该接口输出的源 IP 地址属于编号为 2000 的基本过滤规则集指定的允许通过的源 IP 地址范围的 IP 分组,实施地址转换过程;二是指定该接口的 IP 地址作为 IP 分组完成地址转换过程后的源 IP 地址。

5.2.5 实验步骤

(1) 启动 eNSP,打开完成 5.1 节实验生成的 topo 文件,按照如图 5.11 所示的网络拓扑结构增加内部以太网。增加内部以太网后的 eNSP 界面如图 5.12 所示。启动所有设备。

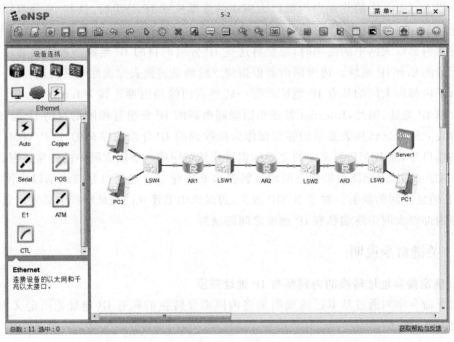

图 5.12 增加内部以太网后的 eNSP 界面

(2) 路由器 AR1 连接内部以太网的接口配置 IP 地址和子网掩码 192.168.1.254/24,使得内部以太网的网络地址为 192.168.1.0/24,终端 PC2 和 PC3 需要配置属于网络地址 192.168.1.0/24 的 IP 地址,并将路由器 AR1 连接内部以太网的接口的 IP 地址 192.168.1.254 作为默认网关地址。终端 PC2 配置的 IP 地址、子网掩码和默认网关地址如图 5.13 所示。完成路由器 AR1 有关 PAT 的配置过程。

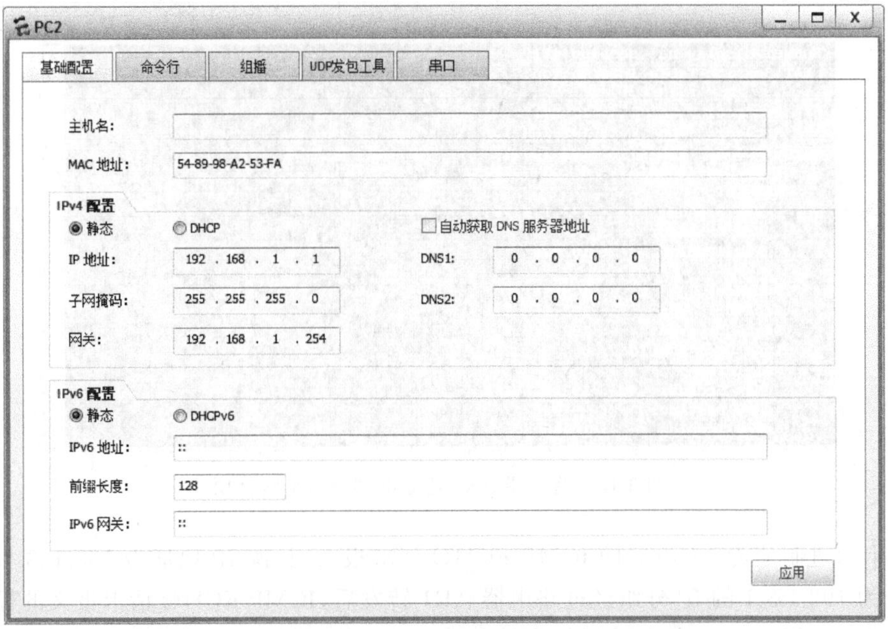

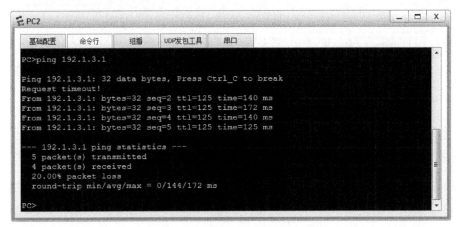

图 5.13　终端 PC2 配置的 IP 地址、子网掩码和默认网关地址

（3）启动 PC2 访问 Internet 过程。PC2 执行 ping 操作的界面如图 5.14 所示。PC2 发送给 PC1 的 IP 分组，经过路由器 AR1 转发后，源 IP 地址转换成路由器 AR1 连接 Internet 接入网络的接口的全球 IP 地址，该 IP 地址在路由器 AR1 通过 PPPoE 接入 Internet 时，由路由器 AR2 负责配置，这里是 192.1.1.253。由于 IP 分组封装的是 ICMP 报文，且一次 ICMP ECHO 请求和响应过程即一次会话，路由器 AR1 需要为 ICMP 报文分配唯一的全局标识符，且建立该全局标识符与 PC2 私有 IP 地址 192.168.1.1 之间的关联。路由器 AR1 建立的部分地址转换项如图 5.15 所示，最上面的地址转换项对应如图 5.14 所示 ping 操作的最后一次 ICMP ECHO 请求和响应过程。

图 5.14　PC2 执行 ping 操作的界面

（4）根据如图 5.15 所示的最上面那项地址转换项，PC2 发送的封装了本地标识符为

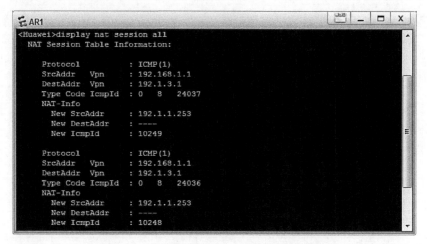

图 5.15　路由器 AR1 建立的部分地址转换项

24037(十六进制值为 0x5de5)的 ICMP ECHO 请求报文,且源 IP 地址为 192.168.1.1、目的
IP 地址为 192.1.3.1 的 IP 分组经过路由器 AR1 转发后,ICMP ECHO 请求报文的标识符转
换为全局标识符 10249(十六进制值为 0x2809),IP 分组的源 IP 地址转换为 192.1.1.253。
PC2 至路由器 AR1 这一段的 IP 分组格式如图 5.16 所示的路由器 AR1 连接内部以太网的
接口捕获的报文序列。路由器 AR1 至 PC1 这一段的 IP 分组格式如图 5.17 所示的路由器
AR1 连接 Internet 接入网络的接口捕获的报文序列。需要注意的是,标识符左边是低字
节,右边是高字节,即 0x5de5 表示 id=0xe55d。

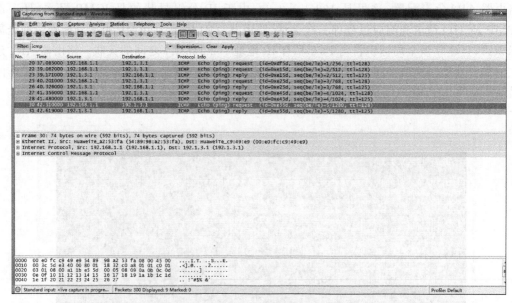

图 5.16　路由器 AR1 连接内部以太网的接口捕获的报文序列(一)

(5) PC1 发送给 PC2 的 ICMP ECHO 响应报文,其标识符为全局标识符 0x2809。该
ICMP ECHO 响应报文封装成源 IP 地址为 PC1 的 IP 地址 192.1.3.1、目的 IP 地址为路由

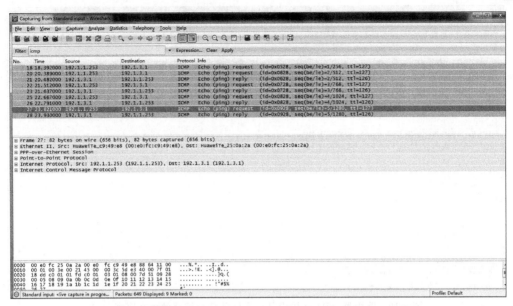

图 5.17　路由器 AR1 连接 Internet 接入网络的接口捕获的报文序列(一)

器 AR1 连接 Internet 接入网络的接口的全球 IP 地址 192.1.1.253 的 IP 分组。当路由器
AR1 接收到该 IP 分组,根据 ICMP ECHO 响应报文的全局标识符找到地址转换项,根据如
图 5.15 所示的最上面的地址转换项,将 ICMP ECHO 响应报文的全局标识符转换为本地标
识符为 24037(十六进制值为 0x5de5),将 IP 分组的目的 IP 地址转换为 PC2 的私有 IP 地址
192.168.1.1。PC1 至路由器 AR1 这一段的 IP 分组格式如图 5.18 所示的路由器 AR1 连接
Internet 接入网络的接口捕获的报文序列。路由器 AR1 至 PC2 这一段的 IP 分组格式如
图 5.19 所示的路由器 AR1 连接内部以太网的接口捕获的报文序列。

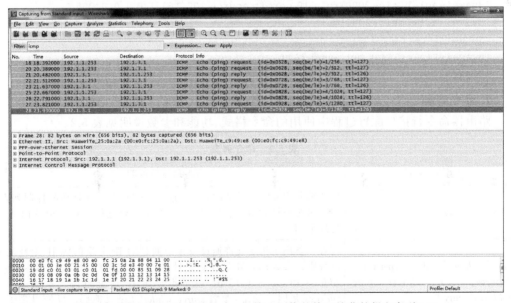

图 5.18　路由器 AR1 连接 Internet 接入网络的接口捕获的报文序列(二)

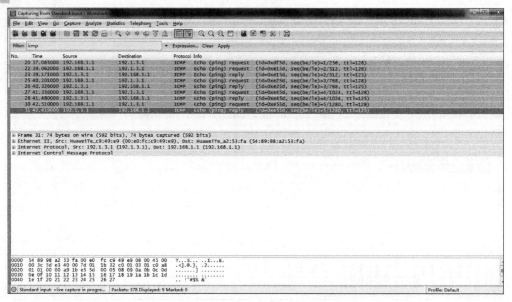

图 5.19　路由器 AR1 连接内部以太网的接口捕获的报文序列(二)

5.2.6　命令行接口配置过程

1. 路由器 AR1 在 5.1 节实验基础上增加的命令行接口配置过程

```
<Huawei>system-view
[Huawei]interface GigabitEthernet0/0/1
[Huawei-GigabitEthernet0/0/1]ip address 192.168.1.254 24
[Huawei-GigabitEthernet0/0/1]quit
[Huawei]acl 2000
[Huawei-acl-basic-2000]rule 10 permit source 192.168.1.0 0.0.0.255
[Huawei-acl-basic-2000]quit
[Huawei]interface dialer 1
[Huawei-Dialer1]nat outbound 2000
[Huawei-Dialer1]quit
```

2. 命令列表

路由器命令行接口配置过程中使用的命令格式、功能和参数说明见表 5.2。

表 5.2　命令列表

命 令 格 式	功能和参数说明
acl *acl-number*	创建编号为 *acl-number* 的 acl,并进入 acl 视图。acl 是访问控制列表,由一组过滤规则组成。这里用 acl 指定需要进行地址转换的内网 IP 地址范围
rule［*rule-id*］〈**deny** | **permit**〉［**source**］〈*source-address source-wildcard* | **any**〉	配置一条用于指定允许通过或拒绝通过的 IP 分组的源 IP 地址范围的规则。参数 *rule-id* 是规则编号,用于确定匹配顺序。参数 *source-address* 和 *source-wildcard* 用于指定源 IP 地址范围。参数 *source-address* 是网络地址,参数 *source-wildcard* 是反掩码。反掩码是子网掩码的反码

续表

命 令 格 式	功能和参数说明
nat outbound *acl-number*［**interface** *interface-type interface-number*［*.subnumber*］］	在指定接口启动 PAT 功能,参数*acl-number* 是访问控制列表编号,用该访问控制列表指定源 IP 地址范围,参数 *nterface-type interface-number*［*.subnumber*］是接口类型和编号(可以是子接口编号),指定用该接口的 IP 地址作为全球 IP 地址。对于源 IP 地址属于编号为 *acl-number* 的 acl 指定的源 IP 地址范围的 IP 分组,用指定接口的全球 IP 地址替换该 IP 分组的源 IP 地址

5.3　内部无线局域网接入 Internet 实验

5.3.1　实验内容

内部无线局域网接入 Internet 过程如图 5.20 所示,边缘路由器一端连接 Internet 接入网,另一端连接内部网络交换机 S1、内部网络交换机 S1 连接接入点(Access Point,AP)和无线控制器(Access Controller,AC)。由 AC 完成对 AP 的配置过程。在内部网络中创建两个 VLAN,分别是 VLAN 2 和 VLAN 3,其中 VLAN 2 用于实现 AP 与 AC 之间的通信过程,VLAN 3 用于实现终端 A 和终端 B 与边缘路由器之间的通信过程。内部网络交换机 S1 作为 DHCP 服务器,分别完成对属于 VLAN 2 的 AP 与属于 VLAN 3 的终端 A 和终端 B 的 IP 地址配置过程。

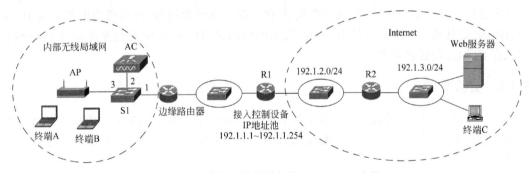

图 5.20　内部无线局域网接入 Internet 过程

该实验在 5.1 节完成的终端以太网接入 Internet 实验的基础上进行。边缘路由器通过 PPPoE 完成接入 Internet 的过程,路由器 R1 作为接入控制设备完成对边缘路由器的接入控制过程,并为边缘路由器连接 Internet 接入网的接口配置全球 IP 地址。内部网络交换机 S1 对属于 VLAN 2 的 AP 配置属于网络地址 192.168.1.0/24 的私有 IP 地址,对属于 VLAN 3 的终端 A 和终端 B 配置属于网络地址 192.168.2.0/24 的私有 IP 地址。终端 A 和终端 B 访问 Internet 时,由边缘路由器完成私有 IP 地址与连接 Internet 接入网的接口的全球 IP 地址之间的相互转换过程。

5.3.2　实验目的

(1) 验证 AP+AC 无线局域网结构。

（2）验证 AC 配置过程。

（3）验证 AC 自动配置 AP 过程。

（4）验证终端接入无线局域网过程。

（5）验证内部无线局域网终端访问 Internet 过程。

（6）验证网络地址转换过程。

5.3.3 实验原理

由于 AP 和 AC 位于同一个 VLAN，AP 通过广播发现请求报文发现 AC，建立与 AC 之间的隧道。AP 建立与 AC 之间的隧道后，由 AC 统一完成对 AP 的配置过程。为了保证 AP 与 AC 属于 VLAN 2，并在 VLAN 3 内建立终端 A 和终端 B 与边缘路由器之间的交换路径，内部交换机 S1 中需要建立如表 5.3 所示的 VLAN 与端口之间的映射。

表 5.3 交换机 S1 VLAN 与端口映射表

VLAN	接入端口	主干端口（共享端口）
VLAN 2		2,3（VLAN 2 的默认端口）
VLAN 3	1	2,3

配置属于网络地址 192.168.2.0/24 的私有 IP 地址的终端 A 和终端 B 访问 Internet 时，对于 IP 分组终端 A 和终端 B 至互联网的传输过程，由边缘路由器完成 IP 分组源 IP 地址终端 A 或终端 B 的私有 IP 地址至边缘路由器连接 Internet 接入网络的接口的全球 IP 地址的转换过程。对于 IP 分组互联网至终端 A 和终端 B 的传输过程，由边缘路由器完成 IP 分组目的 IP 地址边缘路由器连接 Internet 接入网络的接口的全球 IP 地址至终端 A 或终端 B 的私有 IP 地址的转换过程。

5.3.4 实验步骤

（1）启动 eNSP，打开完成 5.1 节实验生成的 topo 文件，按照如图 5.20 所示的网络结构增加内部无线局域网。增加内部无线局域网后的 eNSP 界面如图 5.21 所示。启动所有设备。

（2）按照表 5.3 所示的 VLAN 与端口之间的映射，在交换机 LSW4 中创建 VLAN 2 和 VLAN 3，并为各个 VLAN 分配端口。交换机 LSW4 中各个 VLAN 的端口组成如图 5.22 所示。在 AC1 中创建 VLAN 2 和 VLAN 3，AC1 连接交换机 LSW4 的端口的 VLAN 特性与 LSW4 的端口 GE0/0/2 相同。

（3）完成交换机 LSW4 中 VLAN 2 和 VLAN 3 对应的 IP 接口以及 DHCP 服务器的配置过程。交换机 LSW4 中有关 DHCP 服务器的配置信息如图 5.23 所示。AP1 自动从作为 DHCP 服务器的 LSW4 中获取 IP 地址、子网掩码和默认网关地址。AP1 获取的网络信息如图 5.24 所示。

（4）在 AC1 中配置 AP 鉴别方式，将 AP1 添加到 AC1 中。创建 AP 组，将 AP1 添加到 AP 组中。AP1 的 MAC 地址如图 5.25 所示。将 AP1 添加到 AC1 中后，可以通过显示所有 AP 命令检查已经添加的 AP 的状态。添加到 AC1 中的 AP 的状态如图 5.26 所示。

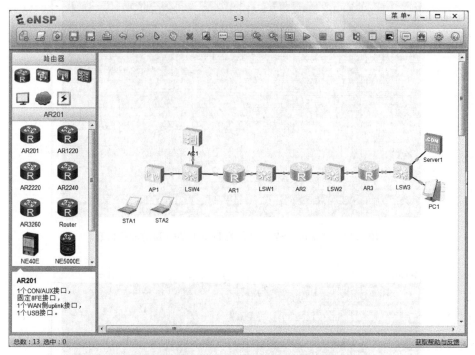

图 5.21 增加内部无线局域网后的 eNSP 界面

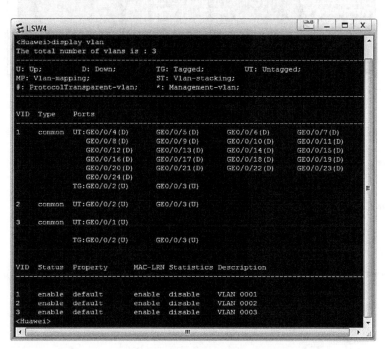

图 5.22 交换机 LSW4 中各个 VLAN 的端口组成

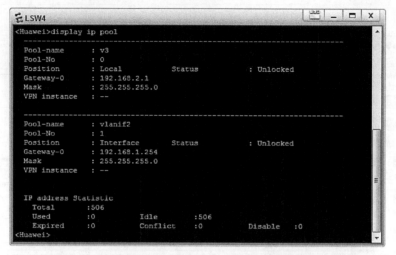

图 5.23 交换机 LSW4 中有关 DHCP 服务器的配置信息

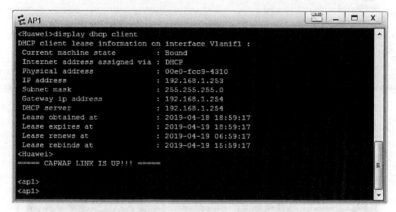

图 5.24 AP1 获取的网络信息

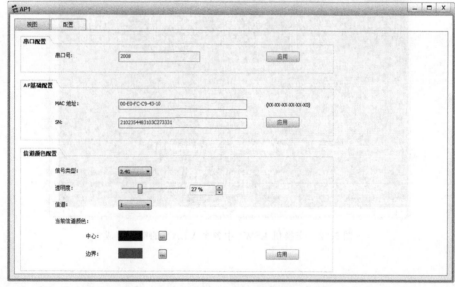

图 5.25 AP1 的 MAC 地址

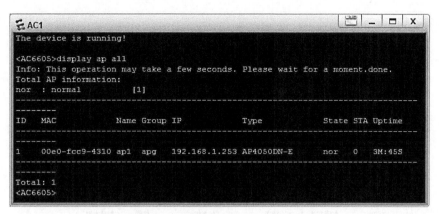

图 5.26　添加到 AC1 中的 AP 的状态

（5）完成安全模板和 SSID 模板的创建过程。创建 VAP 模板，并在 VAP 模板中引用已经创建的安全模板和 SSID 模板。在 AP 的射频上引用 VAP 模板。VAP 模板用于确定 SSID、加密和鉴别机制。

（6）完成 AC1 和交换机 LSW4 配置过程后，AC1 自动将配置信息推送给各个 AP。各个 AP 进入就绪状态，允许接入无线工作站，如图 5.27 所示。保证移动终端 STA1 和 STA2 位于 AP1 的有效通信范围内。STA1 完成连接过程后的界面如图 5.28 所示。完成连接过程后，STA1 自动获取如图 5.29 所示的 IP 地址、子网掩码和默认网关地址，默认网关地址是路由器 AR1 连接内部无线局域网的接口的 IP 地址。

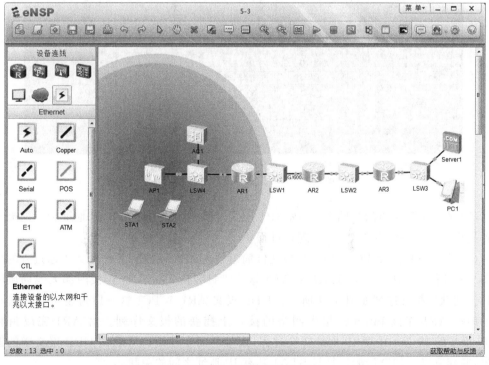

图 5.27　进入就绪状态的 AP1

图 5.28 STA1 完成连接过程后的界面

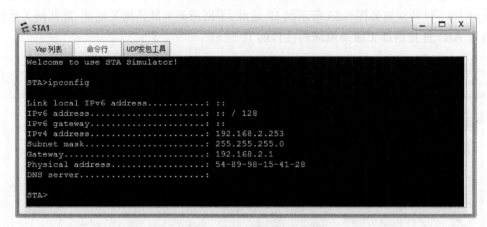

图 5.29 STA1 自动获取的网络信息

（7）在 5.1 节实验的基础上，完成 AR1 连接内部无线局域网接口 IP 地址和子网掩码的配置过程，完成 AR1 有关 PAT 的配置过程。

（8）开始 STA1 至 PC1 的 UDP 报文传输过程。STA1 启动 UDP 报文传输过程的界面如图 5.30 所示。UDP 报文 STA1 至 AR1 这一段封装格式在 AR1 连接内部无线局域网的接口上捕获的报文序列如图 5.31 所示。UDP 报文 AR1 至 PC1 这一段封装格式如图 5.32 所示的在 AR1 连接 Internet 接入网络的接口上捕获的报文序列。由 AR1 完成封装该 UDP 报文的 IP 分组的源 IP 地址转换过程，用唯一的全局端口号取代 UDP 报文中的源端口号，并建立唯一的全局端口号与 STA1 私有 IP 地址之间的关联。

图 5.30　STA1 启动 UDP 报文传输过程的界面

图 5.31　在 AR1 连接内部无线局域网的接口上捕获的报文序列

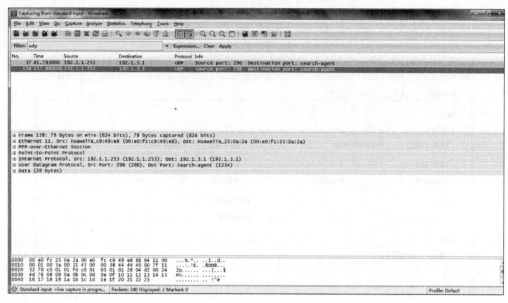

图 5.32　在 AR1 连接 Internet 接入网络的接口上捕获的报文序列

5.3.5　命令行接口配置过程

1. 交换机 LSW4 命令行接口配置过程

```
<Huawei>system-view
[Huawei]undo info-center enable
[Huawei]vlan batch 2 3
[Huawei]interface GigabitEthernet0/0/1
[Huawei-GigabitEthernet0/0/1]port link-type access
[Huawei-GigabitEthernet0/0/1]port default vlan 3
[Huawei-GigabitEthernet0/0/1]quit
[Huawei]interface GigabitEthernet0/0/2
[Huawei-GigabitEthernet0/0/2]port link-type trunk
[Huawei-GigabitEthernet0/0/2]port trunk pvid vlan 2
[Huawei-GigabitEthernet0/0/2]port trunk allow-pass vlan 2 3
[Huawei-GigabitEthernet0/0/2]quit
[Huawei]interface GigabitEthernet0/0/3
[Huawei-GigabitEthernet0/0/3]port link-type trunk
[Huawei-GigabitEthernet0/0/3]port trunk pvid vlan 2
[Huawei-GigabitEthernet0/0/3]port trunk allow-pass vlan 2 3
[Huawei-GigabitEthernet0/0/3]quit
[Huawei]dhcp enable
[Huawei]ip pool v3
[Huawei-ip-pool-v3]network 192.168.2.0 mask 255.255.255.0
[Huawei-ip-pool-v3]gateway-list 192.168.2.1
[Huawei-ip-pool-v3]quit
[Huawei]interface vlanif 2
```

```
[Huawei-Vlanif2]ip address 192.168.1.254 24
[Huawei-Vlanif2]dhcp select interface
[Huawei-Vlanif2]quit
[Huawei]interface vlanif 3
[Huawei-Vlanif3]ip address 192.168.2.254 24
[Huawei-Vlanif3]dhcp select global
[Huawei-Vlanif3]quit
```

2. 无线局域网控制器 AC1 命令行接口配置过程

```
<AC6605>system-view
[AC6605]undo info-center enable
[AC6605]vlan batch 2 3
[AC6605]interface GigabitEthernet0/0/1
[AC6605-GigabitEthernet0/0/1]port link-type trunk
[AC6605-GigabitEthernet0/0/1]port trunk pvid vlan 2
[AC6605-GigabitEthernet0/0/1]port trunk allow-pass vlan 2 3
[AC6605-GigabitEthernet0/0/1]quit
[AC6605]interface vlanif 2
[AC6605-Vlanif2]ip address 192.168.1.1 24
[AC6605-Vlanif2]quit
[AC6605]wlan
[AC6605-wlan-view]ap-group name apg
[AC6605-wlan-ap-group-apg]quit
[AC6605-wlan-view]regulatory-domain-profile name domain
[AC6605-wlan-regulate-domain-domain]country-code cn
[AC6605-wlan-regulate-domain-domain]quit
[AC6605-wlan-view]ap-group name apg
[AC6605-wlan-ap-group-apg]regulatory-domain-profile domain
Warning: Modifying the country code will clear channel, power and antenna gain
configurations of the radio and reset the AP. Continue? [Y/N]:y
[AC6605-wlan-ap-group-apg]quit
[AC6605-wlan-view]quit
[AC6605]capwap source interface vlanif 2
[AC6605]wlan
[AC6605-wlan-view]ap auth-mode mac-auth
[AC6605-wlan-view]ap-id 1 ap-mac 00e0-fcc9-4310
[AC6605-wlan-ap-1]ap-name ap1
[AC6605-wlan-ap-1]ap-group apg
Warning: This operation may cause AP reset. If the country code changes, it will
clear channel, power and antenna gain configurations of the radio, Whether to
continue? [Y/N]:y
[AC6605-wlan-ap-1]quit
[AC6605-wlan-view]security-profile name security
[AC6605-wlan-sec-prof-security]security wpa2 psk pass-phrase Aa-12345678 aes
[AC6605-wlan-sec-prof-security]quit
[AC6605-wlan-view]ssid-profile name ssid
```

```
[AC6605-wlan-ssid-prof-ssid]ssid 123456
[AC6605-wlan-ssid-prof-ssid]quit
[AC6605-wlan-view]vap-profile name vap
[AC6605-wlan-vap-prof-vap]forward-mode tunnel
[AC6605-wlan-vap-prof-vap]service-vlan vlan-id 3
[AC6605-wlan-vap-prof-vap]security-profile security
[AC6605-wlan-vap-prof-vap]ssid-profile ssid
[AC6605-wlan-vap-prof-vap]quit
[AC6605-wlan-view]ap-group name apg
[AC6605-wlan-ap-group-apg]vap-profile vap wlan 1 radio 0
[AC6605-wlan-ap-group-apg]vap-profile vap wlan 1 radio 1
[AC6605-wlan-ap-group-apg]quit
```

3. AR1 在 5.1 节实验基础上增加的命令行接口配置过程

```
<Huawei>system-view
[Huawei]undo info-center enable
[Huawei]interface GigabitEthernet0/0/1
[Huawei-GigabitEthernet0/0/1]ip address 192.168.2.1 24
[Huawei-GigabitEthernet0/0/1]quit
[Huawei]acl 2000
[Huawei-acl-basic-2000]rule 10 permit source 192.168.2.0 0.0.0.255
[Huawei-acl-basic-2000]quit
[Huawei]interface dialer 1
[Huawei-Dialer1]nat outbound 2000
[Huawei-Dialer1]quit
```

第 6 章　VPN 设计实验

虚拟专用网络(Virtual Private Network,VPN)实验主要解决三个问题:一是通过在内部网络各个子网之间建立点对点 IP 隧道,解决由互联网互联的内部网络各个子网之间的通信问题;二是通过在点对点 IP 隧道两端之间建立安全关联,解决内部网络各个子网之间的安全通信问题;三是通过 VPN 接入技术解决远程终端像内部网络中的终端一样访问内部网络中资源的问题。目前常见的 VPN 技术有 IPSec VPN 和 BGP/MPLS IP VPN。

6.1　点对点 IP 隧道实验

6.1.1　实验内容

VPN 物理结构如图 6.1(a)所示。路由器 R4、R5 和 R6 构成公共网络,边缘路由器 R1、R2 和 R3 一端连接内部子网,另一端连接公共网络。由于公共网络无法传输以私有 IP 地址(私有 IP 地址也称为本地 IP 地址)为源和目的 IP 地址的 IP 分组,因此,由公共网络互联的多个分配私有 IP 地址的内部子网之间无法直接进行通信。为了实现被公共网络分隔的多个内部子网之间的通信过程,需要建立以边缘路由器连接公共网络的接口为两端的点对点 IP 隧道,并为点对点 IP 隧道两端分配私有 IP 地址,以此将如图 6.1(a)所示的物理结构转换为如图 6.1(b)所示的逻辑结构。点对点 IP 隧道成为互连边缘路由器的虚拟点对点链路,边缘路由器之间能够通过点对点 IP 隧道直接传输以私有 IP 地址为源和目的 IP 地址的 IP 分组。由于点对点 IP 隧道经过公共网络,因此,需要通过隧道技术完成以私有 IP 地址为源和目的 IP 地址的 IP 分组经过公共网络传输的过程。

6.1.2　实验目的

(1) 掌握 VPN 设计过程。
(2) 掌握点对点 IP 隧道配置过程。
(3) 掌握公共网络路由项建立过程。
(4) 掌握内部网络路由项建立过程。
(5) 验证公共网络隧道两端之间的传输路径的建立过程。
(6) 验证基于隧道实现的内部子网之间的 IP 分组传输过程。

6.1.3　实验原理

以下步骤是通过隧道技术完成以私有 IP 地址为源和目的 IP 地址的 IP 分组经过公共网络传输的过程的前提。

1. 建立公共网络端到端传输路径

建立如图 6.1(a)所示的路由器 R1、R2 和 R3 连接公共网络的接口之间的 IP 传输路径

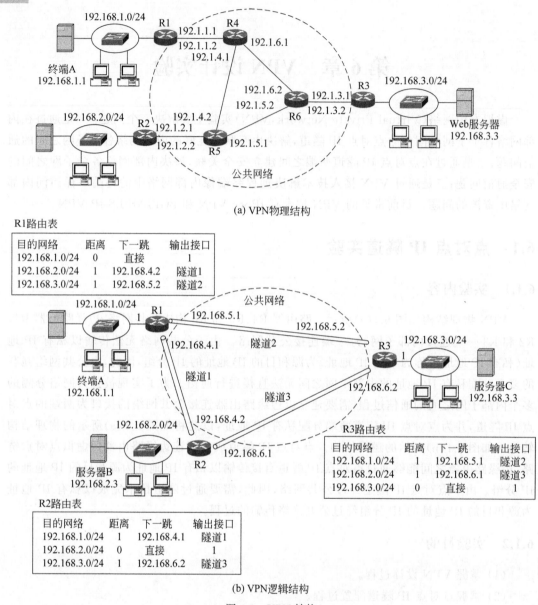

(a) VPN物理结构

R1路由表

目的网络	距离	下一跳	输出接口
192.168.1.0/24	0	直接	1
192.168.2.0/24	1	192.168.4.2	隧道1
192.168.3.0/24	1	192.168.5.2	隧道2

R3路由表

目的网络	距离	下一跳	输出接口
192.168.1.0/24	1	192.168.5.1	隧道2
192.168.2.0/24	1	192.168.6.1	隧道3
192.168.3.0/24	0	直接	1

R2路由表

目的网络	距离	下一跳	输出接口
192.168.1.0/24	1	192.168.4.1	隧道1
192.168.2.0/24	0	直接	1
192.168.3.0/24	1	192.168.6.2	隧道3

(b) VPN逻辑结构

图 6.1　VPN 结构

是建立路由器 R1、R2 和 R3 连接公共网络的接口之间的点对点 IP 隧道的前提。

图 6.1(a)中的公共网络包含路由器 R4、R5 和 R6 连接的所有网络,以及边缘路由器 R1、R2 和 R3 连接公共网络的接口。将上述范围的公共网络定义为单个 OSPF 区域,通过 OSPF 在各个路由器中建立用于指明边缘路由器 R1、R2 和 R3 连接公共网络的接口之间的 IP 传输路径的路由项。

2. 建立点对点 IP 隧道

实现分配私有 IP 地址的内部子网之间互联的 VPN 逻辑结构如图 6.1(b)所示,关键是创建实现边缘路由器 R1、R2 和 R3 之间两两互连的点对点 IP 隧道。由于每条点对点 IP 隧道的两端是边缘路由器连接公共网络的接口,因此,边缘路由器连接公共网络的接口分配的全球 IP 地址也称为每条点对点 IP 隧道两端的全球 IP 地址。

点对点 IP 隧道完成以私有 IP 地址为源和目的 IP 地址的 IP 分组两个边缘路由器之间传输的过程如下：点对点 IP 隧道一端的边缘路由器将以私有 IP 地址为源和目的 IP 地址的 IP 分组作为净荷，重新封装成以点对点 IP 隧道两端的全球 IP 地址为源和目的 IP 地址的 IP 分组。以点对点 IP 隧道两端的全球 IP 地址为源和目的 IP 地址的 IP 分组沿着通过 OSPF 建立的路由器 R1、R2 和 R3 连接公共网络的接口之间的 IP 传输路径从点对点 IP 隧道的一端传输到点对点 IP 隧道的另一端。点对点 IP 隧道另一端的边缘路由器从以点对点 IP 隧道两端的全球 IP 地址为源和目的 IP 地址的 IP 分组中分离出以私有 IP 地址为源和目的 IP 地址的 IP 分组，以此完成以私有 IP 地址为源和目的 IP 地址的 IP 分组经过点对点 IP 隧道传输的过程。

3. 建立内部子网之间的传输路径

对于内部子网，公共网络是不可见的，实现边缘路由器之间互连的是两端分配私有 IP 地址的虚拟点对点链路（点对点 IP 隧道）。实现内部子网互联的 VPN 逻辑结构如图 6.1(b) 所示，每一个边缘路由器的路由表中都建立用于指明通往所有内部子网的传输路径的路由项。每一个边缘路由器都通过 RIP 创建用于指明通往没有与该边缘路由器直接连接的内部子网的传输路径的路由项。

4. 建立边缘路由器完整路由表

边缘路由器一是需要配置两种类型的路由进程，一种是 OSPF 路由进程，用于创建边缘路由器连接公共网络接口之间的传输路径，这些传输路径是建立点对点 IP 隧道的基础。另一种是 RIP 路由进程，该路由进程基于边缘路由器之间的点对点 IP 隧道创建内部子网之间的传输路径。

二是路由表中存在多种类型的路由项，第一种是直连路由项，包括物理接口直接连接的网络（如路由器 R1 两个物理接口直接连接的网络 192.168.1.0/24 和 192.1.1.0/24）和隧道接口直接连接的网络（如路由器 R1 隧道 1 连接的网络 192.168.4.0/24 和隧道 2 连接的网络 192.168.5.0/24）。第二种是 OSPF 创建的动态路由项，用于指明通往公共网络中各个子网的传输路径。第三种是 RIP 创建的动态路由项，用于指明通往内部网络中各个子网的传输路径。

6.1.4　关键命令说明

1. 定义隧道

```
[Huawei]interface tunnel 0/0/1
[Huawei-Tunnel0/0/1]tunnel-protocol gre
[Huawei-Tunnel0/0/1]source GigabitEthernet0/0/1
[Huawei-Tunnel0/0/1]destination 192.1.2.1
[Huawei-Tunnel0/0/1]quit
```

interface tunnel 0/0/1 是系统视图下使用的命令，该命令的作用是创建编号为 0/0/1 的隧道接口，并进入隧道接口视图。编号格式为"槽位号/卡号/端口号"，槽位号和卡号的取值与设备有关，这里是 0/0。端口号的取值范围是 0～255。

tunnel-protocol gre 是隧道接口视图下使用的命令，该命令的作用是指定通用路由封装（Generic Routing Encapsulation，GRE）协议作为隧道接口使用的隧道协议。

source GigabitEthernet0/0/1 是隧道接口视图下使用的命令,该命令的作用是指定接口 GigabitEthernet0/0/1 为隧道源端,即指定接口 GigabitEthernet0/0/1 的全球 IP 地址为隧道源端的 IP 地址。

destination 192.1.2.1 是隧道接口视图下使用的命令,该命令的作用是指定全球 IP 地址 192.1.2.1 为隧道目的端的 IP 地址。

2. 配置隧道接口

对于内部网络,隧道等同于互联内部网络中各个子网的点对点链路,需要为隧道两端的隧道接口配置内部网络的私有 IP 地址。

```
[Huawei]interface tunnel 0/0/1
[Huawei-Tunnel0/0/1]ip address 192.168.4.1 24
[Huawei-Tunnel0/0/1]keepalive
[Huawei-Tunnel0/0/1]quit
```

ip address 192.168.4.1 24 是隧道接口视图下使用的命令,该命令的作用是为当前隧道接口(编号为 0/0/1 的隧道接口)配置 IP 地址 192.168.4.1 和子网掩码 255.255.255.0(24 位网络前缀)。

keepalive 是隧道接口视图下使用的命令,该命令的作用是启动隧道两端接口之间保持连接的功能。

6.1.5 实验步骤

(1) 启动 eNSP,按照如图 6.1(a)所示的网络拓扑结构放置和连接设备。完成设备放置和连接后的 eNSP 界面如图 6.2 所示。启动所有设备。

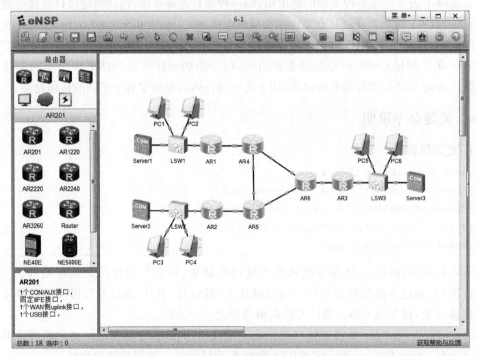

图 6.2 完成设备放置和连接后的 eNSP 界面

（2）完成路由器 AR4、AR5 和 AR6 各个接口全球 IP 地址和子网掩码配置过程。完成路由器 AR1、AR2 和 AR3 连接公共网络的接口全球 IP 地址和子网掩码配置过程，连接内部网络的接口私有 IP 地址和子网掩码配置过程。完成路由器 AR1～AR6 OSPF 配置过程，路由器 AR1、AR2 和 AR3 中只有配置全球 IP 地址的接口参与 OSPF 创建路由项过程。路由器 AR4 的路由表如图 6.3 所示，路由表中没有用于指明通往内部网络中各个子网的传输路径的路由项。

```
AR4                                                                  _ □ X
<Huawei>display ip routing-table
Route Flags: R - relay, D - download to fib
------------------------------------------------------------------------
Routing Tables: Public
         Destinations : 16      Routes : 17

Destination/Mask     Proto   Pre  Cost      Flags NextHop        Interface

        127.0.0.0/8    Direct  0    0          D   127.0.0.1      InLoopBack0
        127.0.0.1/32   Direct  0    0          D   127.0.0.1      InLoopBack0
127.255.255.255/32     Direct  0    0          D   127.0.0.1      InLoopBack0
        192.1.1.0/24   Direct  0    0          D   192.1.1.2      GigabitEthernet
0/0/0
        192.1.1.2/32   Direct  0    0          D   127.0.0.1      GigabitEthernet
0/0/0
      192.1.1.255/32   Direct  0    0          D   127.0.0.1      GigabitEthernet
0/0/0
        192.1.2.0/24   OSPF    10   2          D   192.1.4.2      GigabitEthernet
0/0/1
        192.1.3.0/24   OSPF    10   2          D   192.1.6.2      GigabitEthernet
2/0/0
        192.1.4.0/24   Direct  0    0          D   192.1.4.1      GigabitEthernet
0/0/1
        192.1.4.1/32   Direct  0    0          D   127.0.0.1      GigabitEthernet
0/0/1
      192.1.4.255/32   Direct  0    0          D   127.0.0.1      GigabitEthernet
0/0/1
        192.1.5.0/24   OSPF    10   2          D   192.1.6.2      GigabitEthernet
2/0/0
                       OSPF    10   2          D   192.1.4.2      GigabitEthernet
0/0/1
        192.1.6.0/24   Direct  0    0          D   192.1.6.1      GigabitEthernet
2/0/0
        192.1.6.1/32   Direct  0    0          D   127.0.0.1      GigabitEthernet
2/0/0
      192.1.6.255/32   Direct  0    0          D   127.0.0.1      GigabitEthernet
2/0/0
255.255.255.255/32     Direct  0    0          D   127.0.0.1      InLoopBack0
<Huawei>
```

图 6.3　路由器 AR4 的路由表

（3）完成路由器 AR1、AR2 和 AR3 隧道配置过程。路由器 AR1、AR2 和 AR3 有关隧道的信息如图 6.4～图 6.6 所示。

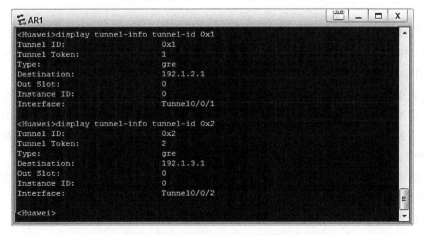

图 6.4　路由器 AR1 有关隧道的信息

图 6.5　路由器 AR2 有关隧道的信息

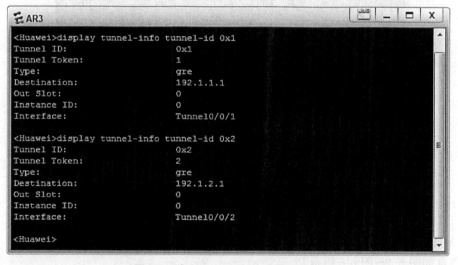

图 6.6　路由器 AR3 有关隧道的信息

（4）用隧道互联内部网络的各个子网，为隧道接口配置私有 IP 地址。完成路由器 AR1、AR2 和 AR3 RIP 配置过程，参与 RIP 创建动态路由项过程的网络是内部网络的各个子网，路由器接口包括连接内部网络子网的接口和隧道接口。路由器 AR1、AR2 和 AR3 的完整路由表如图 6.7～图 6.9 所示。路由表中包含两种类型的路由项：一种类型是用于指明通往内部网络中各个子网的传输路径的路由项，这种类型的路由项由直连路由项和 RIP 生成的动态路由项组成；另一种类型是用于指明通往公共网络中各个子网的传输路径的路由项，这种类型的路由项由直连路由项和 OSPF 生成的动态路由项组成。

（5）完成内部网络中各个 PC 和服务器网络信息配置过程。PC1 配置的网络信息如图 6.10 所示。验证内部网络中各个子网之间的通信过程，如图 6.11 所示是 PC1 与 PC5 之间的通信过程。

```
E AR1                                                         [ ] _ □ X
<Huawei>display ip routing-table
Route Flags: R - relay, D - download to fib
------------------------------------------------------------------------
Routing Tables: Public
         Destinations : 24      Routes : 25

Destination/Mask     Proto    Pre  Cost    Flags NextHop        Interface

       127.0.0.0/8   Direct   0    0        D    127.0.0.1      InLoopBack0
       127.0.0.1/32  Direct   0    0        D    127.0.0.1      InLoopBack0
127.255.255.255/32   Direct   0    0        D    127.0.0.1      InLoopBack0
       192.1.1.0/24  Direct   0    0        D    192.1.1.1      GigabitEthernet
0/0/1
       192.1.1.1/32  Direct   0    0        D    127.0.0.1      GigabitEthernet
0/0/1
     192.1.1.255/32  Direct   0    0        D    127.0.0.1      GigabitEthernet
0/0/1
       192.1.2.0/24  OSPF     10   3        D    192.1.1.2      GigabitEthernet
0/0/1
       192.1.3.0/24  OSPF     10   3        D    192.1.1.2      GigabitEthernet
0/0/1
       192.1.4.0/24  OSPF     10   2        D    192.1.1.2      GigabitEthernet
0/0/1
       192.1.5.0/24  OSPF     10   3        D    192.1.1.2      GigabitEthernet
0/0/1
       192.1.6.0/24  OSPF     10   2        D    192.1.1.2      GigabitEthernet
0/0/1
     192.168.1.0/24  Direct   0    0        D    192.168.1.254  GigabitEthernet
0/0/0
   192.168.1.254/32  Direct   0    0        D    127.0.0.1      GigabitEthernet
0/0/0
   192.168.1.255/32  Direct   0    0        D    127.0.0.1      GigabitEthernet
0/0/0
     192.168.2.0/24  RIP      100  1        D    192.168.4.2    Tunnel0/0/1
     192.168.3.0/24  RIP      100  1        D    192.168.5.2    Tunnel0/0/2
     192.168.4.0/24  Direct   0    0        D    192.168.4.1    Tunnel0/0/1
     192.168.4.1/32  Direct   0    0        D    127.0.0.1      Tunnel0/0/1
   192.168.4.255/32  Direct   0    0        D    127.0.0.1      Tunnel0/0/1
     192.168.5.0/24  Direct   0    0        D    192.168.5.1    Tunnel0/0/2
     192.168.5.1/32  Direct   0    0        D    127.0.0.1      Tunnel0/0/2
   192.168.5.255/32  Direct   0    0        D    127.0.0.1      Tunnel0/0/2
     192.168.6.0/24  RIP      100  1        D    192.168.5.2    Tunnel0/0/2
                     RIP      100  1        D    192.168.4.2    Tunnel0/0/1
255.255.255.255/32   Direct   0    0        D    127.0.0.1      InLoopBack0
```

图 6.7　路由器 AR1 的完整路由表(一)

```
E AR2                                                         [ ] _ □ X
<Huawei>display ip routing-table
Route Flags: R - relay, D - download to fib
------------------------------------------------------------------------
Routing Tables: Public
         Destinations : 24      Routes : 25

Destination/Mask     Proto    Pre  Cost    Flags NextHop        Interface

       127.0.0.0/8   Direct   0    0        D    127.0.0.1      InLoopBack0
       127.0.0.1/32  Direct   0    0        D    127.0.0.1      InLoopBack0
127.255.255.255/32   Direct   0    0        D    127.0.0.1      InLoopBack0
       192.1.1.0/24  OSPF     10   3        D    192.1.2.2      GigabitEthernet
0/0/1
       192.1.2.0/24  Direct   0    0        D    192.1.2.1      GigabitEthernet
0/0/1
       192.1.2.1/32  Direct   0    0        D    127.0.0.1      GigabitEthernet
0/0/1
     192.1.2.255/32  Direct   0    0        D    127.0.0.1      GigabitEthernet
0/0/1
       192.1.3.0/24  OSPF     10   3        D    192.1.2.2      GigabitEthernet
0/0/1
       192.1.4.0/24  OSPF     10   2        D    192.1.2.2      GigabitEthernet
0/0/1
       192.1.5.0/24  OSPF     10   2        D    192.1.2.2      GigabitEthernet
0/0/1
       192.1.6.0/24  OSPF     10   3        D    192.1.2.2      GigabitEthernet
0/0/1
     192.168.1.0/24  RIP      100  1        D    192.168.4.1    Tunnel0/0/1
     192.168.2.0/24  Direct   0    0        D    192.168.2.254  GigabitEthernet
0/0/0
   192.168.2.254/32  Direct   0    0        D    127.0.0.1      GigabitEthernet
0/0/0
   192.168.2.255/32  Direct   0    0        D    127.0.0.1      GigabitEthernet
0/0/0
     192.168.3.0/24  RIP      100  1        D    192.168.6.2    Tunnel0/0/2
     192.168.4.0/24  Direct   0    0        D    192.168.4.2    Tunnel0/0/1
     192.168.4.2/32  Direct   0    0        D    127.0.0.1      Tunnel0/0/1
   192.168.4.255/32  Direct   0    0        D    127.0.0.1      Tunnel0/0/1
     192.168.5.0/24  RIP      100  1        D    192.168.6.2    Tunnel0/0/2
                     RIP      100  1        D    192.168.4.1    Tunnel0/0/1
     192.168.6.0/24  Direct   0    0        D    192.168.6.1    Tunnel0/0/2
     192.168.6.1/32  Direct   0    0        D    127.0.0.1      Tunnel0/0/2
   192.168.6.255/32  Direct   0    0        D    127.0.0.1      Tunnel0/0/2
255.255.255.255/32   Direct   0    0        D    127.0.0.1      InLoopBack0
```

图 6.8　路由器 AR2 的完整路由表(一)

图 6.9　路由器 AR3 的完整路由表(一)

图 6.10　PC1 配置的网络信息(一)

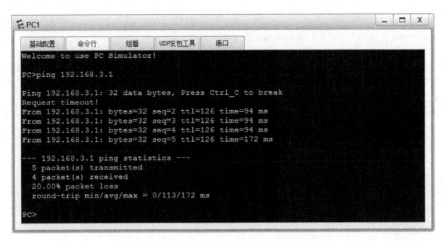

图 6.11　PC1 与 PC5 之间的通信过程

（6）为了验证 PC1 与 PC5 之间传输的 IP 分组经过隧道传输时的封装格式，启动路由器 AR1 连接内部网络的接口和路由器 AR4 连接路由器 AR1 的接口的报文捕获功能。在完成如图 6.11 所示的 PC1 与 PC5 之间的通信过程中，路由器 AR1 连接内部网络的接口捕获的报文序列如图 6.12 所示，PC1 至 PC5 的 IP 分组的源 IP 地址是 PC1 的私有 IP 地址 192.168.1.1，目的 IP 地址是 PC5 的私有 IP 地址 192.168.3.1。路由器 AR4 连接路由器 AR1 的接口捕获的报文序列如图 6.13 所示。PC1 至 PC5 的 IP 分组作为内层 IP 分组被封装成 GRE 报文，GRE 报文被封装成以隧道两端全球 IP 地址为源和目的 IP 地址的外层 IP 分组。这里，外层 IP 分组的源 IP 地址是隧道路由器 AR1 一端的全球 IP 地址 192.1.1.1，目的 IP 地址是隧道路由器 AR3 一端的全球 IP 地址 192.1.3.1。

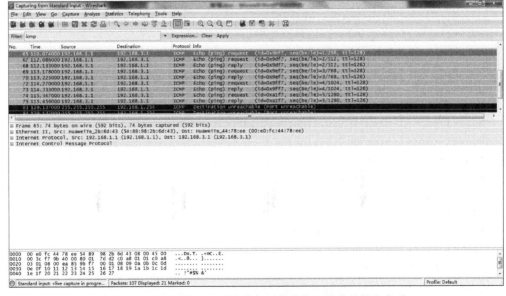

图 6.12　路由器 AR1 连接内部网络的接口捕获的报文序列

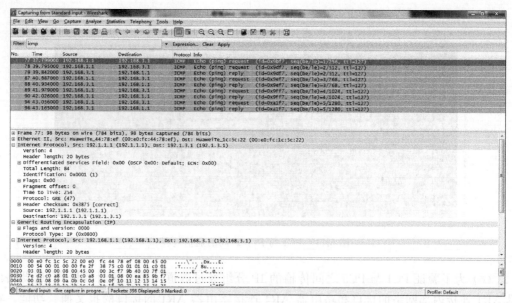

图 6.13　路由器 AR4 连接路由器 AR1 的接口捕获的报文序列

6.1.6　命令行接口配置过程

1. 路由器 AR1 命令行接口配置过程

```
<Huawei>system-view
[Huawei]undo info-center enable
[Huawei]interface GigabitEthernet0/0/0
[Huawei-GigabitEthernet0/0/0]ip address 192.168.1.254 24
[Huawei-GigabitEthernet0/0/0]quit
[Huawei]interface GigabitEthernet0/0/1
[Huawei-GigabitEthernet0/0/1]ip address 192.1.1.1 24
[Huawei-GigabitEthernet0/0/1]quit
[Huawei]ospf 1
[Huawei-ospf-1]area 1
[Huawei-ospf-1-area-0.0.0.1]network 192.1.1.0 0.0.0.255
[Huawei-ospf-1-area-0.0.0.1]quit
[Huawei-ospf-1]quit
[Huawei]interface tunnel 0/0/1
[Huawei-Tunnel0/0/1]tunnel-protocol gre
[Huawei-Tunnel0/0/1]source GigabitEthernet0/0/1
[Huawei-Tunnel0/0/1]destination 192.1.2.1
[Huawei-Tunnel0/0/1]quit
[Huawei]interface tunnel 0/0/2
[Huawei-Tunnel0/0/2]tunnel-protocol gre
[Huawei-Tunnel0/0/2]source GigabitEthernet0/0/1
[Huawei-Tunnel0/0/2]destination 192.1.3.1
[Huawei-Tunnel0/0/2]quit
```

```
[Huawei]interface tunnel 0/0/1
[Huawei-Tunnel0/0/1]ip address 192.168.4.1 24
[Huawei-Tunnel0/0/1]keepalive
[Huawei-Tunnel0/0/1]quit
[Huawei]interface tunnel 0/0/2
[Huawei-Tunnel0/0/2]ip address 192.168.5.1 24
[Huawei-Tunnel0/0/2]keepalive
[Huawei-Tunnel0/0/2]quit
[Huawei]rip 1
[Huawei-rip-1]network 192.168.1.0
[Huawei-rip-1]network 192.168.4.0
[Huawei-rip-1]network 192.168.5.0
[Huawei-rip-1]quit
```

2. 路由器 AR2 命令行接口配置过程

```
<Huawei>system-view
[Huawei]undo info-center enable
[Huawei]interface GigabitEthernet0/0/0
[Huawei-GigabitEthernet0/0/0]ip address 192.168.2.254 24
[Huawei-GigabitEthernet0/0/0]quit
[Huawei]interface GigabitEthernet0/0/1
[Huawei-GigabitEthernet0/0/1]ip address 192.1.2.1 24
[Huawei-GigabitEthernet0/0/1]quit
[Huawei]ospf 2
[Huawei-ospf-2]area 1
[Huawei-ospf-2-area-0.0.0.1]network 192.1.2.0 0.0.0.255
[Huawei-ospf-2-area-0.0.0.1]quit
[Huawei-ospf-2]quit
[Huawei]interface tunnel 0/0/1
[Huawei-Tunnel0/0/1]tunnel-protocol gre
[Huawei-Tunnel0/0/1]source GigabitEthernet0/0/1
[Huawei-Tunnel0/0/1]destination 192.1.1.1
[Huawei-Tunnel0/0/1]quit
[Huawei]interface tunnel 0/0/2
[Huawei-Tunnel0/0/2]tunnel-protocol gre
[Huawei-Tunnel0/0/2]source GigabitEthernet0/0/1
[Huawei-Tunnel0/0/2]destination 192.1.3.1
[Huawei-Tunnel0/0/2]quit
[Huawei]interface tunnel 0/0/1
[Huawei-Tunnel0/0/1]ip address 192.168.4.2 24
[Huawei-Tunnel0/0/1]keepalive
[Huawei-Tunnel0/0/1]quit
[Huawei]interface tunnel 0/0/2
[Huawei-Tunnel0/0/2]ip address 192.168.6.1 24
[Huawei-Tunnel0/0/2]keepalive
[Huawei-Tunnel0/0/2]quit
```

```
[Huawei]rip 2
[Huawei-rip-2]network 192.168.2.0
[Huawei-rip-2]network 192.168.4.0
[Huawei-rip-2]network 192.168.6.0
[Huawei-rip-2]quit
```

3. 路由器 AR3 命令行接口配置过程

```
<Huawei>system-view
[Huawei]undo info-center enable
[Huawei]interface GigabitEthernet0/0/0
[Huawei-GigabitEthernet0/0/0]ip address 192.168.3.254 24
[Huawei-GigabitEthernet0/0/0]quit
[Huawei]interface GigabitEthernet0/0/1
[Huawei-GigabitEthernet0/0/1]ip address 192.1.3.1 24
[Huawei-GigabitEthernet0/0/1]quit
[Huawei]ospf 3
[Huawei-ospf-3]area 1
[Huawei-ospf-3-area-0.0.0.1]network 192.1.3.0 0.0.0.255
[Huawei-ospf-3-area-0.0.0.1]quit
[Huawei-ospf-3]quit
[Huawei]interface tunnel 0/0/1
[Huawei-Tunnel0/0/1]tunnel-protocol gre
[Huawei-Tunnel0/0/1]source GigabitEthernet0/0/1
[Huawei-Tunnel0/0/1]destination 192.1.1.1
[Huawei-Tunnel0/0/1]quit
[Huawei]interface tunnel 0/0/2
[Huawei-Tunnel0/0/2]tunnel-protocol gre
[Huawei-Tunnel0/0/2]source GigabitEthernet0/0/1
[Huawei-Tunnel0/0/2]destination 192.1.2.1
[Huawei-Tunnel0/0/2]quit
[Huawei]interface tunnel 0/0/1
[Huawei-Tunnel0/0/1]ip address 192.168.5.2 24
[Huawei-Tunnel0/0/1]keepalive
[Huawei-Tunnel0/0/1]quit
[Huawei]interface tunnel 0/0/2
[Huawei-Tunnel0/0/2]ip address 192.168.6.2 24
[Huawei-Tunnel0/0/2]keepalive
[Huawei-Tunnel0/0/2]quit
[Huawei]rip 3
[Huawei-rip-2]network 192.168.3.0
[Huawei-rip-2]network 192.168.5.0
[Huawei-rip-2]network 192.168.6.0
[Huawei-rip-2]quit
```

4. 路由器 AR4 命令行接口配置过程

```
<Huawei>system-view
```

```
[Huawei]undo info-center enable
[Huawei]interface GigabitEthernet0/0/0
[Huawei-GigabitEthernet0/0/0]ip address 192.1.1.2 24
[Huawei-GigabitEthernet0/0/0]quit
[Huawei]interface GigabitEthernet0/0/1
[Huawei-GigabitEthernet0/0/1]ip address 192.1.4.1 24
[Huawei-GigabitEthernet0/0/1]quit
[Huawei]interface GigabitEthernet2/0/0
[Huawei-GigabitEthernet2/0/0]ip address 192.1.6.1 24
[Huawei-GigabitEthernet2/0/0]quit
[Huawei]ospf 4
[Huawei-ospf-4]area 1
[Huawei-ospf-4-area-0.0.0.1]network 192.1.1.0 0.0.0.255
[Huawei-ospf-4-area-0.0.0.1]network 192.1.4.0 0.0.0.255
[Huawei-ospf-4-area-0.0.0.1]network 192.1.6.0 0.0.0.255
[Huawei-ospf-4-area-0.0.0.1]quit
[Huawei-ospf-4]quit
```

路由器 AR5 和 AR6 命令行接口配置过程与路由器 AR4 相似,这里不再赘述。

5. 命令列表

路由器命令行接口配置过程中使用的命令格式、功能和参数说明见表 6.1。

表 6.1　命令列表

命 令 格 式	功能和参数说明
interface tunnel *interface-number*	创建编号为 *interface-number* 的隧道接口,并进入隧道接口视图。编号格式为"槽位号/卡号/端口号",槽位号和卡号的取值与设备有关,端口号的取值范围是 0～255
tunnel-protocol〔 **gre** ｜ **ipsec** ｜ **ipv6-ipv4** ｜ **ipv4-ipv6** 〕	指定隧道接口使用的隧道协议,隧道协议可以是 gre、ipsec、ipv6-ipv4 和 ipv4-ipv6 等
source *interface-type interface-number*	指定作为隧道源端的接口,参数 *interface-type* 是接口类型,参数 *interface-number* 是接口编号,接口类型和接口编号一起指定接口
destination *dest-ip-address*	指定隧道目的端的 IP 地址。参数 *dest-ip-address* 是目的端的 IP 地址
keepalive〔 **period** *period*〔 **retry-times** *retry-times*〕〕	启动隧道两端之间保持连接的功能。参数 *period* 指定发送存活报文的周期,默认值是 5 秒。参数 *retry-times* 用于指定发送失败的存活报文上限,默认值是 3
display tunnel-info〔 **tunnel-id** *tunnel-id* ｜ **all** 〕	显示隧道信息,参数 *tunnel-id* 是隧道标识符。all 表明显示所有隧道的信息

6.2　IPSec VPN 手工方式实验

6.2.1　实验内容

IPSec VPN 结构如图 6.14 所示,建立路由器 R1、R2 和 R3 连接公共网络的接口之间的 IPSec 隧道,内部网络各个子网之间传输的 IP 分组封装成以内部网络私有 IP 地址为源和目的 IP 地址的 IP 分组,该 IP 分组经过 IPSec 隧道传输时,作为封装安全载荷(Encapsulating Security Payload,ESP)报文的净荷。根据建立 IPSec 隧道两端之间的安全关联时约定的加密和鉴别算法,完成 ESP 报文的加密过程和消息鉴别码(Message Authentication Code,MAC)的计算过程。手工方式是指通过手工配置建立 IPSec 隧道两端之间的安全关联,并手工配置该安全关联相关的参数。

内部网络中的各个子网对于完全属于公共网络的路由器 R4、R5 和 R6 是透明的,因此,在成功建立如图 6.14(b)所示的 IPSec 隧道及 IPSec 隧道两端之间的 IPSec 安全关联前,内部网络各个子网之间是无法正常通信的。

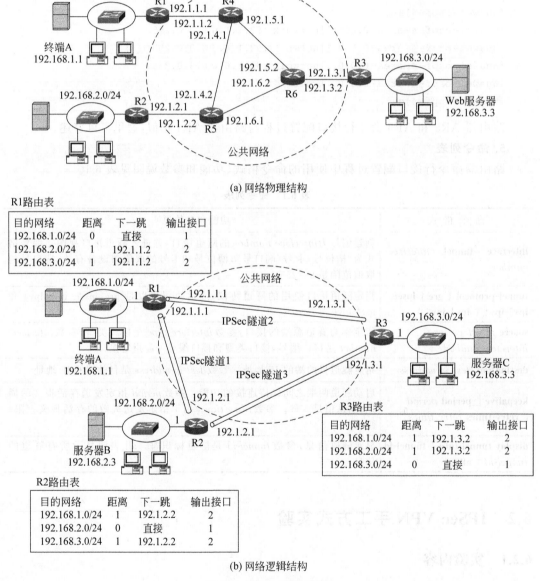

图 6.14 IPSec VPN 结构

6.2.2　实验目的

（1）验证 IPSec VPN 的工作机制。

（2）掌握 IPSec 参数配置过程。

（3）验证 IPSec 安全关联建立过程。

（4）验证 ESP 报文的封装过程。

（5）验证基于 IPSec VPN 的数据传输过程。

6.2.3　实验原理

1. 手工建立 IPSec 隧道两端之间的安全关联

对应路由器 R1、R2 和 R3 连接公共网络的接口，通过手工配置建立两两之间的安全关联，并手工配置安全关联相关的参数，如指定安全协议 ESP、ESP 报文加密算法、ESP 报文鉴别算法和完成 ESP 报文加密及 ESP 报文 MAC 计算时使用的密钥等。

2. 指定通过 IPSec 隧道传输的信息流

通过分类规则，指定经过 IPSec 隧道传输的是内部网络各个子网之间传输的 IP 分组，即源和目的 IP 地址为内部网络私有 IP 地址的 IP 分组。

3. 配置静态路由项

在路由器 R1、R2 和 R3 中配置静态路由项，静态路由项将目的网络是这些路由器非直接连接的内部网络子网的 IP 分组转发给这些路由器公共网络上的下一跳，路由器 R1、R2 和 R3 公共网络上的下一跳分别是路由器 R4、R5 和 R6。这样做的目的是使得路由器 R1、R2 和 R3 连接公共网络的接口成为内部网络各个子网间传输的 IP 分组的输出接口。

4. 路由器 R1、R2 和 R3 连接公共网络的接口配置 IPSec 策略

在路由器 R1、R2 和 R3 连接公共网络的接口配置 IPSec 策略，IPSec 策略要求将所有内部网络各个子网间传输的 IP 分组封装成 ESP 报文隧道模式，隧道模式外层 IP 首部中的源和目的 IP 地址分别是 IPSec 隧道两端的全球 IP 地址。内部网络各个子网间传输的 IP 分组作为 ESP 报文的净荷，根据手工配置的 IPSec 隧道两端之间安全关联的相关参数，完成 ESP 报文加密和 MAC 计算过程。

6.2.4　关键命令说明

1. 配置 IPSec 安全提议

IPSec 安全提议是指建立 IPSec 安全关联时，双方通过协商取得一致的安全协议、加密算法、鉴别算法和封装模式等。

```
[Huawei]ipsec proposal r1
[Huawei-ipsec-proposal-r1]esp authentication-algorithm sha2-256
[Huawei-ipsec-proposal-r1]esp encryption-algorithm aes-128
[Huawei-ipsec-proposal-r1]quit
```

ipsec proposal r1 是系统视图下使用的命令，该命令的作用是创建名为 r1 的 IPSec 安全提议，并进入 IPSec 安全提议视图。

esp authentication-algorithm sha2-256 是 IPSec 安全提议视图下使用的命令，该命令的

作用是指定 sha2-256 作为 ESP 使用的鉴别算法。

esp encryption-algorithm aes-128 是 IPSec 安全提议视图下使用的命令,该命令的作用是指定 aes-128 作为 ESP 使用的加密算法。

需要说明的是,默认状态下指定的安全协议是 ESP,封装模式是隧道模式。

2. 配置 IPSec 安全策略

IPSec 安全策略是指建立 IPSec 安全关联时需要使用的信息,如 IPSec 安全关联相关的 IPSec 安全提议、需要安全保护的信息流的分类规则、IPSec 安全关联两端的 IP 地址、IPSec 安全关联输入输出方向的 SPI、安全协议使用的密钥等。

```
[Huawei]ipsec policy r1 10 manual
[Huawei-ipsec-policy-manual-r1-10]security acl 3000
[Huawei-ipsec-policy-manual-r1-10]proposal r1
[Huawei-ipsec-policy-manual-r1-10]tunnel remote 192.1.2.1
[Huawei-ipsec-policy-manual-r1-10]tunnel local 192.1.1.1
[Huawei-ipsec-policy-manual-r1-10]sa spi outbound esp 10000
[Huawei-ipsec-policy-manual-r1-10]sa spi inbound esp 20000
[Huawei-ipsec-policy-manual-r1-10]sa string-key outbound esp cipher 12345678
[Huawei-ipsec-policy-manual-r1-10]sa string-key inbound esp cipher 12345678
[Huawei-ipsec-policy-manual-r1-10]quit
```

ipsec policy r1 10 manual 是系统视图下使用的命令,该命令的作用是创建名为 r1 的手工(manual)方式的 IPSec 安全策略,并进入 IPSec 安全策略视图。10 是 IPSec 安全策略序号。允许定义多个名称相同,但序号不同的安全策略。

security acl 3000 是 IPSec 安全策略视图下使用的命令,该命令的作用是指定编号为 3000 的 ACL 作为 IPSec 安全策略引用的 ACL。编号为 3000 的 ACL 用于分类需要实施 IPSec 安全保护的信息流。

proposal r1 是 IPSec 安全策略视图下使用的命令,该命令的作用是指定名为 r1 的安全提议作为 IPSec 安全策略引用的安全提议。安全提议用于指定 IPSec 使用的安全协议、封装模式、安全协议使用的加密算法和鉴别算法等。

tunnel remote 192.1.2.1 是 IPSec 安全策略视图下使用的命令,该命令的作用是指定 192.1.2.1 作为 IPSec 隧道对端的 IP 地址。

tunnel local 192.1.1.1 是 IPSec 安全策略视图下使用的命令,该命令的作用是指定 192.1.1.1 作为 IPSec 隧道本端的 IP 地址。

sa spi outbound esp 10000 是 IPSec 安全策略视图下使用的命令,该命令的作用是指定 10000 作为安全关联输出方向的安全参数索引(Security Parameters Index,SPI)。

sa spi inbound esp 20000 是 IPSec 安全策略视图下使用的命令,该命令的作用是指定 20000 作为安全关联输入方向的 SPI。

sa string-key outbound esp cipher 12345678 是 IPSec 安全策略视图下使用的命令,该命令的作用是指定字符串 12345678 作为安全关联输出方向的鉴别密钥。

sa string-key inbound esp cipher 12345678 是 IPSec 安全策略视图下使用的命令,该命令的作用是指定字符串 12345678 作为安全关联输入方向的鉴别密钥。

3. 应用 IPSec 安全策略

```
[Huawei]interface GigabitEthernet0/0/1
[Huawei-GigabitEthernet0/0/1]ipsec policy r1
[Huawei-GigabitEthernet0/0/1]quit
```

ipsec policy r1 是接口视图下使用的命令,该命令的作用是在当前接口(这里是接口 GigabitEthernet0/0/1)中应用名为 r1 的 IPSec 安全策略。

6.2.5　实验步骤

(1) 启动 eNSP,按照如图 6.14(a)所示的网络结构放置和连接设备。完成设备放置和连接后的 eNSP 界面如图 6.15 所示。启动所有设备。

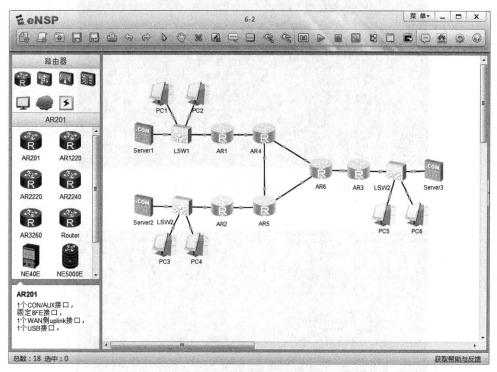

图 6.15　完成设备放置和连接后的 eNSP 界面

(2) 配置所有路由器各个接口的 IP 地址和子网掩码,路由器 AR1、AR2 和 AR3 中分别存在连接内部网络子网的接口和连接公共网络的接口。完成各个路由器 RIP 配置过程,每个路由器通过 RIP 建立用于指明通往公共网络中各个子网的传输路径的动态路由项。在路由器 AR1、AR2 和 AR3 中配置用于指明通往内部网络中各个子网的传输路径的静态路由项,其目的是指定内部网络各子网间传输的 IP 分组的输出接口。路由器 AR1、AR2 和 AR3 的完整路由表如图 6.16～图 6.18 所示。这些路由表中包含两种类型的路由项:一种是用于指明通往内部网络中各个子网的传输路径的路由项;另一种是用于指明通往公共网络中各个子网的传输路径的路由项。路由器 AR4 的完整路由表如图 6.19 所示,路由表中只包含用于指明通往公共网络中各个子网的传输路径的路由项。

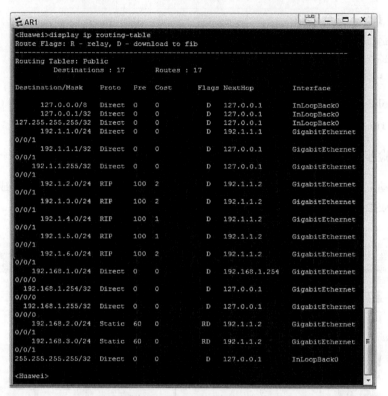

```
E AR1                                                          _  □  X
<Huawei>display ip routing-table
Route Flags: R - relay, D - download to fib
------------------------------------------------------------------------
Routing Tables: Public
        Destinations : 17        Routes : 17

Destination/Mask      Proto   Pre  Cost      Flags NextHop        Interface

      127.0.0.0/8     Direct  0    0          D    127.0.0.1      InLoopBack0
      127.0.0.1/32    Direct  0    0          D    127.0.0.1      InLoopBack0
127.255.255.255/32    Direct  0    0          D    127.0.0.1      InLoopBack0
      192.1.1.0/24    Direct  0    0          D    192.1.1.1      GigabitEthernet
0/0/1
      192.1.1.1/32    Direct  0    0          D    127.0.0.1      GigabitEthernet
0/0/1
      192.1.1.255/32  Direct  0    0          D    127.0.0.1      GigabitEthernet
0/0/1
      192.1.2.0/24    RIP     100  2          D    192.1.1.2      GigabitEthernet
0/0/1
      192.1.3.0/24    RIP     100  2          D    192.1.1.2      GigabitEthernet
0/0/1
      192.1.4.0/24    RIP     100  1          D    192.1.1.2      GigabitEthernet
0/0/1
      192.1.5.0/24    RIP     100  1          D    192.1.1.2      GigabitEthernet
0/0/1
      192.1.6.0/24    RIP     100  2          D    192.1.1.2      GigabitEthernet
0/0/1
     192.168.1.0/24   Direct  0    0          D    192.168.1.254  GigabitEthernet
0/0/0
     192.168.1.254/32 Direct  0    0          D    127.0.0.1      GigabitEthernet
0/0/0
     192.168.1.255/32 Direct  0    0          D    127.0.0.1      GigabitEthernet
0/0/0
     192.168.2.0/24   Static  60   0          RD   192.1.1.2      GigabitEthernet
0/0/1
     192.168.3.0/24   Static  60   0          RD   192.1.1.2      GigabitEthernet
0/0/1
255.255.255.255/32    Direct  0    0          D    127.0.0.1      InLoopBack0

<Huawei>
```

图 6.16　路由器 AR1 的完整路由表(二)

```
E AR2                                                          _  □  X
<Huawei>display ip routing-table
Route Flags: R - relay, D - download to fib
------------------------------------------------------------------------
Routing Tables: Public
        Destinations : 17        Routes : 17

Destination/Mask      Proto   Pre  Cost      Flags NextHop        Interface

      127.0.0.0/8     Direct  0    0          D    127.0.0.1      InLoopBack0
      127.0.0.1/32    Direct  0    0          D    127.0.0.1      InLoopBack0
127.255.255.255/32    Direct  0    0          D    127.0.0.1      InLoopBack0
      192.1.1.0/24    RIP     100  2          D    192.1.2.2      GigabitEthernet
0/0/1
      192.1.2.0/24    Direct  0    0          D    192.1.2.1      GigabitEthernet
0/0/1
      192.1.2.1/32    Direct  0    0          D    127.0.0.1      GigabitEthernet
0/0/1
      192.1.2.255/32  Direct  0    0          D    127.0.0.1      GigabitEthernet
0/0/1
      192.1.3.0/24    RIP     100  2          D    192.1.2.2      GigabitEthernet
0/0/1
      192.1.4.0/24    RIP     100  1          D    192.1.2.2      GigabitEthernet
0/0/1
      192.1.5.0/24    RIP     100  2          D    192.1.2.2      GigabitEthernet
0/0/1
      192.1.6.0/24    RIP     100  1          D    192.1.2.2      GigabitEthernet
0/0/1
     192.168.1.0/24   Static  60   0          RD   192.1.2.2      GigabitEthernet
0/0/1
     192.168.2.0/24   Direct  0    0          D    192.168.2.254  GigabitEthernet
0/0/0
     192.168.2.254/32 Direct  0    0          D    127.0.0.1      GigabitEthernet
0/0/0
     192.168.2.255/32 Direct  0    0          D    127.0.0.1      GigabitEthernet
0/0/0
     192.168.3.0/24   Static  60   0          RD   192.1.2.2      GigabitEthernet
0/0/1
255.255.255.255/32    Direct  0    0          D    127.0.0.1      InLoopBack0

<Huawei>
```

图 6.17　路由器 AR2 的完整路由表(二)

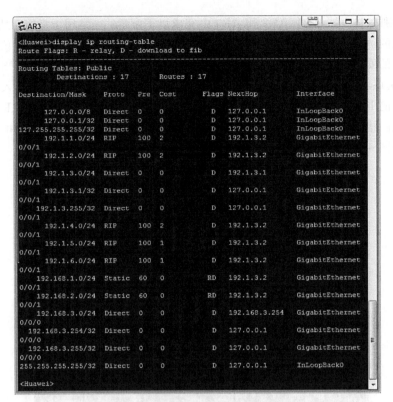

图 6.18 路由器 AR3 的完整路由表(二)

图 6.19 路由器 AR4 的完整路由表

（3）分别在路由器 AR1、AR2 和 AR3 中完成以下配置：一是用于指定需要受 IPSec 保护的信息流的 ACL；二是用于指定 IPSec 使用的安全协议、封装模式，安全协议使用的加密和鉴别算法的安全提议；三是用于指定 IPSec 隧道两端的 IP 地址、需要受 IPSec 保护的信息流、安全关联引用的安全提议、安全关联输入输出方向的 SPI、安全关联输入输出方向的鉴别密钥等的 IPSec 安全策略；四是将 IPSec 安全策略作用到路由器 AR1、AR2 和 AR3 连接公共网络的接口。安全提议相关信息如图 6.20 所示。路由器 AR1、AR2 和 AR3 配置的安全策略如图 6.20～图 6.25 所示。

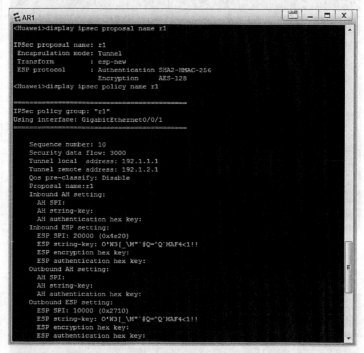

图 6.20　路由器 AR1 配置的安全提议和安全策略(一)

图 6.21　路由器 AR1 配置的安全提议和安全策略(二)

图 6.22 路由器 AR2 配置的安全策略(一)

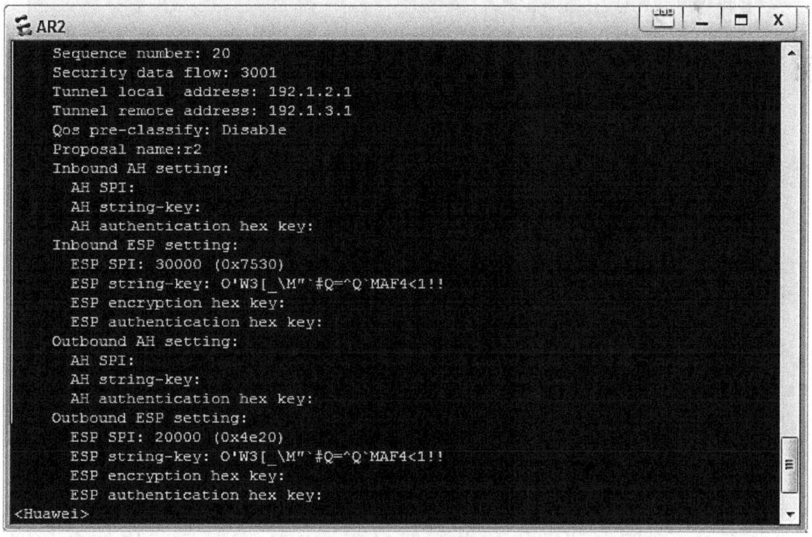

图 6.23 路由器 AR2 配置的安全策略(二)

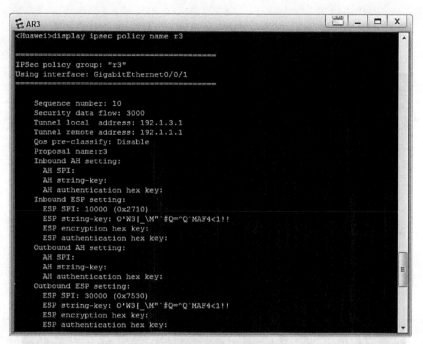

图 6.24 路由器 AR3 配置的安全策略(一)

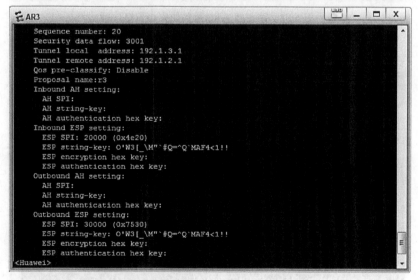

图 6.25 路由器 AR3 配置的安全策略(二)

（4）完成各个 PC 和服务器网络信息配置过程。PC1 配置的网络信息如图 6.26 所示。验证内部网络各个子网之间的通信过程，PC1 与 PC3 和 PC5 之间的通信过程如图 6.27 所示。

图 6.26　PC1 配置的网络信息(二)

```
PC>ping 192.168.2.1

Ping 192.168.2.1: 32 data bytes, Press Ctrl_C to break
Request timeout!
From 192.168.2.1: bytes=32 seq=2 ttl=127 time=78 ms
From 192.168.2.1: bytes=32 seq=3 ttl=127 time=94 ms
From 192.168.2.1: bytes=32 seq=4 ttl=127 time=78 ms
From 192.168.2.1: bytes=32 seq=5 ttl=127 time=78 ms

--- 192.168.2.1 ping statistics ---
  5 packet(s) transmitted
  4 packet(s) received
  20.00% packet loss
  round-trip min/avg/max = 0/82/94 ms

PC>ping 192.168.3.1

Ping 192.168.3.1: 32 data bytes, Press Ctrl_C to break
Request timeout!
From 192.168.3.1: bytes=32 seq=2 ttl=127 time=110 ms
From 192.168.3.1: bytes=32 seq=3 ttl=127 time=109 ms
From 192.168.3.1: bytes=32 seq=4 ttl=127 time=93 ms
From 192.168.3.1: bytes=32 seq=5 ttl=127 time=109 ms

--- 192.168.3.1 ping statistics ---
  5 packet(s) transmitted
  4 packet(s) received
  20.00% packet loss
  round-trip min/avg/max = 0/105/110 ms

PC>
```

图 6.27　PC1 与 PC3 和 PC5 之间的通信过程(一)

(5) 为了验证内部网络各个子网间传输的 IP 分组经过 IPSec 隧道传输时的封装格式,分别启动路由器 AR1 连接内部网络的接口和路由器 AR4 连接 AR1 的接口的报文捕获功能。PC1 至 PC3 IP 分组传输过程中,路由器 AR1 连接内部网络的接口捕获的报文序列如

图 6.28 所示,IP 分组的源 IP 地址是 PC1 的私有 IP 地址 192.168.1.1,目的 IP 地址是 PC3 的私有 IP 地址 192.168.2.1。路由器 AR4 连接 AR1 的接口捕获的报文序列如图 6.29 所示,PC1 至 PC3 IP 分组作为 ESP 报文的净荷,ESP 报文封装成以全球 IP 地址 192.1.1.1 为源 IP 地址、以全球 IP 地址 192.1.2.1 为目的 IP 地址的隧道模式。PC1 至 PC5 IP 分组传输过程中,路由器 AR1 连接内部网络的接口捕获的报文序列如图 6.30 所示,IP 分组的源 IP 地址是 PC1 的私有 IP 地址 192.168.1.1、目的 IP 地址是 PC5 的私有 IP 地址 192.168.3.1。路由器 AR4 连接 AR1 的接口捕获的报文序列如图 6.31 所示,PC1 至 PC5 IP 分组作为 ESP 报文的净荷,ESP 报文封装成以全球 IP 地址 192.1.1.1 为源 IP 地址、以全球 IP 地址 192.1.3.1 为目的 IP 地址的隧道模式。

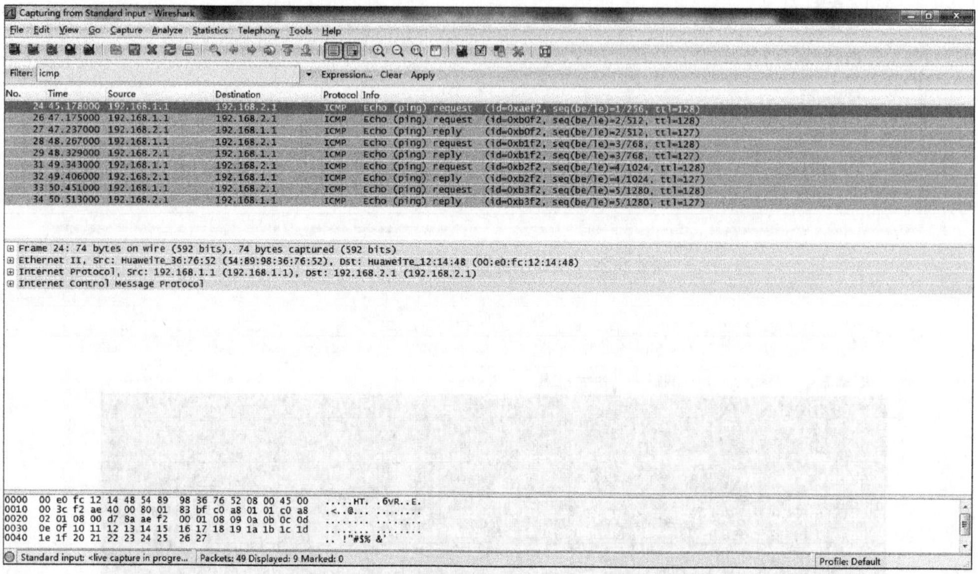

图 6.28　路由器 AR1 连接内部网络的接口捕获的报文序列(一)

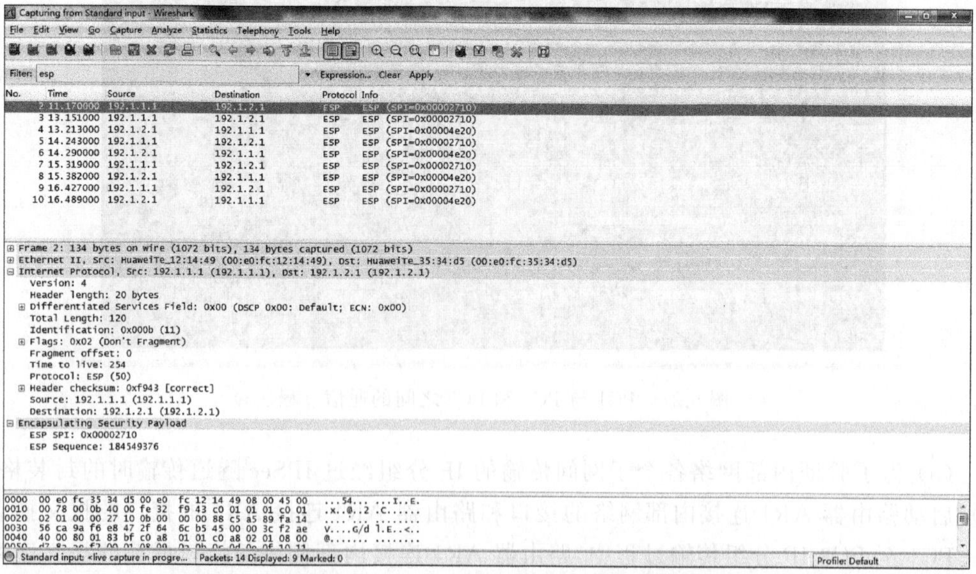

图 6.29　路由器 AR4 连接 AR1 的接口捕获的报文序列(一)

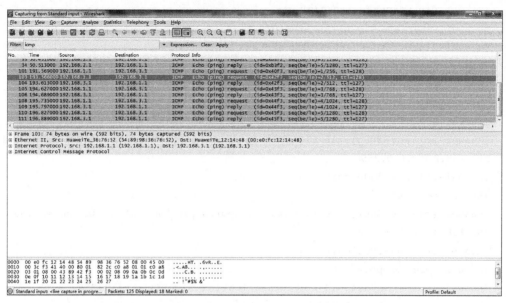

图 6.30　路由器 AR1 连接内部网络的接口捕获的报文序列(二)

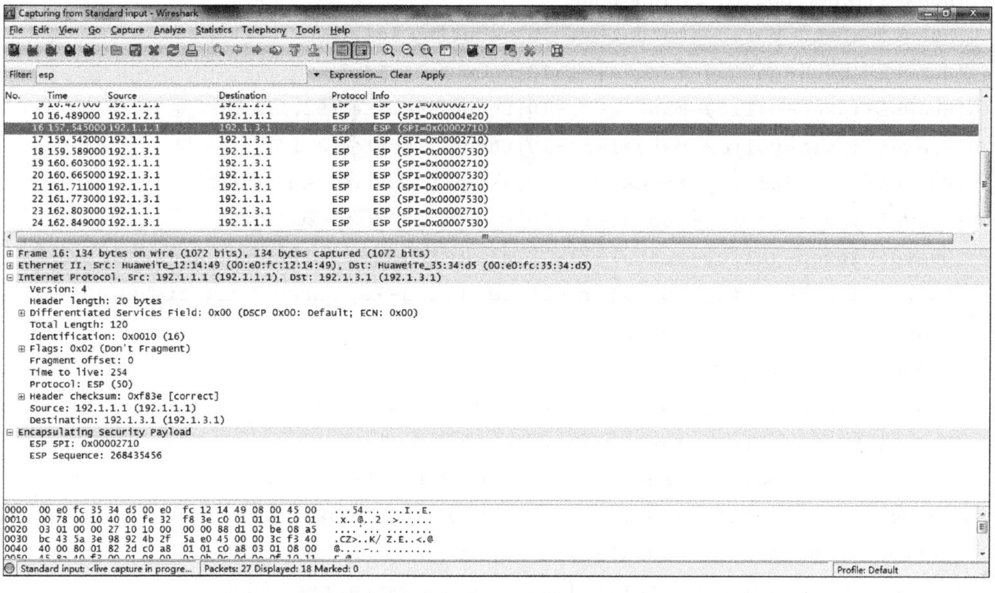

图 6.31　路由器 AR4 连接 AR1 的接口捕获的报文序列(二)

6.2.6　命令行接口配置过程

1. 路由器 AR1 命令行接口配置过程

```
<Huawei>system-view
[Huawei]undo info-center enable
[Huawei]interface GigabitEthernet0/0/0
[Huawei-GigabitEthernet0/0/0]ip address 192.168.1.254 24
```

```
[Huawei-GigabitEthernet0/0/0]quit
[Huawei]interface GigabitEthernet0/0/1
[Huawei-GigabitEthernet0/0/1]ip address 192.1.1.1 24
[Huawei-GigabitEthernet0/0/1]quit
[Huawei]ip route-static 192.168.2.0 24 192.1.1.2
[Huawei]ip route-static 192.168.3.0 24 192.1.1.2
[Huawei]acl 3000
[Huawei-acl-adv-3000]rule 10 permit ip source 192.168.1.0 0.0.0.255 destination
192.168.2.0 0.0.0.255
[Huawei-acl-adv-3000]quit
[Huawei]acl 3001
[Huawei-acl-adv-3001]rule 10 permit ip source 192.168.1.0 0.0.0.255 destination
192.168.3.0 0.0.0.255
[Huawei-acl-adv-3001]quit
[Huawei]ipsec proposal r1
[Huawei-ipsec-proposal-r1]esp authentication-algorithm sha2-256
[Huawei-ipsec-proposal-r1]esp encryption-algorithm aes-128
[Huawei-ipsec-proposal-r1]quit
[Huawei]ipsec policy r1 10 manual
[Huawei-ipsec-policy-manual-r1-10]security acl 3000
[Huawei-ipsec-policy-manual-r1-10]proposal r1
[Huawei-ipsec-policy-manual-r1-10]tunnel remote 192.1.2.1
[Huawei-ipsec-policy-manual-r1-10]tunnel local 192.1.1.1
[Huawei-ipsec-policy-manual-r1-10]sa spi outbound esp 10000
[Huawei-ipsec-policy-manual-r1-10]sa spi inbound esp 20000
[Huawei-ipsec-policy-manual-r1-10]sa string-key outbound esp cipher 12345678
[Huawei-ipsec-policy-manual-r1-10]sa string-key inbound esp cipher 12345678
[Huawei-ipsec-policy-manual-r1-10]quit
[Huawei]ipsec policy r1 20 manual
[Huawei-ipsec-policy-manual-r1-20]security acl 3001
[Huawei-ipsec-policy-manual-r1-20]proposal r1
[Huawei-ipsec-policy-manual-r1-20]tunnel remote 192.1.3.1
[Huawei-ipsec-policy-manual-r1-20]tunnel local 192.1.1.1
[Huawei-ipsec-policy-manual-r1-20]sa spi outbound esp 10000
[Huawei-ipsec-policy-manual-r1-20]sa spi inbound esp 30000
[Huawei-ipsec-policy-manual-r1-20]sa string-key outbound esp cipher 12345678
[Huawei-ipsec-policy-manual-r1-20]sa string-key inbound esp cipher 12345678
[Huawei-ipsec-policy-manual-r1-20]quit
[Huawei]interface GigabitEthernet0/0/1
[Huawei-GigabitEthernet0/0/1]ipsec policy r1
[Huawei-GigabitEthernet0/0/1]quit
[Huawei]rip 1
[Huawei-rip-1]network 192.1.1.0
[Huawei-rip-1]quit
```

2. 路由器 AR2 命令行接口配置过程

```
<Huawei>system-view
[Huawei]undo info-center enable
[Huawei]interface GigabitEthernet0/0/0
[Huawei-GigabitEthernet0/0/0]ip address 192.168.2.254 24
[Huawei-GigabitEthernet0/0/0]quit
[Huawei]interface GigabitEthernet0/0/1
[Huawei-GigabitEthernet0/0/1]ip address 192.1.2.1 24
[Huawei-GigabitEthernet0/0/1]quit
[Huawei]ip route-static 192.168.1.0 24 192.1.2.2
[Huawei]ip route-static 192.168.3.0 24 192.1.2.2
[Huawei]acl 3000
[Huawei-acl-adv-3000]rule 10 permit ip source 192.168.2.0 0.0.0.255 destination
192.168.1.0 0.0.0.255
[Huawei-acl-adv-3000]quit
[Huawei]acl 3001
[Huawei-acl-adv-3001]rule 10 permit ip source 192.168.2.0 0.0.0.255 destination
192.168.3.0 0.0.0.255
[Huawei-acl-adv-3001]quit
[Huawei]ipsec proposal r2
[Huawei-ipsec-proposal-r2]esp authentication-algorithm sha2-256
[Huawei-ipsec-proposal-r2]esp encryption-algorithm aes-128
[Huawei-ipsec-proposal-r2]quit
[Huawei]ipsec policy r2 10 manual
[Huawei-ipsec-policy-manual-r2-10]security acl 3000
[Huawei-ipsec-policy-manual-r2-10]proposal r2
[Huawei-ipsec-policy-manual-r2-10]tunnel remote 192.1.1.1
[Huawei-ipsec-policy-manual-r2-10]tunnel local 192.1.2.1
[Huawei-ipsec-policy-manual-r2-10]sa spi outbound esp 20000
[Huawei-ipsec-policy-manual-r2-10]sa spi inbound esp 10000
[Huawei-ipsec-policy-manual-r2-10]sa string-key outbound esp cipher 12345678
[Huawei-ipsec-policy-manual-r2-10]sa string-key inbound esp cipher 12345678
[Huawei-ipsec-policy-manual-r2-10]quit
[Huawei]ipsec policy r2 20 manual
[Huawei-ipsec-policy-manual-r2-20]security acl 3001
[Huawei-ipsec-policy-manual-r2-20]proposal r2
[Huawei-ipsec-policy-manual-r2-20]tunnel remote 192.1.3.1
[Huawei-ipsec-policy-manual-r2-20]tunnel local 192.1.2.1
[Huawei-ipsec-policy-manual-r2-20]sa spi outbound esp 20000
[Huawei-ipsec-policy-manual-r2-20]sa spi inbound esp 30000
[Huawei-ipsec-policy-manual-r2-20]sa string-key outbound esp cipher 12345678
[Huawei-ipsec-policy-manual-r2-20]sa string-key inbound esp cipher 12345678
[Huawei-ipsec-policy-manual-r2-20]quit
[Huawei]interface GigabitEthernet0/0/1
[Huawei-GigabitEthernet0/0/1]ipsec policy r2
```

```
[Huawei-GigabitEthernet0/0/1]quit
[Huawei]rip 2
[Huawei-rip-2]network 192.1.2.0
[Huawei-rip-2]quit
```

3. 路由器 AR3 命令行接口配置过程

```
<Huawei>system-view
[Huawei]undo info-center enable
[Huawei]interface GigabitEthernet0/0/0
[Huawei-GigabitEthernet0/0/0]ip address 192.168.3.254 24
[Huawei-GigabitEthernet0/0/0]quit
[Huawei]interface GigabitEthernet0/0/1
[Huawei-GigabitEthernet0/0/1]ip address 192.1.3.1 24
[Huawei-GigabitEthernet0/0/1]quit
[Huawei]ip route-static 192.168.1.0 24 192.1.3.2
[Huawei]ip route-static 192.168.2.0 24 192.1.3.2
[Huawei]acl 3000
[Huawei-acl-adv-3000]rule 10 permit ip source 192.168.3.0 0.0.0.255 destination
192.168.1.0 0.0.0.255
[Huawei-acl-adv-3000]quit
[Huawei]acl 3001
[Huawei-acl-adv-3001]rule 10 permit ip source 192.168.3.0 0.0.0.255 destination
192.168.2.0 0.0.0.255
[Huawei-acl-adv-3001]quit
[Huawei]ipsec proposal r3
[Huawei-ipsec-proposal-r3]esp authentication-algorithm sha2-256
[Huawei-ipsec-proposal-r3]esp encryption-algorithm aes-128
[Huawei-ipsec-proposal-r3]quit
[Huawei]ipsec policy r3 10 manual
[Huawei-ipsec-policy-manual-r3-10]security acl 3000
[Huawei-ipsec-policy-manual-r3-10]proposal r3
[Huawei-ipsec-policy-manual-r3-10]tunnel remote 192.1.1.1
[Huawei-ipsec-policy-manual-r3-10]tunnel local 192.1.3.1
[Huawei-ipsec-policy-manual-r3-10]sa spi outbound esp 30000
[Huawei-ipsec-policy-manual-r3-10]sa spi inbound esp 10000
[Huawei-ipsec-policy-manual-r3-10]sa string-key outbound esp cipher 12345678
[Huawei-ipsec-policy-manual-r3-10]sa string-key inbound esp cipher 12345678
[Huawei-ipsec-policy-manual-r3-10]quit
[Huawei]ipsec policy r3 20 manual
[Huawei-ipsec-policy-manual-r3-20]security acl 3001
[Huawei-ipsec-policy-manual-r3-20]proposal r3
[Huawei-ipsec-policy-manual-r3-20]tunnel remote 192.1.2.1
[Huawei-ipsec-policy-manual-r3-20]tunnel local 192.1.3.1
[Huawei-ipsec-policy-manual-r3-20]sa spi outbound esp 30000
[Huawei-ipsec-policy-manual-r3-20]sa spi inbound esp 20000
[Huawei-ipsec-policy-manual-r3-20]sa string-key outbound esp cipher 12345678
```

```
[Huawei-ipsec-policy-manual-r3-20]sa string-key inbound esp cipher 12345678
[Huawei-ipsec-policy-manual-r3-20]quit
[Huawei]interface GigabitEthernet0/0/1
[Huawei-GigabitEthernet0/0/1]ipsec policy r3
[Huawei-GigabitEthernet0/0/1]quit
[Huawei]rip 3
[Huawei-rip-3]network 192.1.3.0
[Huawei-rip-3]quit
```

4. 路由器 AR4 命令行接口配置过程

```
<Huawei>system-view
[Huawei]undo info-center enable
[Huawei]interface GigabitEthernet0/0/0
[Huawei-GigabitEthernet0/0/0]ip address 192.1.1.2 24
[Huawei-GigabitEthernet0/0/0]quit
[Huawei]interface GigabitEthernet0/0/1
[Huawei-GigabitEthernet0/0/1]ip address 192.1.4.1 24
[Huawei-GigabitEthernet0/0/1]quit
[Huawei]interface GigabitEthernet0/0/2
[Huawei-GigabitEthernet0/0/2]ip address 192.1.5.1 24
[Huawei-GigabitEthernet0/0/2]quit
[Huawei]rip 4
[Huawei-rip-4]network 192.1.1.0
[Huawei-rip-4]network 192.1.4.0
[Huawei-rip-4]network 192.1.5.0
[Huawei-rip-4]quit
[Huawei]quit
```

路由器 AR5 和 AR6 的命令行接口配置过程与路由器 AR4 相似,这里不再赘述。

5. 命令列表

路由器命令行接口配置过程中使用的命令格式、功能和参数说明见表 6.2。

表 6.2 命令列表

命 令 格 式	功能和参数说明
ipsec proposal *proposal-name*	创建 IPSec 安全提议,并进入 IPSec 安全提议视图。参数 *proposal-name* 是 IPSec 安全提议名称
esp authentication-algorithm { **md5** | **sha1** | **sha2-256** | **sha2-384** | **sha2-512** | **sm3** }	指定 ESP 协议使用的鉴别算法,md5、sha1、sha2-256、sha2-384、sha2-512 和 sm3 等是鉴别算法
esp encryption-algorithm { **des** | **3des** | **aes-128** | **aes-192** | **aes-256** | **sm1** | **sm4** }	指定 ESP 协议使用的加密算法,des、3des、aes-128、aes-192、aes-256、sm1 和 sm4 等是加密算法
ipsec policy *policy-name seq-number* [**manual** | **isakmp**]	创建 IPSec 安全策略,并进入 IPSec 安全策略视图。参数 *policy-name* 是 IPSec 安全策略名称,参数 *seq-number* 是 IPSec 安全策略序号,同一名称下,可以定义多个序号不同的安全策略。manual 表明创建一个手工方式的安全策略。isakmp 表明创建一个 isakmp 方式的安全策略

命 令 格 式	功能和参数说明
security acl *acl-number*	指定 IPSec 安全策略所引用的 ACL,参数 *acl-number* 是 ACL 编号
proposal *proposal-name*	指定 IPSec 安全策略所引用的 IPSec 安全提议,参数 *proposal-name* 是 IPSec 安全提议名称
tunnel remote *ip-address*	指定 IPSec 隧道对端的 IP 地址,参数 *ip-address* 是对端 IP 地址
tunnel local *ipv4-address*	指定 IPSec 隧道本端的 IP 地址,参数 *ip-address* 是本端 IP 地址
sa spi 〔 **inbound** │ **outbound** 〕〔 **ah** │ **esp** 〕 *spi-number*	指定 IPSec 安全关联的安全参数索引(SPI),ah 表明是使用 AH 的安全关联,esp 表明是使用 ESP 的安全关联,inbound 表明是输入方向的 SPI,outbound 表明是输出方向的 SPI。参数 *spi-number* 是 SPI
sa string-key 〔 **inbound** │ **outbound** 〕〔 **ah** │ **esp** 〕〔 **simple** │ **cipher** 〕 *string-key*	指定 IPSec 安全关联的鉴别密钥,ah 表明是使用 AH 的安全关联,esp 表明是使用 ESP 的安全关联,inbound 表明是输入方向的鉴别密钥,outbound 表明是输出方向的鉴别密钥。simple 表明以明文方式存储鉴别密钥,cipher 表明以密文方式存储鉴别密钥,参数 *string-key* 是字符串形式的鉴别密钥
ipsec policy *policy-name*	将 IPSec 安全策略应用在当前接口中。参数 *policy-name* 是 IPSec 安全策略名称
encapsulation-mode 〔 **transport** │ **tunnel** 〕	指定 IPSec 报文的封装模式,transport 表示是传输模式,tunnel 表明是隧道模式。默认封装模式是隧道模式
transform 〔 **ah** │ **ah-esp** │ **esp** 〕	指定 IPSec 安全提议使用的协议,ah 表明使用 AH 协议,esp 表明使用 ESP 协议,ah-esp 表明先使用 ESP 协议对报文实施保护,再使用 AH 协议对使用 ESP 协议保护后的报文实施保护。默认使用的协议是 ESP
display ipsec proposal 〔 **brief** │ **name** *proposal-name* 〕	显示 IPSec 安全提议的配置信息,brief 表明查看 IPSec 安全提议的摘要信息,参数 *proposal-name* 是 IPSec 安全提议名称。通过指定 IPSec 安全提议名称显示指定 IPSec 安全提议的配置信息
display ipsec policy 〔 **brief** │ **name** *policy-name* 〔 *seq-number* 〕〕	显示 IPSec 安全策略的配置信息,brief 表明查看 IPSec 安全策略的摘要信息,参数 *policy-name* 是安全策略名称,参数 *seq-number* 是安全策略序号。通过指定 IPSec 安全策略名称显示指定 IPSec 安全策略的配置信息。通过指定 IPSec 安全策略名称和序号显示指定名称和序号的 IPSec 安全策略的配置信息

6.3 IPSec VPN IKE 自动协商方式实验

6.3.1 实验内容

IPSec VPN 结构如图 6.32 所示,建立路由器 R1、R2 和 R3 连接公共网络的接口之间的

IPSec 隧道,内部网络子网之间传输的 IP 分组封装成以内部网络私有 IP 地址为源和目的 IP 地址的 IP 分组,该 IP 分组经过 IPSec 隧道传输时,作为 ESP 报文的净荷。根据建立 IPSec 隧道两端之间的安全关联时约定的加密和鉴别算法,完成 ESP 报文的加密过程和 MAC 计算过程。Internet 密钥交换协议(Internet Key Exchange Protocol,IKE)自动协商 方式是指通过 IKE 自动建立 IPSec 隧道两端之间的安全关联,并在建立 IPSec 安全关联过 程中通过协商确定与 IPSec 安全关联相关的参数。

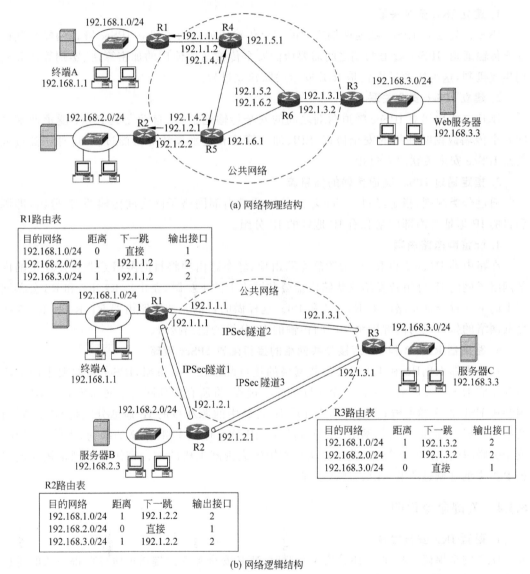

图 6.32 IPSec VPN 结构

6.3.2 实验目的

(1) 验证 IKE 工作机制。
(2) 掌握 IKE 参数配置过程。

（3）区分 IKE 安全关联与 IPSec 安全关联。

（4）验证 IKE 自动建立 IPSec 安全关联的过程。

（5）验证 IPSec VPN 的工作机制。

（6）验证基于 IPSec VPN 的数据传输过程。

6.3.3 实验原理

1. 建立 IKE 安全关联

IKE 首先建立 IPSec 隧道两端之间的安全传输通道。为了建立 IPSec 隧道两端之间的安全传输通道，IPSec 隧道两端之间需要协商安全传输通道使用的加密算法、鉴别算法和密钥生成机制，这种协商过程就是 IKE 安全关联建立过程。

2. 建立 IPSec 安全关联

IKE 在成功建立 IPSec 隧道两端之间的安全传输通道后，自动完成 IPSec 隧道两端之间安全传输数据时使用的安全协议、SPI、加密算法和鉴别算法等协商过程，这种协商过程就是 IPSec 安全关联建立过程。

3. 指定通过 IPSec 隧道传输的信息流

通过分类规则，指定经过 IPSec 隧道传输的是内部网络子网之间传输的 IP 分组，即源和目的 IP 地址为内部网络私有 IP 地址的 IP 分组。

4. 配置静态路由项

在路由器 R1、R2 和 R3 中配置静态路由项，静态路由项将目的网络是非直接连接的内部网络子网的 IP 分组转发给这些路由器公共网络上的下一跳，路由器 R1、R2 和 R3 公共网络上的下一跳分别是路由器 R4、R5 和 R6。这样做的目的是使得路由器 R1、R2 和 R3 连接公共网络的接口成为内部网络子网间传输的 IP 分组的输出接口。

5. 路由器 R1、R2 和 R3 连接公共网络的接口配置 IPSec 策略

在路由器 R1、R2 和 R3 连接公共网络的接口配置 IPSec 策略，IPSec 策略要求由 IKE 自动完成 IPSec 隧道两端之间安全关联的建立过程，将所有内部网络子网间传输的 IP 分组封装成 ESP 报文隧道模式，隧道模式外层 IP 首部中的源和目的 IP 地址分别是 IPSec 隧道两端的全球 IP 地址。内部网络子网间传输的 IP 分组作为 ESP 报文的净荷，由建立 IPSec 安全关联时确定的加密算法、鉴别算法和密钥生成机制生成的加密密钥和鉴别密钥完成对 ESP 报文的加密过程和 MAC 计算过程。

6.3.4 关键命令说明

1. 配置 IKE 安全提议

IKE 安全提议是指建立 IKE 安全关联时，IKE 安全关联两端通过协商取得一致的身份鉴别方法、加密算法、鉴别算法和密钥生成算法等。

```
[Huawei]ike proposal 5
[Huawei-ike-proposal-5]authentication-method pre-share
[Huawei-ike-proposal-5]authentication-algorithm sha1
[Huawei-ike-proposal-5]encryption-algorithm aes-cbc-128
[Huawei-ike-proposal-5]dh group14
```

```
[Huawei-ike-proposal-5]quit
```

　　ike proposal 5 是系统视图下使用的命令,该命令的作用是创建一个优先级值为 5 的 IKE 安全提议,并进入 IKE 安全提议视图。优先级值的范围是 1~99,优先级值越小,优先级越高。

　　authentication-method pre-share 是 IKE 安全提议视图下使用的命令,该命令的作用是指定预共享密钥(pre-share)作为建立 IKE 安全关联时的身份鉴别方法。

　　authentication-algorithm sha1 是 IKE 安全提议视图下使用的命令,该命令的作用是指定 sha1 作为 IKE 安全关联使用的鉴别算法。

　　encryption-algorithm aes-cbc-128 是 IKE 安全提议视图下使用的命令,该命令的作用是指定 aes-cbc-128 作为 IKE 安全关联使用的加密算法。

　　dh group14 是 IKE 安全提议视图下使用的命令,该命令的作用是指定 IKE 用 DH (Diffie-Hellman)协商密钥,并用 group14 作为 DH 协商密钥时使用的 DH 组。

2. 配置 IKE 对等体

　　IKE 对等体是指建立 IKE 安全关联时需要使用的信息,如 IKE 安全关联相关的 IKE 安全提议、用于鉴别身份的预共享密钥、IKE 安全关联对端的 IP 地址等。

```
[Huawei]ike peer r12 v2
[Huawei-ike-peer-r12]ike-proposal 5
[Huawei-ike-peer-r12]pre-shared-key cipher 1234567890
[Huawei-ike-peer-r12]remote-address 192.1.2.1
[Huawei-ike-peer-r1]quit
```

　　ike peer r12 v2 是系统视图下使用的命令,该命令的作用是创建名为 r12 的 IKE 对等体,并进入 IKE 对等体视图。v2 表明该对等体只作用于 IKEv2 安全关联建立过程。

　　ike-proposal 5 是 IKE 对等体视图下使用的命令,该命令的作用是指定优先级值为 5 的 IKE 安全提议作为 IKE 对等体使用的 IKE 安全提议。

　　pre-shared-key cipher 1234567890 是 IKE 对等体视图下使用的命令,该命令的作用是在指定预共享密钥方法作为建立 IKE 安全关联时使用的身份鉴别方法后,将字符串 1234567890 作为 IKE 对等体使用的预共享密钥。

　　remote-address 192.1.2.1 是 IKE 对等体视图下使用的命令,该命令的作用是指定 192.1.2.1 作为建立 IKE 安全关联时的对端 IP 地址。

3. 配置 IPSec 安全策略

　　IPSec 安全策略是指建立 IPSec 安全关联时需要使用的信息,如用于建立 IKE 安全关联的 IKE 对等体、IPSec 安全关联相关的 IPSec 安全提议、需要安全保护的信息流的分类规则等。

```
[Huawei]ipsec policy r1 10 isakmp
[Huawei-ipsec-policy-isakmp-r1-10]ike-peer r12
[Huawei-ipsec-policy-isakmp-r1-10]proposal r1
[Huawei-ipsec-policy-isakmp-r1-10]security acl 3000
[Huawei-ipsec-policy-isakmp-r1-10]quit
```

ipsec policy r1 10 isakmp 是系统视图下使用的命令,该命令的作用是创建名为 r1 的 IKE 自动协商方式(isakmp)的 IPSec 安全策略,并进入 IPSec 安全策略视图。10 是 IPSec 安全策略序号。允许定义多个名称相同,但序号不同的安全策略。

ike-peer r12 是 IPSec 安全策略视图下使用的命令,该命令的作用是指定名为 r12 的 IKE 对等体作为 IPSec 安全策略引用的 IKE 对等体,即通过名为 r12 的 IKE 对等体完成 IKE 安全关联建立过程,并基于该 IKE 安全关联完成 IPSec 安全关联建立过程。

6.3.5 实验步骤

(1) 启动 eNSP,按照如图 6.32(a)所示的网络拓扑结构放置和连接设备。完成设备放置和连接后的 eNSP 界面如图 6.33 所示。启动所有设备。

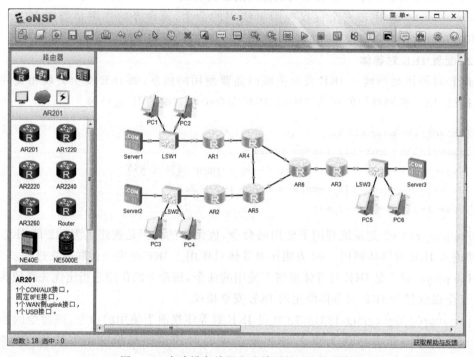

图 6.33 完成设备放置和连接后的 eNSP 界面

(2) 完成所有路由器各个接口的 IP 地址和子网掩码配置过程,路由器 AR1、AR2 和 AR3 中分别存在连接内部网络子网的接口和连接公共网络的接口。完成各个路由器 RIP 配置过程,每个路由器都通过 RIP 建立用于指明通往公共网络中各个子网的传输路径的动态路由项。在路由器 AR1、AR2 和 AR3 中配置用于指明通往内部网络中各个子网的传输路径的静态路由项,其目的是指定内部网络各个子网间传输的 IP 分组的输出接口。

(3) 完成路由器 AR1、AR2 和 AR3 IKE 安全提议和 IPSec 安全提议配置过程。IKE 安全提议在建立 IKE 安全关联时,用于协商 IKE 安全关联两端所使用的身份鉴别方法、加密算法、鉴别算法和密钥生成机制等。IPSec 安全提议在建立 IPSec 安全关联时,用于协商 IPSec 安全关联两端所使用的安全协议、封装模式、加密算法和鉴别算法等。路由器 AR1 配置的 IKE 安全提议如图 6.34 所示。路由器 AR1 配置的 IPSec 安全提议如图 6.35 所示。

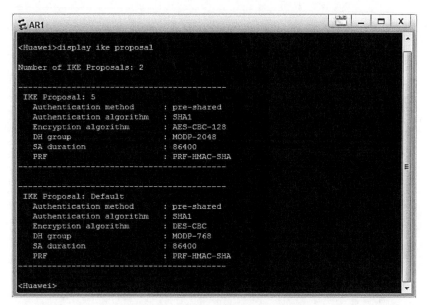

图 6.34　路由器 AR1 配置的 IKE 安全提议

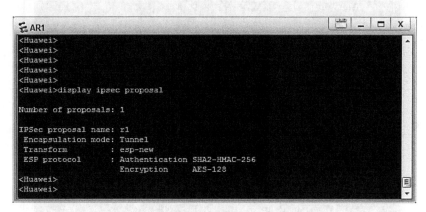

图 6.35　路由器 AR1 配置的 IPSec 安全提议

（4）完成路由器 AR1、AR2 和 AR3 IKE 对等体配置过程，IKE 对等体中给出建立 IKE 安全关联时使用的相关信息，如 IKE 安全关联两端的 IP 地址、用于双方协商的 IKE 安全提议、用于相互鉴别对端身份的预共享密钥等。完成路由器 AR1、AR2 和 AR3 IPSec 安全策略配置过程，IPSec 安全策略中给出建立 IPSec 安全关联时使用的相关信息，如用于建立 IKE 安全关联的 IKE 对等体、用于双方协商的 IPSec 安全提议、用于分类受 IPSec 隧道保护的信息流的 ACL 等。将 IPSec 安全策略作用到路由器 AR1、AR2 和 AR3 连接公共网络的接口。路由器 AR1、AR2 和 AR3 连接公共网络的接口之间自动建立 IKE 安全关联和 IPSec 安全关联。路由器 AR1 建立的 IKE 安全关联如图 6.36 所示，IPSec 安全关联如图 6.37 和图 6.38 所示。路由器 AR2 建立的 IKE 安全关联如图 6.39 所示，IPSec 安全关联如图 6.40 和图 6.41 所示。路由器 AR3 建立的 IKE 安全关联如图 6.42 所示，IPSec 安全关联如图 6.43 和图 6.44 所示。

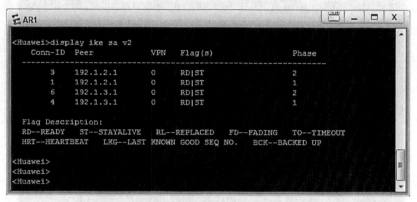

图 6.36 路由器 AR1 建立的 IKE 安全关联

图 6.37 路由器 AR1 建立的 IPSec 安全关联(一)

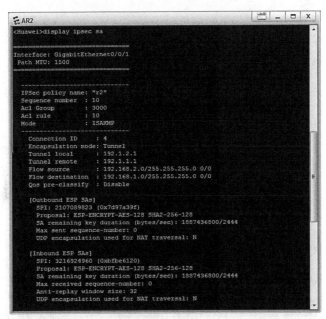

```
IPSec policy name: "r1"
Sequence number : 20
Acl Group       : 3001
Acl rule        : 10
Mode            : ISAKMP
-----------------------------
 Connection ID   : 6
 Encapsulation mode: Tunnel
 Tunnel local    : 192.1.1.1
 Tunnel remote   : 192.1.3.1
 Flow source     : 192.168.1.0/255.255.255.0 0/0
 Flow destination: 192.168.3.0/255.255.255.0 0/0
 Qos pre-classify : Disable

 [Outbound ESP SAs]
  SPI: 953344708 (0x38d2e2c4)
  Proposal: ESP-ENCRYPT-AES-128 SHA2-256-128
  SA remaining key duration (bytes/sec): 1887436800/2861
  Max sent sequence-number: 0
  UDP encapsulation used for NAT traversal: N

 [Inbound ESP SAs]
  SPI: 3039389785 (0xb5296859)
  Proposal: ESP-ENCRYPT-AES-128 SHA2-256-128
  SA remaining key duration (bytes/sec): 1887436800/2861
  Max received sequence-number: 0
  Anti-replay window size: 32
  UDP encapsulation used for NAT traversal: N
<Huawei>
```

图 6.38 路由器 AR1 建立的 IPSec 安全关联(二)

```
<Huawei>display ike sa v2
  Conn-ID  Peer        VPN   Flag(s)            Phase
  ----------------------------------------------------------------
       6   192.1.3.1    0    RD                  2
       5   192.1.3.1    0    RD                  1
       4   192.1.1.1    0    RD                  2
       3   192.1.1.1    0    RD                  1

 Flag Description:
 RD--READY   ST--STAYALIVE   RL--REPLACED   FD--FADING   TO--TIMEOUT
 HRT--HEARTBEAT   LKG--LAST KNOWN GOOD SEQ NO.   BCK--BACKED UP

<Huawei>
<Huawei>
<Huawei>
```

图 6.39 路由器 AR2 建立的 IKE 安全关联

```
<Huawei>display ipsec sa

=============================
Interface: GigabitEthernet0/0/1
Path MTU: 1500
=============================

 -----------------------------
 IPSec policy name: "r2"
 Sequence number : 10
 Acl Group       : 3000
 Acl rule        : 10
 Mode            : ISAKMP
 -----------------------------
  Connection ID   : 4
  Encapsulation mode: Tunnel
  Tunnel local    : 192.1.2.1
  Tunnel remote   : 192.1.1.1
  Flow source     : 192.168.2.0/255.255.255.0 0/0
  Flow destination: 192.168.1.0/255.255.255.0 0/0
  Qos pre-classify : Disable

  [Outbound ESP SAs]
   SPI: 2107089823 (0x7d97a39f)
   Proposal: ESP-ENCRYPT-AES-128 SHA2-256-128
   SA remaining key duration (bytes/sec): 1887436800/2444
   Max sent sequence-number: 0
   UDP encapsulation used for NAT traversal: N

  [Inbound ESP SAs]
   SPI: 3216924960 (0xbfbe6120)
   Proposal: ESP-ENCRYPT-AES-128 SHA2-256-128
   SA remaining key duration (bytes/sec): 1887436800/2444
   Max received sequence-number: 0
   Anti-replay window size: 32
   UDP encapsulation used for NAT traversal: N
```

图 6.40 路由器 AR2 建立的 IPSec 安全关联(一)

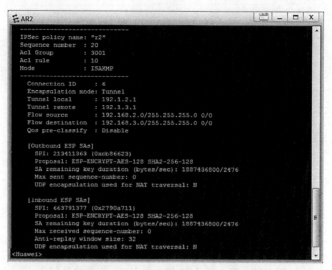

图 6.41 路由器 AR2 建立的 IPSec 安全关联(二)

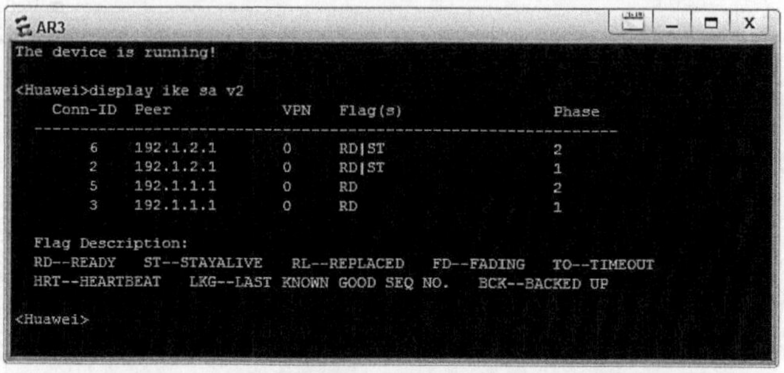

图 6.42 路由器 AR3 建立的 IKE 安全关联

图 6.43 路由器 AR3 建立的 IPSec 安全关联(一)

```
AR3
------------------------------
IPSec policy name: "r3"
Sequence number  : 20
Acl Group        : 3001
Acl rule         : 10
Mode             : ISAKMP
------------------------------
  Connection ID     : 6
  Encapsulation mode: Tunnel
  Tunnel local      : 192.1.3.1
  Tunnel remote     : 192.1.2.1
  Flow source       : 192.168.3.0/255.255.255.0 0/0
  Flow destination  : 192.168.2.0/255.255.255.0 0/0
  Qos pre-classify  : Disable

  [Outbound ESP SAs]
    SPI: 663791377 (0x2790a711)
    Proposal: ESP-ENCRYPT-AES-128 SHA2-256-128
    SA remaining key duration (bytes/sec): 1887436800/2273
    Max sent sequence-number: 0
    UDP encapsulation used for NAT traversal: N

  [Inbound ESP SAs]
    SPI: 213411363 (0xcb86623)
    Proposal: ESP-ENCRYPT-AES-128 SHA2-256-128
    SA remaining key duration (bytes/sec): 1887436800/2273
    Max received sequence-number: 0
    Anti-replay window size: 32
    UDP encapsulation used for NAT traversal: N
<Huawei>
```

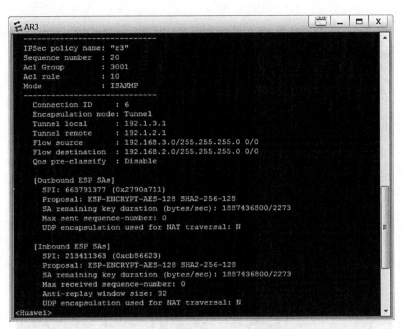

图 6.44　路由器 AR3 建立的 IPSec 安全关联(二)

(5) 完成各个 PC 和服务器网络信息配置过程,PC1 配置的网络信息如图 6.45 所示。成功建立路由器 AR1、AR2 和 AR3 连接公共网络的接口之间的 IPSec 安全关联后,内部网络各个子网之间可以相互通信,PC1 与 PC3 和 PC5 之间的通信过程如图 6.46 所示。

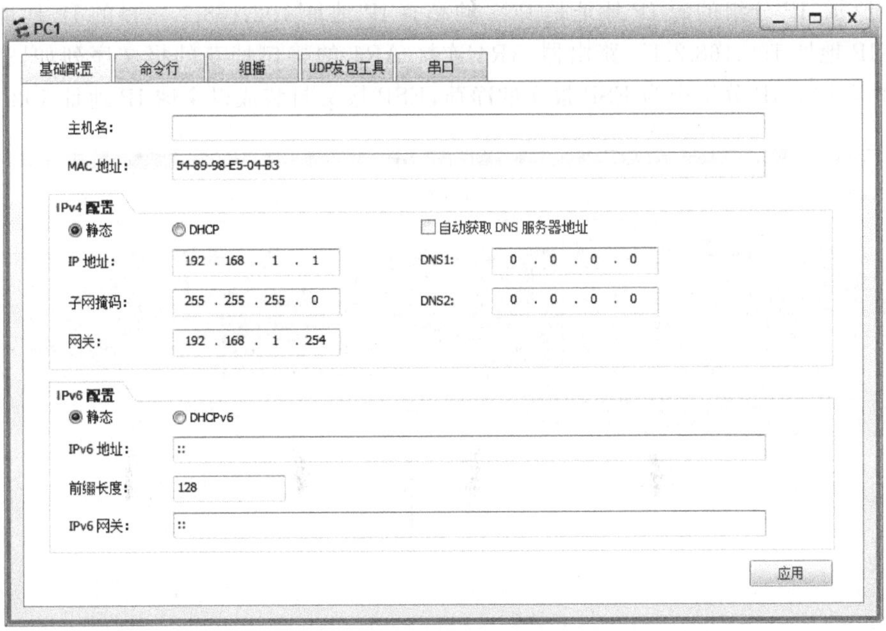

图 6.45　PC1 配置的网络信息

(6) 为了验证内部网络各个子网间传输的 IP 分组经过 IPSec 隧道传输时的封装格式,

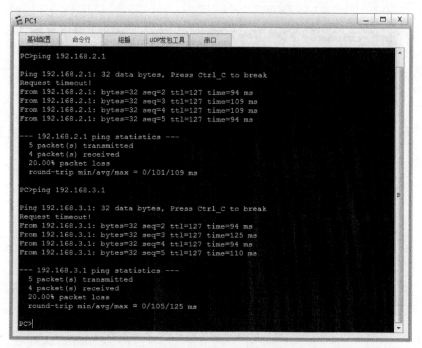

图 6.46   PC1 与 PC3 和 PC5 之间的通信过程(二)

分别启动路由器 AR1 连接内部网络的接口和路由器 AR4 连接 AR1 的接口的报文捕获功能。PC1 至 PC3 IP 分组传输过程中,路由器 AR1 连接内部网络的接口捕获的报文序列如图 6.47 所示,IP 分组的源 IP 地址是 PC1 的私有 IP 地址 192.168.1.1,目的 IP 地址是 PC3 的私有 IP 地址 192.168.2.1。路由器 AR4 连接 AR1 的接口捕获的报文序列如图 6.48 所示,PC1 至 PC3 IP 分组作为 ESP 报文的净荷,ESP 报文封装成以全球 IP 地址 192.1.1.1 为

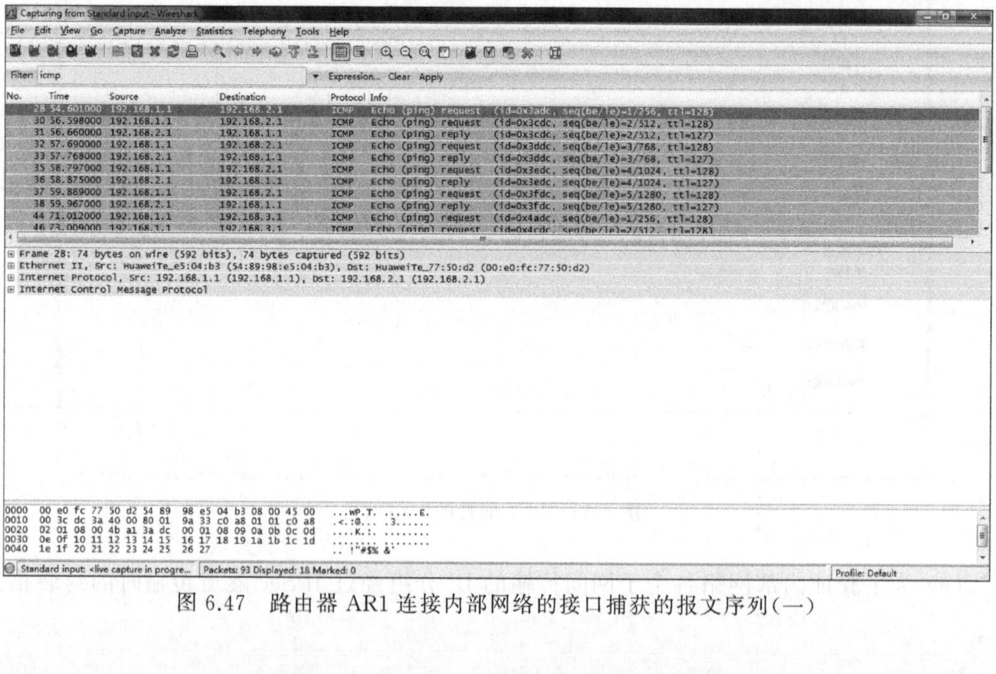

图 6.47   路由器 AR1 连接内部网络的接口捕获的报文序列(一)

源 IP 地址、以全球 IP 地址 192.1.2.1 为目的 IP 地址的隧道模式。PC1 至 PC5 IP 分组传输过程中。路由器 AR1 连接内部网络的接口捕获的报文序列如图 6.49 所示,IP 分组的源 IP 地址是 PC1 的私有 IP 地址 192.168.1.1、目的 IP 地址是 PC5 的私有 IP 地址 192.168.3.1。路由器 AR4 连接 AR1 的接口捕获的报文序列如图 6.50 所示,PC1 至 PC5 IP 分组作为 ESP 报文的净荷,ESP 报文封装成以全球 IP 地址 192.1.1.1 为源 IP 地址、以全球 IP 地址 192.1.3.1 为目的 IP 地址的隧道模式。

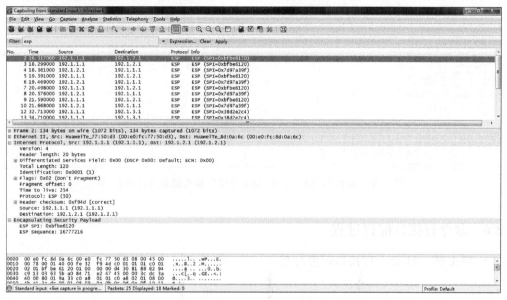

图 6.48　路由器 AR4 连接 AR1 的接口捕获的报文序列(一)

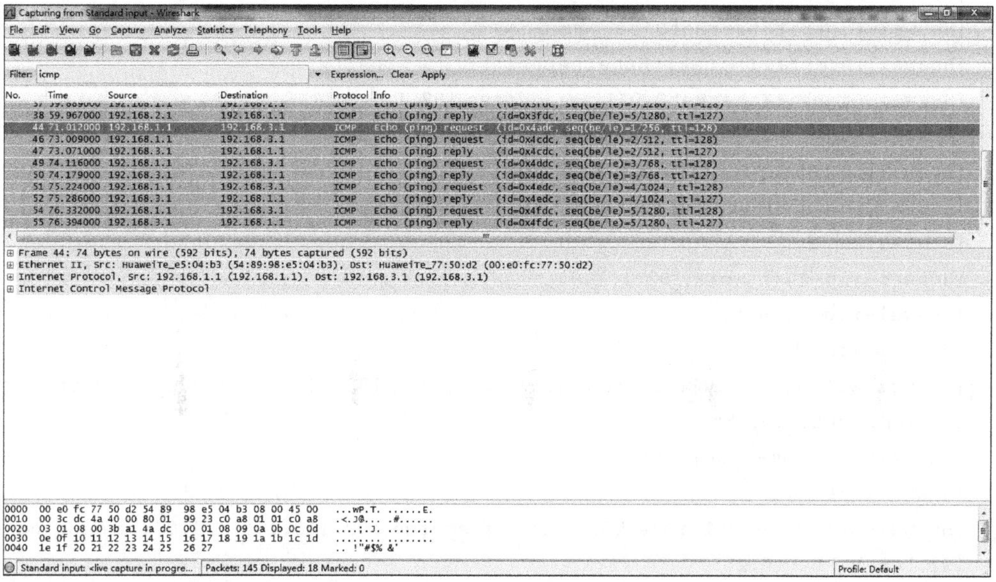

图 6.49　路由器 AR1 连接内部网络的接口捕获的报文序列(二)

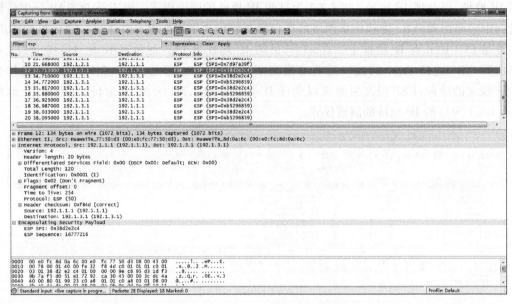

图 6.50　路由器 AR4 连接 AR1 的接口捕获的报文序列(二)

6.3.6　命令行接口配置过程

1. 路由器 AR1 命令行接口配置过程

```
<Huawei>system-view
[Huawei]undo info-center enable
[Huawei]interface GigabitEthernet0/0/0
[Huawei-GigabitEthernet0/0/0]ip address 192.168.1.254 24
[Huawei-GigabitEthernet0/0/0]quit
[Huawei]interface GigabitEthernet0/0/1
[Huawei-GigabitEthernet0/0/1]ip address 192.1.1.1 24
[Huawei-GigabitEthernet0/0/1]quit
[Huawei]ip route-static 192.168.2.0 24 192.1.1.2
[Huawei]ip route-static 192.168.3.0 24 192.1.1.2
[Huawei]rip 1
[Huawei-rip-1]network 192.1.1.0
[Huawei-rip-1]quit
[Huawei]acl 3000
[Huawei-acl-adv-3000]rule 10 permit ip source 192.168.1.0 0.0.0.255 destination
192.168.2.0 0.0.0.255
[Huawei-acl-adv-3000]quit
[Huawei]acl 3001
[Huawei-acl-adv-3001]rule 10 permit ip source 192.168.1.0 0.0.0.255 destination
192.168.3.0 0.0.0.255
[Huawei-acl-adv-3001]quit
[Huawei]ipsec proposal r1
[Huawei-ipsec-proposal-r1]esp authentication-algorithm sha2-256
```

```
[Huawei-ipsec-proposal-r1]esp encryption-algorithm aes-128
[Huawei-ipsec-proposal-r1]quit
[Huawei]ike proposal 5
[Huawei-ike-proposal-5]authentication-method pre-share
[Huawei-ike-proposal-5]authentication-algorithm sha1
[Huawei-ike-proposal-5]encryption-algorithm aes-cbc-128
[Huawei-ike-proposal-5]dh group14
[Huawei-ike-proposal-5]quit
[Huawei]ike peer r12 v2
[Huawei-ike-peer-r12]ike-proposal 5
[Huawei-ike-peer-r12]pre-shared-key cipher 1234567890
[Huawei-ike-peer-r12]remote-address 192.1.2.1
[Huawei-ike-peer-r1]quit
[Huawei]ike peer r13 v2
[Huawei-ike-peer-r13]ike-proposal 5
[Huawei-ike-peer-r13]pre-shared-key cipher 1234567890
[Huawei-ike-peer-r13]remote-address 192.1.3.1
[Huawei-ike-peer-r13]quit
[Huawei]ipsec policy r1 10 isakmp
[Huawei-ipsec-policy-isakmp-r1-10]ike-peer r12
[Huawei-ipsec-policy-isakmp-r1-10]proposal r1
[Huawei-ipsec-policy-isakmp-r1-10]security acl 3000
[Huawei-ipsec-policy-isakmp-r1-10]quit
[Huawei]ipsec policy r1 20 isakmp
[Huawei-ipsec-policy-isakmp-r1-20]ike-peer r13
[Huawei-ipsec-policy-isakmp-r1-20]proposal r1
[Huawei-ipsec-policy-isakmp-r1-20]security acl 3001
[Huawei-ipsec-policy-isakmp-r1-20]quit
[Huawei]interface GigabitEthernet0/0/1
[Huawei-GigabitEthernet0/0/1]ipsec policy r1
[Huawei-GigabitEthernet0/0/1]quit
```

2. 路由器 AR2 命令行接口配置过程

```
<Huawei>system-view
[Huawei]undo info-center enable
[Huawei]interface GigabitEthernet0/0/0
[Huawei-GigabitEthernet0/0/0]ip address 192.168.2.254 24
[Huawei-GigabitEthernet0/0/0]quit
[Huawei]interface GigabitEthernet0/0/1
[Huawei-GigabitEthernet0/0/1]ip address 192.1.2.1 24
[Huawei-GigabitEthernet0/0/1]quit
[Huawei]ip route-static 192.168.1.0 24 192.1.2.2
[Huawei]ip route-static 192.168.3.0 24 192.1.2.2
[Huawei]rip 2
[Huawei-rip-2]network 192.1.2.0
[Huawei-rip-2]quit
```

```
[Huawei]acl 3000
[Huawei-acl-adv-3000]rule 10 permit ip source 192.168.2.0 0.0.0.255 destination
192.168.1.0 0.0.0.255
[Huawei-acl-adv-3000]quit
[Huawei]acl 3001
[Huawei-acl-adv-3001]rule 10 permit ip source 192.168.2.0 0.0.0.255 destination
192.168.3.0 0.0.0.255
[Huawei-acl-adv-3001]quit
[Huawei]ipsec proposal r2
[Huawei-ipsec-proposal-r2]esp authentication-algorithm sha2-256
[Huawei-ipsec-proposal-r2]esp encryption-algorithm aes-128
[Huawei-ipsec-proposal-r2]quit
[Huawei]ike proposal 5
[Huawei-ike-proposal-5]authentication-method pre-share
[Huawei-ike-proposal-5]authentication-algorithm sha1
[Huawei-ike-proposal-5]encryption-algorithm aes-cbc-128
[Huawei-ike-proposal-5]dh group14
[Huawei-ike-proposal-5]quit
[Huawei]ike peer r21 v2
[Huawei-ike-peer-r21]ike-proposal 5
[Huawei-ike-peer-r21]pre-shared-key cipher 1234567890
[Huawei-ike-peer-r21]remote-address 192.1.1.1
[Huawei-ike-peer-r21]quit
[Huawei]ike peer r23 v2
[Huawei-ike-peer-r23]ike-proposal 5
[Huawei-ike-peer-r23]pre-shared-key cipher 1234567890
[Huawei-ike-peer-r23]remote-address 192.1.3.1
[Huawei-ike-peer-r23]quit
[Huawei]ipsec policy r2 10 isakmp
[Huawei-ipsec-policy-isakmp-r2-10]ike-peer r21
[Huawei-ipsec-policy-isakmp-r2-10]proposal r2
[Huawei-ipsec-policy-isakmp-r2-10]security acl 3000
[Huawei-ipsec-policy-isakmp-r2-10]quit
[Huawei]ipsec policy r2 20 isakmp
[Huawei-ipsec-policy-isakmp-r2-20]ike-peer r23
[Huawei-ipsec-policy-isakmp-r2-20]proposal r2
[Huawei-ipsec-policy-isakmp-r2-20]security acl 3001
[Huawei-ipsec-policy-isakmp-r2-20]quit
[Huawei]interface GigabitEthernet0/0/1
[Huawei-GigabitEthernet0/0/1]ipsec policy r2
[Huawei-GigabitEthernet0/0/1]quit
```

3. 路由器 AR3 命令行接口配置过程

```
<Huawei>system-view
[Huawei]undo info-center enable
[Huawei]interface GigabitEthernet0/0/0
```

```
[Huawei-GigabitEthernet0/0/0]ip address 192.168.3.254 24
[Huawei-GigabitEthernet0/0/0]quit
[Huawei]interface GigabitEthernet0/0/1
[Huawei-GigabitEthernet0/0/1]ip address 192.1.3.1 24
[Huawei-GigabitEthernet0/0/1]quit
[Huawei]ip route-static 192.168.1.0 24 192.1.3.2
[Huawei]ip route-static 192.168.2.0 24 192.1.3.2
[Huawei]rip 3
[Huawei-rip-3]network 192.1.3.0
[Huawei-rip-3]quit
[Huawei]acl 3000
[Huawei-acl-adv-3000]rule 10 permit ip source 192.168.3.0 0.0.0.255 destination
192.168.1.0 0.0.0.255
[Huawei-acl-adv-3000]quit
[Huawei]acl 3001
[Huawei-acl-adv-3001]rule 10 permit ip source 192.168.3.0 0.0.0.255 destination
192.168.2.0 0.0.0.255
[Huawei-acl-adv-3001]quit
[Huawei]ipsec proposal r3
[Huawei-ipsec-proposal-r3]esp authentication-algorithm sha2-256
[Huawei-ipsec-proposal-r3]esp encryption-algorithm aes-128
[Huawei-ipsec-proposal-r3]quit
[Huawei]ike proposal 5
[Huawei-ike-proposal-5]authentication-method pre-share
[Huawei-ike-proposal-5]authentication-algorithm sha1
[Huawei-ike-proposal-5]encryption-algorithm aes-cbc-128
[Huawei-ike-proposal-5]dh group14
[Huawei-ike-proposal-5]quit
[Huawei]ike peer r31 v2
[Huawei-ike-peer-r31]ike-proposal 5
[Huawei-ike-peer-r31]pre-shared-key cipher 1234567890
[Huawei-ike-peer-r31]remote-address 192.1.1.1
[Huawei-ike-peer-r31]quit
[Huawei]ike peer r32 v2
[Huawei-ike-peer-r32]ike-proposal 5
[Huawei-ike-peer-r32]pre-shared-key cipher 1234567890
[Huawei-ike-peer-r32]remote-address 192.1.2.1
[Huawei-ike-peer-r32]quit
[Huawei]ipsec policy r3 10 isakmp
[Huawei-ipsec-policy-isakmp-r3-10]ike-peer r31
[Huawei-ipsec-policy-isakmp-r3-10]proposal r3
[Huawei-ipsec-policy-isakmp-r3-10]security acl 3000
[Huawei-ipsec-policy-isakmp-r3-10]quit
[Huawei]ipsec policy r3 20 isakmp
[Huawei-ipsec-policy-isakmp-r3-20]ike-peer r32
```

```
[Huawei-ipsec-policy-isakmp-r3-20]proposal r3
[Huawei-ipsec-policy-isakmp-r3-20]security acl 3001
[Huawei-ipsec-policy-isakmp-r3-20]quit
[Huawei]interface GigabitEthernet0/0/1
[Huawei-GigabitEthernet0/0/1]ipsec policy r3
[Huawei-GigabitEthernet0/0/1]quit
```

4. 路由器 AR4 命令行接口配置过程

```
<Huawei>system-view
[Huawei]undo info-center enable
[Huawei]interface GigabitEthernet0/0/0
[Huawei-GigabitEthernet0/0/0]ip address 192.1.1.2 24
[Huawei-GigabitEthernet0/0/0]quit
[Huawei]interface GigabitEthernet0/0/1
[Huawei-GigabitEthernet0/0/1]ip address 192.1.4.1 24
[Huawei-GigabitEthernet0/0/1]quit
[Huawei]interface GigabitEthernet0/0/2
[Huawei-GigabitEthernet0/0/2]ip address 192.1.5.1 24
[Huawei-GigabitEthernet0/0/2]quit
[Huawei]rip 4
[Huawei-rip-4]network 192.1.1.0
[Huawei-rip-4]network 192.1.4.0
[Huawei-rip-4]network 192.1.5.0
[Huawei-rip-4]quit
```

路由器 AR5 和 AR6 的命令行接口配置过程与路由器 AR4 相似,这里不再赘述。

5. 命令列表

路由器命令行接口配置过程中使用的命令格式、功能和参数说明见表 6.3。

表 6.3　命令列表

命 令 格 式	功能和参数说明
ike proposal *proposal-number*	创建 IKE 安全提议,并进入 IKE 安全提议视图。参数 *proposal-number* 是 IKE 安全提议优先级值,优先级值越小,优先级越高
authentication-method 〈 **pre-share** ｜ **rsa-signature** ｜ **digital-envelope** 〉	指定身份鉴别方法,预共享密钥(pre-share)、RSA 数字签名(rsa-signature)和数字信封(digital-envelope)是三种身份鉴别方法
authentication-algorithm 〈 **md5** ｜ **sha1** ｜ **sha2-256** ｜ **sha2-384** ｜ **sha2-512** ｜ **sm3** 〉	指定 IKE 安全关联使用的鉴别算法,md5、sha1、sha2-256、sha2-384、sha2-512 和 sm3 等是鉴别算法
encryption-algorithm 〈 **des** ｜ **3des** ｜ **aes-128** ｜ **aes-192** ｜ **aes-256** ｜ **sm1** ｜ **sm4** 〉	指定 IKE 安全关联使用的加密算法,des、3des、aes-128、aes-192、aes-256、sm1 和 sm4 等是加密算法
dh 〈 **group1** ｜ **group2** ｜ **group5** ｜ **group14** 〉	指定使用 DH(Diffie-Hellman)进行密钥协商时使用的 DH 组。group1、group2、group5 和 group14 是不同的 DH 组,组号越大,安全性越好

续表

命 令 格 式	功能和参数说明
ike peer *peer-name*	创建 IKE 对等体,并进入 IKE 对等体视图。参数 *peer-name* 是 IKE 对等体名称
ike-proposal *proposal-number*	指定 IKE 对等体所引用的 IKE 安全提议,参数 *proposal-number* 是 IKE 安全提议优先级值
pre-shared-key 〈 **simple** ｜ **cipher** 〉 *key*	指定用于鉴别身份的预共享密钥,参数 *key* 是字符串形式的预共享密钥。simple 表明以明文方式存储预共享密钥,cipher 表明以密文方式存储预共享密钥
remote-address *ipv4-address*	指定 IKE 安全关联对端的 IP 地址,参数 *ipv4-address* 是对端的 IP 地址
ike-peer *peer-name*	指定 IPSec 安全策略引用的 IKE 对等体,参数 *peer-name* 是 IKE 对等体名称
display ike proposal 〔 **number** *proposal-number* 〕	显示 IKE 安全提议的配置信息。参数 *proposal-number* 是 IKE 安全提议优先级值。通过指定 IKE 安全提议优先级值显示指定 IKE 安全提议的配置信息
display ike sa v2	显示 IKE 安全关联的相关信息
display ipsec sa 〔 **brief** 〕	显示 IPSec 安全关联的相关信息,brief 表明查看 IPSec 安全关联的摘要信息

6.4　L2TP VPN 实验

6.4.1　实验内容

第二层隧道协议(Layer Two Tunneling Protocol,L2TP)用于建立远程终端与接入控制设备之间的虚拟点对点链路,接入控制设备基于与远程终端之间的虚拟点对点链路通过 PPP 完成远程终端的接入控制过程。本实验基于 L2TP 实现 L2TP 访问集中器(L2TP Access Concentrator,LAC)远程接入内部网络的过程。如图 6.51 所示,LAC 连接在 Internet 上,分配全球 IP 地址,L2TP 网络服务器(L2TP Network Server,LNS)一端连接内部网络,另一端连接 Internet。LNS 连接内部网络的接口分配私有 IP 地址,连接 Internet 的接口分配全球 IP 地址。由于内部网络及内部网络分配的私有 IP 地址对 Internet 是透明的,因此 LAC 无法直接访问内部网络。

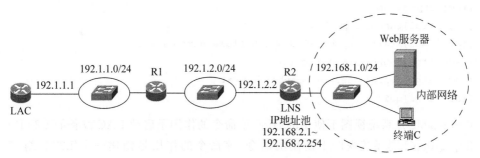

图 6.51　LAC 远程接入内部网络过程

LAC 为了访问内部网络,建立与 LNS 之间的 L2TP 隧道,基于 L2TP 隧道完成接入内部网络过程。在接入内部网络过程中,由 LNS 为 LAC 分配私有 IP 地址。LAC 发送的以私有 IP 地址为源和目的 IP 地址的 IP 分组,封装成 L2TP 隧道格式后,基于 LAC 与 LNS 之间的 L2TP 隧道完成 LAC 至 LNS 的传输过程。

6.4.2 实验目的

(1) 验证 LAC 配置过程。

(2) 验证 LNS 配置过程。

(3) 验证 L2TP 隧道建立过程。

(4) 验证 LAC 接入内部网络过程。

(5) 验证通过 LAC 与 LNS 之间的隧道完成以私有 IP 地址为源和目的 IP 地址的 IP 分组 LAC 至 LNS 的传输过程。

(6) 验证 L2TP 隧道格式封装过程。

6.4.3 实验原理

建立 LAC 与 LNS 之间的 L2TP 隧道。基于 L2TP 隧道建立 PPP 链路。由 LNS 通过 PPP 完成 LAC 的接入控制过程,为 LAC 分配私有 IP 地址。为了建立 LAC 与 LNS 之间的 L2TP 隧道,LAC 需要配置目的网络是 192.1.2.2/32 的静态路由项。同样,LNS 需要配置目的网络是 192.1.1.1/32 的静态路由项。192.1.1.1 是 L2TP 隧道 LAC 一端的全球 IP 地址,192.1.2.2 是 L2TP 隧道 LNS 一端的全球 IP 地址。

LAC 为了能够访问内部网络,需要配置目的网络是 192.168.1.0/24,输出接口是连接 L2TP 隧道的虚拟接口的静态路由项。

LAC 发送给内部网络的 IP 分组是以 LNS 分配给 LAC 的私有 IP 地址为源 IP 地址、内部网络私有 IP 地址为目的 IP 地址的 IP 分组。该 IP 分组经过 L2TP 隧道完成 LAC 至 LNS 的传输过程。

6.4.4 关键命令说明

1. LAC 配置命令

(1) 配置 L2TP 隧道命令。

```
[lac]l2tp enable
[lac]l2tp-group 1
[lac-l2tp1]tunnel name lac
[lac-l2tp1]start l2tp ip 192.1.2.2 fullusername huawei
[lac-l2tp1]tunnel authentication
[lac-l2tp1]tunnel password cipher huawei
[lac-l2tp1]quit
```

l2tp enable 是系统视图下使用的命令,该命令的作用是启动 LAC 设备的 L2TP 功能。

l2tp-group 1 是系统视图下使用的命令,该命令的作用是创建一个 L2TP 组,并进入 L2TP 组视图。L2TP 组视图下配置的参数是建立 LAC 与 LNS 之间 L2TP 隧道时相互协商的参数。

tunnel name lac 是 L2TP 组视图下使用的命令,该命令的作用是指定 L2TP 隧道一端
(这里是 LAC 一端)的名字,其中 lac 是名字。

start l2tp ip 192.1.2.2 fullusernamehuawei 是 L2TP 组视图下使用的命令,该命令的作用有
两个: 一是指定 LNS 的 IP 地址,这里是 L2TP 隧道 LNS 一端的 IP 地址 192.1.2.2;二是指定
LAC 发起建立 L2TP 隧道的条件,这里是用户全名为 huawei 的用户请求接入 LNS。

tunnel authentication 是 L2TP 组视图下使用的命令,该命令的作用是启动 L2TP 隧道
鉴别功能。一旦启动该功能,建立 L2TP 隧道时,需要鉴别 L2TP 隧道发起者的身份。

tunnel password cipher huawei 是 L2TP 组视图下使用的命令,该命令的作用是指定用
于隧道鉴别的密钥。huawei 是指定的密钥。

(2) 配置虚拟接口模板命令。

```
[lac]interface virtual-template 1
[lac-Virtual-Template1]ppp chap user huawei
[lac-Virtual-Template1]ppp chap password cipher huawei
[lac-Virtual-Template1]ip address ppp-negotiate
[lac-Virtual-Template1]quit
```

interface virtual-template 1 是系统视图下使用的命令,该命令的作用是创建编号为 1
的虚拟接口模板,并进入虚拟接口模板视图。

ppp chap user huawei 是虚拟接口模板视图下使用的命令,该命令的作用是在选择
CHAP 作为鉴别协议后,指定 huawei 为发送给对端的用户名。

ppp chap password cipher huawei 是虚拟接口模板视图下使用的命令,该命令的作用
是在选择 CHAP 作为鉴别协议后,指定 huawei 为发送给对端的口令。

ip address ppp-negotiate 是虚拟接口模板视图下使用的命令,该命令的作用是指定通
过 PPP 协商获取接口的 IP 地址。

(3) 配置自动发起建立 L2TP 隧道的命令。

```
[lac]interface virtual-template 1
[lac-Virtual-Template1]l2tp-auto-client enable
[lac-Virtual-Template1]quit
```

l2tp-auto-client enable 是虚拟接口模板视图下使用的命令,该命令的作用是启动 LAC
自动发起建立 L2TP 隧道的功能。

(4) 配置通往内部网络的静态路由项命令。

```
[lac]ip route-static 192.168.1.0 24 virtual-template 1
```

ip route-static 192.168.1.0 24 virtual-template 1 是系统视图下使用的命令,该命令的作用
是指定通往内部网络 192.168.1.0/24 的输出接口,virtual-template 1 是指定的输出接口。

2. LNS 配置命令

(1) 创建授权用户。

```
[lns]aaa
```

```
[lns-aaa]local-user huawei password cipher huawei
[lns-aaa]local-user huawei service-type ppp
[lns-aaa]quit
```

local-user huawei password cipher huawei 是 AAA 视图下使用的命令,该命令的作用是创建一个用户名为 huawei、口令为 huawei 的授权用户。

local-user huawei service-type ppp 是 AAA 视图下使用的命令,该命令的作用是指定 PPP 作为名为 huawei 的授权用户的接入类型。

（2）配置虚拟接口模板命令。

```
[lns]interface virtual-template 1
[lns-Virtual-Template1]ppp authentication-mode chap
[lns-Virtual-Template1]remote address pool lns
[lns-Virtual-Template1]ip address 192.168.2.254 255.255.255.0
[lns-Virtual-Template1]quit
```

ppp authentication-mode chap 是虚拟接口模板视图下使用的命令,该命令的作用是在作为接入控制设备的 LNS 中指定 CHAP 为鉴别用户身份的鉴别协议。

remote address pool lns 是虚拟接口模板视图下使用的命令,该命令的作用是指定用名为 lns 的地址池中的 IP 地址作为分配给远程用户的 IP 地址。

ip address 192.168.2.254 255.255.255.0 是虚拟接口模板视图下使用的命令,该命令的作用是指定 IP 地址 192.168.2.254 和子网掩码 255.255.255.0 为虚拟接口的 IP 地址和子网掩码。

（3）配置 L2TP 隧道命令。

```
[lns-l2tp1]tunnel name lns
[lns-l2tp1]allow l2tp virtual-template 1 remote lac
[lns-l2tp1]quit
```

tunnel name lns 是 L2TP 组视图下使用的命令,该命令的作用是指定 L2TP 隧道一端（这里是 LNS 一端)的名字。其中 lns 是名字。

allow l2tp virtual-template 1 remote lac 是 L2TP 组视图下使用的命令,该命令的作用是在 LNS 端指定允许建立的 LAC 与 LNS 之间 L2TP 隧道 LAC 端的名字和建立 L2TP 隧道时使用的虚拟接口模板,其中 lac 是 L2TP 隧道 LAC 端的名字。1 是虚拟接口模板编号。

6.4.5 实验步骤

（1）启动 eNSP,按照如图 6.51 所示的网络拓扑结构放置和连接设备。完成设备放置和连接后的 eNSP 界面如图 6.52 所示。启动所有设备。

（2）完成 LAC、AR2 和 LNS 各个接口的 IP 地址和子网掩码配置过程。在 LAC 和 LNS 中完成用于指明 LAC 与 LNS 之间传输路径的静态路由项的配置过程。LAC、AR2 和 LNS 各个接口的状态如图 6.53～图 6.55 所示。LAC、AR2 和 LNS 的路由表如图 6.56～图 6.58 所示。

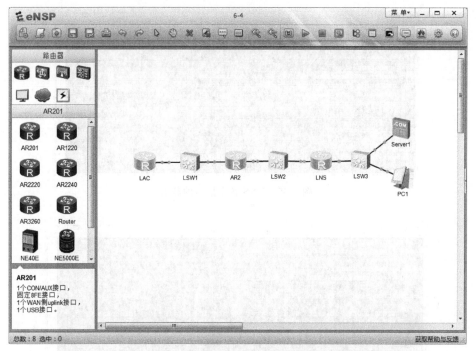

图 6.52　完成设备放置和连接后的 eNSP 界面

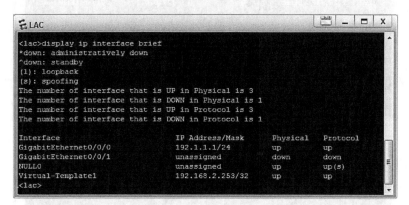

图 6.53　LAC 各个接口的状态

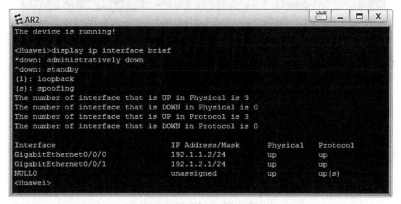

图 6.54　AR2 各个接口的状态

```
LNS
<lns>display ip interface brief
*down: administratively down
^down: standby
(l): loopback
(s): spoofing
The number of interface that is UP in Physical is 4
The number of interface that is DOWN in Physical is 0
The number of interface that is UP in Protocol is 4
The number of interface that is DOWN in Protocol is 0

Interface                    IP Address/Mask    Physical  Protocol
GigabitEthernet0/0/0         192.1.2.2/24       up        up
GigabitEthernet0/0/1         192.168.1.254/24   up        up
NULL0                        unassigned         up        up(s)
Virtual-Template1            192.168.2.254/24   up        up
<lns>
```

图 6.55 LNS 各个接口的状态

```
LAC
<lac>display ip routing-table
Route Flags: R - relay, D - download to fib
------------------------------------------------------------
Routing Tables: Public
         Destinations : 11      Routes : 11

Destination/Mask    Proto   Pre  Cost    Flags NextHop         Interface
     127.0.0.0/8    Direct  0    0         D   127.0.0.1       InLoopBack0
     127.0.0.1/32   Direct  0    0         D   127.0.0.1       InLoopBack0
127.255.255.255/32  Direct  0    0         D   127.0.0.1       InLoopBack0
     192.1.1.0/24   Direct  0    0         D   192.1.1.1       GigabitEthernet
0/0/0
     192.1.1.1/32   Direct  0    0         D   127.0.0.1       GigabitEthernet
0/0/0
   192.1.1.255/32   Direct  0    0         D   127.0.0.1       GigabitEthernet
0/0/0
     192.1.2.2/32   Static  60   0        RD   192.1.1.2       GigabitEthernet
0/0/0
   192.168.1.0/24   Static  60   0         D   192.168.2.253   Virtual-Templat
e1
 192.168.2.253/32   Direct  0    0         D   127.0.0.1       Virtual-Templat
e1
 192.168.2.254/32   Direct  0    0         D   192.168.2.254   Virtual-Templat
e1
255.255.255.255/32  Direct  0    0         D   127.0.0.1       InLoopBack0

<lac>
```

图 6.56 LAC 的路由表

```
AR2
<Huawei>display ip routing-table
Route Flags: R - relay, D - download to fib
------------------------------------------------------------
Routing Tables: Public
         Destinations : 10      Routes : 10

Destination/Mask    Proto   Pre  Cost    Flags NextHop         Interface
     127.0.0.0/8    Direct  0    0         D   127.0.0.1       InLoopBack0
     127.0.0.1/32   Direct  0    0         D   127.0.0.1       InLoopBack0
127.255.255.255/32  Direct  0    0         D   127.0.0.1       InLoopBack0
     192.1.1.0/24   Direct  0    0         D   192.1.1.2       GigabitEthernet
0/0/0
     192.1.1.2/32   Direct  0    0         D   127.0.0.1       GigabitEthernet
0/0/0
   192.1.1.255/32   Direct  0    0         D   127.0.0.1       GigabitEthernet
0/0/0
     192.1.2.0/24   Direct  0    0         D   192.1.2.1       GigabitEthernet
0/0/1
     192.1.2.1/32   Direct  0    0         D   127.0.0.1       GigabitEthernet
0/0/1
   192.1.2.255/32   Direct  0    0         D   127.0.0.1       GigabitEthernet
0/0/1
255.255.255.255/32  Direct  0    0         D   127.0.0.1       InLoopBack0

<Huawei>
```

图 6.57 AR2 的路由表

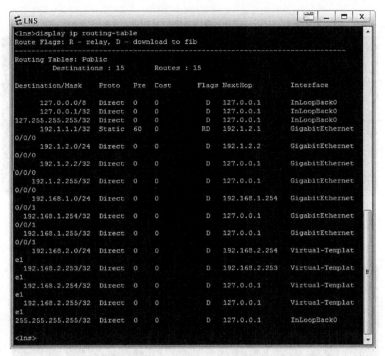

图 6.58　LNS 的路由表

（3）在 LAC 和 LNS 中完成与 L2TP 隧道有关的配置过程，成功建立 LAC 与 LNS 之间的 L2TP 隧道。LAC 中显示的 L2TP 隧道信息如图 6.59 所示。LNS 中显示的 L2TP 隧道信息如图 6.60 所示。

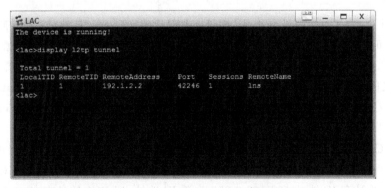

图 6.59　LAC 中显示的 L2TP 隧道信息

（4）LAC 与 LNS 之间的 L2TP 隧道等同于点对点链路，LNS 基于 PPP 完成对 LAC 的接入控制过程，为 LAC 分配 IP 地址和默认网关地址，IP 地址是属于地址池 192.168.2.0/24 的私有 IP 地址，默认网关地址是 LNS 连接与 LAC 之间的虚拟点对点链路的虚拟接口的 IP 地址，这里是 192.168.2.254。LNS 地址池中信息如图 6.61 所示。对于 LNS，LAC 直接通过虚拟点对点链路连接，因此，针对 LAC 的私有 IP 地址的路由项，路由项类型是直接（Direct），如图 6.58 中目的网络（Destination/Mask）为 192.168.2.253/32、协议类型（Proto）为 Direct 的路由项。

图 6.60　LNS 中显示的 L2TP 隧道信息

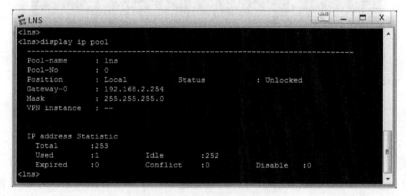

图 6.61　LNS 地址池中信息

（5）PC1 分配内部网络的私有 IP 地址。PC1 分配的私有 IP 地址、子网掩码和默认网关地址如图 6.62 所示。LAC 成功接入内部网络后，等同于直接通过虚拟点对点链路连接 LNS，因此，LAC 中用于指明通往内部网络的传输路径的路由项的输出接口是 LAC 连接与 LNS 之间虚拟点对点链路的虚拟接口。如图 6.56 中目的网络（Destination/Mask）为 192.168.1.0/24、协议类型（Proto）为 Static、输出接口（Interface）为 Virtual-Template1 的路由项。

（6）LAC 成功接入内部网络后，可以用 LNS 分配的私有 IP 地址访问内部网络，如图 6.63 所示为 LAC 执行 ping 操作的界面。LAC 发送给 PC1 的 ICMP ECHO 请求报文封装成以 LAC 的私有 IP 地址 192.168.2.253 为源 IP 地址、以 PC1 的私有 IP 地址 192.168.1.1 为目的 IP 地址的 IP 分组，LNS 连接内部网络的接口捕获的报文序列如图 6.64 所示。该 IP 分组经过 LAC 与 LNS 之间的 L2TP 隧道传输时，首先被封装成 PPP 帧，PPP 帧被封装成 L2TP 数据消息格式，L2TP 数据消息被封装成目的端口号为 1701 的 UDP 报文，UDP 报文被封装成以 LAC 连接 Internet 一端的全球 IP 地址 192.1.1.1 为源 IP 地址、以 LNS 连接 Internet 一端的全球 IP 地址 192.1.2.2 为目的 IP 地址的 IP 分组，路由器 AR2 捕获的报文序列如图 6.65 所示。

图 6.62　PC1 分配的私有 IP 地址、子网掩码和默认网关地址

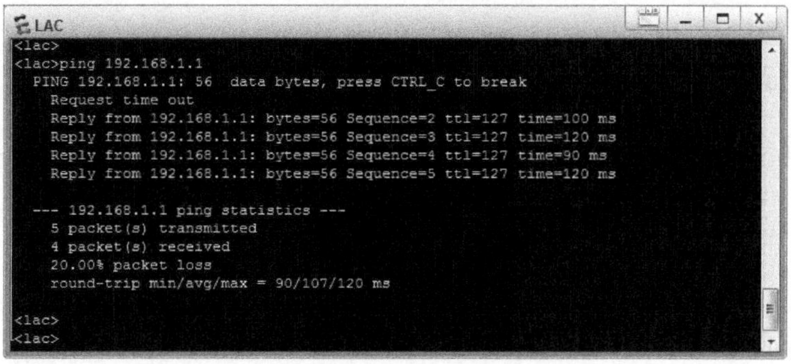

图 6.63　LAC 执行 ping 操作的界面

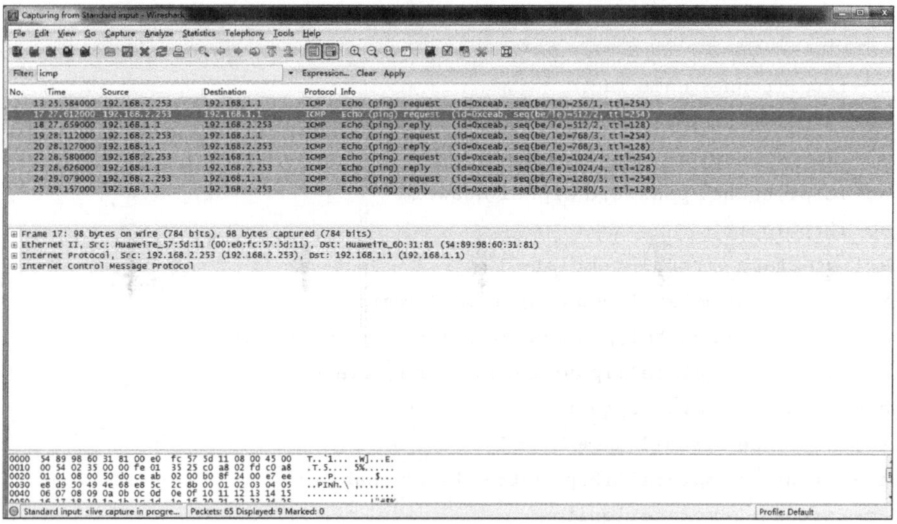

图 6.64　LNS 连接内部网络的接口捕获的报文序列

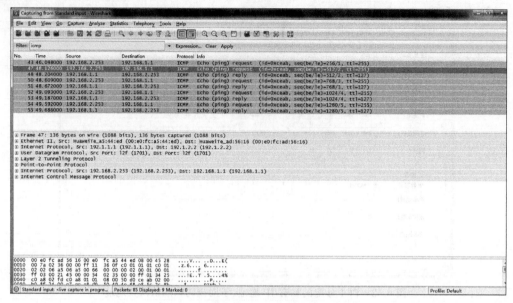

图 6.65　路由器 AR2 捕获的报文序列

6.4.6　命令行接口配置过程

1. LAC 命令行接口配置过程

```
<Huawei>system-view
[Huawei]sysname lac
[lac]undo info-center enable
[lac]interface GigabitEthernet0/0/0
[lac-GigabitEthernet0/0/0]ip address 192.1.1.1 24
[lac-GigabitEthernet0/0/0]quit
[lac]ip route-static 192.1.2.2 32 192.1.1.2
[lac]l2tp enable
[lac]l2tp-group 1
[lac-l2tp1]tunnel name lac
[lac-l2tp1]start l2tp ip 192.1.2.2 fullusername huawei
[lac-l2tp1]tunnel authentication
[lac-l2tp1]tunnel password cipher huawei
[lac-l2tp1]quit
[lac]interface virtual-template 1
[lac-Virtual-Template1]ppp chap user huawei
[lac-Virtual-Template1]ppp chap password cipher huawei
[lac-Virtual-Template1]ip address ppp-negotiate
[lac-Virtual-Template1]quit
[lac]interface virtual-template 1
[lac-Virtual-Template1]l2tp-auto-client enable
[lac-Virtual-Template1]quit
[lac]ip route-static 192.168.1.0 24 virtual-template 1
```

2. AR2 命令行接口配置过程

```
<Huawei>system-view
[Huawei]undo info-center enable
[Huawei]interface GigabitEthernet0/0/0
[Huawei-GigabitEthernet0/0/0]ip address 192.1.1.2 24
[Huawei-GigabitEthernet0/0/0]quit
[Huawei]interface GigabitEthernet0/0/1
[Huawei-GigabitEthernet0/0/1]ip address 192.1.2.1 24
[Huawei-GigabitEthernet0/0/1]quit
```

3. LNS 命令行接口配置过程

```
<Huawei>system-view
[Huawei]undo info-center enable
[Huawei]sysname lns
[lns]interface GigabitEthernet0/0/0
[lns-GigabitEthernet0/0/0]ip address 192.1.2.2 24
[lns-GigabitEthernet0/0/0]quit
[lns]interface GigabitEthernet0/0/1
[lns-GigabitEthernet0/0/1]ip address 192.168.1.254 24
[lns-GigabitEthernet0/0/1]quit
[lns]ip route-static 192.1.1.1 32 192.1.2.1
[lns]aaa
[lns-aaa]local-user huawei password cipher huawei
[lns-aaa]local-user huawei service-type ppp
[lns-aaa]quit
[lns]ip pool lns
[lns-ip-pool-lns]network 192.168.2.0 mask 24
[lns-ip-pool-lns]gateway-list 192.168.2.254
[lns-ip-pool-lns]quit
[lns]interface virtual-template 1
[lns-Virtual-Template1]ppp authentication-mode chap
[lns-Virtual-Template1]remote address pool lns
[lns-Virtual-Template1]ip address 192.168.2.254 255.255.255.0
[lns-Virtual-Template1]quit
[lns]l2tp enable
[lns]l2tp-group 1
[lns-l2tp1]tunnel name lns
[lns-l2tp1]allow l2tp virtual-template 1 remote lac
[lns-l2tp1]tunnel authentication
[lns-l2tp1]tunnel password cipher huawei
[lns-l2tp1]quit
```

4. 命令列表

LAC 和 LNS 命令行接口配置过程中使用的命令格式、功能和参数说明见表 6.4。

表 6.4　命令列表

命 令 格 式	功能和参数说明
l2tp enable	启动设备的 L2TP 功能
l2tp-group *group-number*	创建 L2TP 组,进入 L2TP 组视图。参数 *group-number* 是 L2TP 组编号
tunnel name *tunnel-name*	指定 L2TP 隧道本端的名称,参数 *tunnel-name* 是名称
start l2tp ip *ip-address* ﹛ **domain** *domain-name* | **fullusername** *user-name* ﹜	指定 LAC 发起建立 L2TP 隧道的条件。参数 *ip-address* 是 L2TP 隧道 LNS 一端的 IP 地址,参数 *domain-name* 是域名,参数 *user-name* 是用户名。域名指定发起建立 L2TP 隧道的用户所属的用户域。用户名指定发起建立 L2TP 隧道的用户
tunnel authentication	启动 L2TP 隧道的身份鉴别功能
tunnel password ﹛ **simple** | **cipher** ﹜ *password*	指定用于 L2TP 隧道身份鉴别的口令,simple 表明以明文方式存储口令,cipher 表明以密文方式存储口令。参数 *password* 是口令
l2tp-auto-client enable	启动 LAC 自动发起建立 LAC 与 LNS 之间 L2TP 隧道的功能
allow l2tp virtual-template *virtual-template-number* **remote** *remote-name*	在 LNS 端指定建立 L2TP 隧道时使用的虚拟接口模板,允许建立的 L2TP 隧道 LAC 端的名称,参数 *virtual-template-number* 是虚拟接口模板编号,参数 *remote-name* 是 L2TP 隧道 LAC 端名称
ppp authentication-mode ﹛ **chap** | **pap** ﹜	指定用于鉴别接入用户身份的鉴别协议,CHAP 和 PAP 是两种鉴别协议。采用默认鉴别域指定的鉴别机制,默认鉴别域指定的鉴别机制通常为本地鉴别机制
display l2tp tunnel	显示已经建立的 L2TP 隧道的信息
display ip pool	显示已经配置的 IP 地址池的信息

6.5　BGP/MPLS IP VPN 实验

6.5.1　实验内容

BGP/MPLS IP VPN 结构如图 6.66 所示,各个分配私有 IP 地址的站点通过多协议标签交换(MultiProtocol Label Switching,MPLS)骨干网实现互联。站点 1 和站点 4 属于 VPN A,站点 2 和站点 3 属于 VPN B,实现属于同一 VPN 的各个站点之间的相互通信过程。

6.5.2　实验目的

(1) 掌握 MPLS 和标签分发协议(Label Distribution Protocol,LDP)配置过程。

(2) 掌握标签交换路径(Label Switched Path,LSP)建立过程。

(3) 掌握 PE 之间通过边界网关协议(Border Gateway Protocol,BGP)交换路由消息的过程。

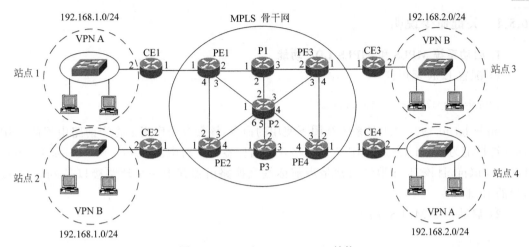

图 6.66　BGP/MPLS IP VPN 结构

（4）掌握 CE 与 PE 之间通过 RIP 交换路由消息的过程。

（5）掌握经过 MPLS 骨干网实现 CE 之间 IP 分组传输过程的机制。

6.5.3　实验原理

如图 6.66 所示，各个 CE 连接的是企业局域网，分配私有 IP 地址。MPLS 骨干网是公共网络，分配全球 IP 地址。属于同一企业的各个企业局域网属于同一个 VPN，如 CE1 连接的站点 1 和 CE4 连接的站点 4 属于同一个 VPN——VPN A，需要实现同一个 VPN 的企业局域网之间的相互通信过程。不同 VPN 之间相互独立。

实现属于 VPN A 的站点 1 和站点 4 之间通信过程所涉及的原理及步骤如下。

（1）通过 OSPF 建立用于指明通往 MPLS 骨干网中各个 PE 的传输路径的路由项。

（2）通过 MPLS 和 LDP 建立各个 PE 之间的 LSP。

（3）PE1 与 PE4 之间互为 BGP 内部邻居。

（4）PE1 与 CE1 之间、PE4 与 CE4 之间通过 RIP 建立用于指明通往属于 VPN A 的各个企业局域网的传输路径的路由项。

（5）PE1 与 PE4 之间通过 BGP 交换路由消息时，路由消息中引入 RIP 创建的路由项。PE1 与 CE1 之间、PE4 与 CE4 之间通过 RIP 交换路由消息时，引入通过 BGP 获取的路由项。

（6）CE1 和 CE4 中创建用于指明通往属于 VPN A 的各个企业局域网的传输路径的全部路由项。PE1 与 PE4 中创建基于 VPN A 用于指明通往属于 VPN A 的各个企业局域网的传输路径的全部路由项。对于 PE1，所有用于指明通往站点 4 的传输路径的路由项的下一跳都是 PE4。同样，对于 PE4，所有用于指明通往站点 1 的传输路径的路由项的下一跳都是 PE1。

（7）CE1 与 CE4 之间传输的以私有 IP 地址为源和目的 IP 地址的 IP 分组，经过 PE1 与 PE4 之间的 LSP 传输时，封装成 MPLS 报文格式。

实现属于 VPN B 的站点 2 与站点 3 之间通信过程所涉及的原理及步骤与上述的原理及步骤相似。

6.5.4 关键命令说明

1. 启动系统 MPLS 和 MPLS LDP 功能

1）配置 LSR 标识符

```
[Huawei]mpls lsr-id 192.1.1.1
```

mpls lsr-id 192.1.1.1 是系统视图下使用的命令,该命令的作用是将当前路由器的 LSR 标识符指定为 192.1.1.1。以 IPv4 地址格式给出标签交换路由器(Label Switching Router,LSR)标识符,且该 IPv4 地址通常是当前标签交换路由器其中一个环路接口(loopback 接口)的 IP 地址。

2）启动系统 MPLS 功能

```
[Huawei]mpls
[Huawei-mpls]quit
```

mpls 是系统视图下使用的命令,该命令的作用是启动当前路由器系统的 MPLS 功能,并进入 MPLS 视图。

3）启动系统 MPLS LDP 功能

```
[Huawei]mpls ldp
[Huawei-mpls-ldp]quit
```

mpls ldp 是系统视图下使用的命令,该命令的作用是启动当前路由器系统的 MPLS LDP 功能,并进入 MPLS-LDP 视图。

2. 启动接口 MPLS 和 MPLS LDP 功能

```
[Huawei]interface GigabitEthernet0/0/0
[Huawei-GigabitEthernet0/0/0]mpls
[Huawei-GigabitEthernet0/0/0]mpls ldp
[Huawei-GigabitEthernet0/0/0]quit
```

mpls 是接口视图下使用的命令,该命令的作用是启动当前接口(这里是接口 GigabitEthernet0/0/0)的 MPLS 功能。

mpls ldp 是接口视图下使用的命令,该命令的作用是启动当前接口(这里是接口 GigabitEthernet0/0/0)的 MPLS LDP 功能。

在启动路由器系统的 MPLS 和 MPLS LDP 功能后,需要为所有需要启动 MPLS 和 MPLS LDP 功能的路由器接口逐个启动 MPLS 和 MPLS LDP 功能。

3. 配置 VPN 实例

```
[Huawei]ip vpn-instance vpna
[Huawei-vpn-instance-vpna]ipv4-family
[Huawei-vpn-instance-vpna-af-ipv4]route-distinguisher 100:1
[Huawei-vpn-instance-vpna-af-ipv4]vpn-target 111:1 both
[Huawei-vpn-instance-vpna-af-ipv4]quit
[Huawei-vpn-instance-vpna]quit
```

ip vpn-instance vpna 是系统视图下使用的命令,该命令的作用是创建一个 VPN 实例,并进入 VPN 实例视图。vpna 是创建的 VPN 实例的名称。

ipv4-family 是 VPN 实例视图下使用的命令,该命令的作用是在当前 VPN 实例(这里是名为 vpna 的 VPN 实例)中启动 IPv4 地址族,并进入 VPN 实例 IPv4 地址族视图。

route-distinguisher 100：1 是 VPN 实例 IPv4 地址族视图下使用的命令,该命令的作用是指定 100：1 为路由标识符。指定路由标识符后,路由标识符作为路由项中目的网络地址的前缀,以此区别不同 VPN 实例使用的相同私有 IP 地址空间。

vpn-target 111：1 both 是 VPN 实例 IPv4 地址族视图下使用的命令,该命令的作用是指定 111：1 为 vpn-target 两个方向(出方向和入方向)的扩展团体属性。在某个 VPN 实例(名为 vpna 的 VPN 实例)下启动的,且作为发送方的 BGP 进程,在发送给对等体的路由消息中携带出方向的扩展团体属性。在与发送方相同的 VPN 实例下启动的,且作为接收方的 BGP 进程,只接收和处理携带的扩展团体属性与该 BGP 进程入方向的扩展团体属性相同的路由消息。

4. 建立站点与 VPN 实例之间的关联

```
[Huawei]interface GigabitEthernet2/0/1
[Huawei-GigabitEthernet2/0/1]ip binding vpn-instance vpna
[Huawei-GigabitEthernet2/0/1]ip address 192.168.3.2 24
[Huawei-GigabitEthernet2/0/1]quit
```

ip binding vpn-instance vpna 是接口视图下使用的命令,该命令的作用是将当前路由器接口(这里是接口 GigabitEthernet2/0/1)与名为 vpna 的 VPN 实例绑定。

5. 配置基于 VPN 实例的 BGP

```
[Huawei]bgp 100
[Huawei-bgp]peer 192.4.1.1 as-number 100
[Huawei-bgp]peer 192.4.1.1 connect-interface loopback 0
[Huawei-bgp]ipv4-family vpnv4
[Huawei-bgp-af-vpnv4]peer 192.4.1.1 enable
[Huawei-bgp-af-vpnv4]quit
[Huawei-bgp]ipv4-family vpn-instance vpna
[Huawei-bgp-vpna]import-route rip 1
[Huawei-bgp-vpna]quit
[Huawei-bgp]quit
```

bgp 100 是系统视图下使用的命令,该命令的作用是启动自治系统编号为 100 的 BGP,并进入 BGP 视图。

peer 192.4.1.1 as-number 100 是 BGP 视图下使用的命令,该命令的作用是指定属于自治系统编号为 100 的自治系统,且 IP 地址为 192.4.1.1 的路由器为当前路由器的 BGP 对等体。

peer 192.4.1.1 connect-interface loopback 0 是 BGP 视图下使用的命令,该命令的作用是指定当前路由器向对等体发送 BGP 报文的源接口。192.4.1.1 是对等体的 IP 地址,loopback 0 是当前路由器向对等体发送 BGP 报文的源接口。

ipv4-family vpnv4 是 BGP 视图下使用的命令,该命令的作用是在 BGP 中启动 BGP-VPNv4 地址族,并进入 BGP-VPNv4 地址族视图。BGP-VPNv4 地址族在 IPv4 地址之前增加路由标识符(Route Distinguisher,RD),以此唯一标识属于不同 VPN 实例的 IPv4 地址。

peer 192.4.1.1 enable 是 BGP-VPNv4 地址族视图下使用的命令,该命令的作用是在 BGP-VPNv4 地址族视图下启动与地址为 192.4.1.1 的对等体交换路由消息的功能。

ipv4-family vpn-instance vpna 是 BGP 视图下使用的命令,该命令的作用是建立名为 vpna 的 VPN 实例与 IPv4 地址族之间的关联,并进入 BGP-VPN 实例 IPv4 地址族视图。

import-route rip 1 是 BGP-VPN 实例 IPv4 地址族视图下使用的命令,该命令的作用是在 BGP 路由消息中引入进程编号为 1 的 RIP 创建的路由项。

6. 配置基于 VPN 实例的 RIP

```
[Huawei]rip 1 vpn-instance vpna
[Huawei-rip-1]import-route bgp
[Huawei-rip-1]network 192.168.3.0
[Huawei-rip-1]quit
```

rip 1 vpn-instance vpna 是系统视图下使用的命令,该命令的作用是在名为 vpna 的 VPN 实例中启动编号为 1 的 RIP 进程,并进入 RIP 视图。

import-route bgp 是 RIP 视图下使用的命令,该命令的作用是在 RIP 路由消息中引入通过 BGP 获取的路由项。

6.5.5 实验步骤

(1) 启动 eNSP,按照如图 6.66 所示的 BGP/MPLS IP VPN 结构放置和连接设备。完成设备放置和连接后的 eNSP 界面如图 6.67 所示。启动所有设备。

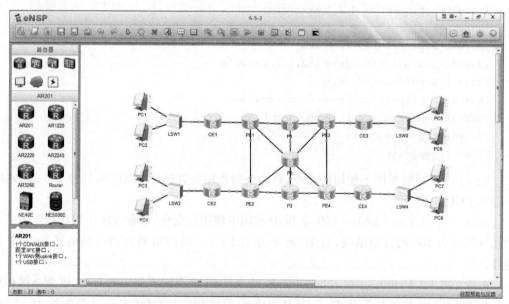

图 6.67　完成设备放置和连接后的 eNSP 界面

(2) 完成各个路由器所有接口的 IP 地址和子网掩码配置过程,各个 CE 的所有路由器接口和各个 PE 连接 CE 的路由器接口配置私有 IP 地址。各个 PE 的其他路由器接口和 P

的所有路由器接口配置属于 CIDR 地址块 192.1.2.0/26 的全球 IP 地址。CE1、PE1、P2、PE4 和 CE4 各个接口配置的 IP 地址和子网掩码如图 6.68～图 6.72 所示。

```
CE1
<Huawei>display ip interface brief
*down: administratively down
^down: standby
(l): loopback
(s): spoofing
The number of interface that is UP in Physical is 3
The number of interface that is DOWN in Physical is 0
The number of interface that is UP in Protocol is 3
The number of interface that is DOWN in Protocol is 0

Interface                         IP Address/Mask      Physical   Protocol
GigabitEthernet0/0/0              192.168.3.1/24       up         up
GigabitEthernet0/0/1              192.168.1.254/24     up         up
NULL0                             unassigned           up         up(s)
<Huawei>
```

图 6.68　CE1 的接口状态

```
PE1
<Huawei>display ip interface brief
*down: administratively down
^down: standby
(l): loopback
(s): spoofing
The number of interface that is UP in Physical is 6
The number of interface that is DOWN in Physical is 2
The number of interface that is UP in Protocol is 6
The number of interface that is DOWN in Protocol is 2

Interface                         IP Address/Mask      Physical   Protocol
GigabitEthernet0/0/0              192.1.2.1/30         up         up
GigabitEthernet0/0/1              192.1.2.5/30         up         up
GigabitEthernet2/0/0              192.1.2.9/30         up         up
GigabitEthernet2/0/1              192.168.3.2/24       up         up
GigabitEthernet2/0/2              unassigned           down       down
GigabitEthernet2/0/3              unassigned           down       down
LoopBack0                         192.1.1.1/32         up         up(s)
NULL0                             unassigned           up         up(s)
<Huawei>
```

图 6.69　PE1 的接口状态

```
P2
<Huawei>display ip interface brief
*down: administratively down
^down: standby
(l): loopback
(s): spoofing
The number of interface that is UP in Physical is 8
The number of interface that is DOWN in Physical is 0
The number of interface that is UP in Protocol is 8
The number of interface that is DOWN in Protocol is 0

Interface                         IP Address/Mask      Physical   Protocol
GigabitEthernet0/0/0              192.1.2.6/30         up         up
GigabitEthernet0/0/1              192.1.2.14/30        up         up
GigabitEthernet2/0/0              192.1.2.26/30        up         up
GigabitEthernet2/0/1              192.1.2.34/30        up         up
GigabitEthernet2/0/2              192.1.2.42/30        up         up
GigabitEthernet2/0/3              192.1.2.45/30        up         up
LoopBack0                         192.6.1.1/32         up         up(s)
NULL0                             unassigned           up         up(s)
<Huawei>
```

图 6.70　P2 的接口状态

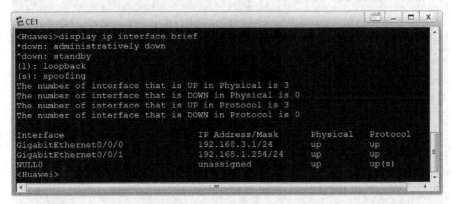

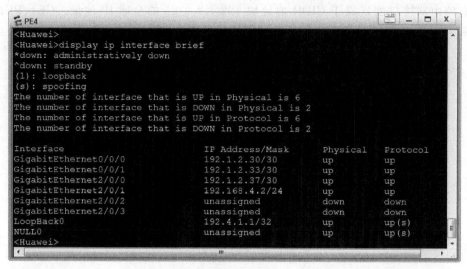

图 6.71　PE4 的接口状态

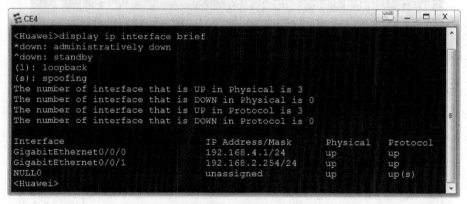

图 6.72　CE4 的接口状态

（3）完成各个 PE 和 P 路由器 OSPF 配置过程，MPLS 骨干网通过 OSPF 建立用于指明通往各个 PE 的传输路径的路由项。PE1、P2 和 PE4 包含 OSPF 建立的动态路由项的完整路由表分别如图 6.73～图 6.79 所示。

（4）在各个 PE 和 P 中启动 MPLS 和 MPLS LDP 功能，在各个 P 的所有接口和各个 PE 除连接 CE 的接口以外的所有其他接口中启动 MPLS 和 MPLS LDP 功能，建立各个 PE 之间的 LSP。PE1、P2 和 PE4 中建立的 LSP 如图 6.80～图 6.82 所示。对于 PE1 至 PE4 的 LSP，转发等价类（Forwarding Equivalent Class，FEC）是 PE4 环路接口（loopback 0）的 IP 地址 192.4.1.1。PE1 中对应该 LSP 的输入标签是空（null），表明 PE1 是该 LSP 的源结点。PE1 中对应该 LSP 的输出标签是 1028。P2 中对应该 LSP 的输入标签也是 1028，等于 PE1 中对应该 LSP 的输出标签。P2 中对应该 LSP 的输出标签为 3，表明 P2 是该 LSP 的目的结点 PE4 的前一跳结点。PE4 中对应该 LSP 的输入标签是 3，表明 PE4 是该 LSP 的目的结点。PE4 对应该 LSP 的输出标签是空（null）。

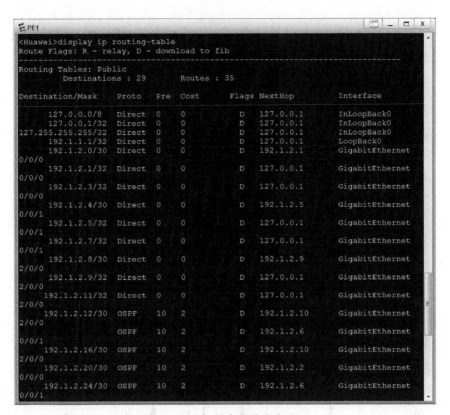

图 6.73　PE1 的完整路由表(一)

图 6.74　PE1 的完整路由表(二)

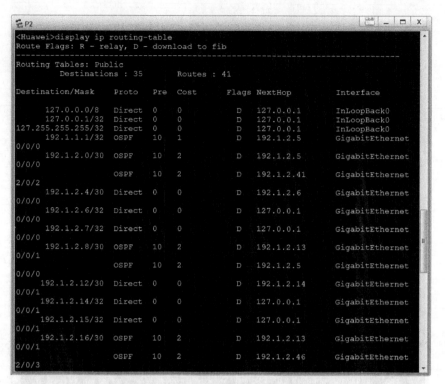

图 6.75　P2 的完整路由表(一)

图 6.76　P2 的完整路由表(二)

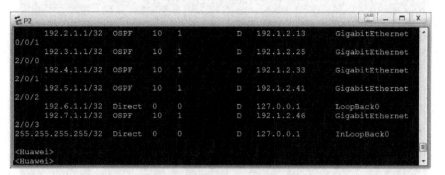

图 6.77　P2 的完整路由表(三)

```
P2
      192.2.1.1/32   OSPF    10    1          D    192.1.2.13    GigabitEthernet
0/0/1
      192.3.1.1/32   OSPF    10    1          D    192.1.2.25    GigabitEthernet
2/0/0
      192.4.1.1/32   OSPF    10    1          D    192.1.2.33    GigabitEthernet
2/0/1
      192.5.1.1/32   OSPF    10    1          D    192.1.2.41    GigabitEthernet
2/0/2
      192.6.1.1/32   Direct  0     0          D    127.0.0.1     LoopBack0
      192.7.1.1/32   OSPF    10    1          D    192.1.2.46    GigabitEthernet
2/0/3
255.255.255.255/32   Direct  0     0          D    127.0.0.1     InLoopBack0

<Huawei>
<Huawei>
```

```
PE4
<Huawei>display ip routing-table
Route Flags: R - relay, D - download to fib
------------------------------------------------------------------------------
Routing Tables: Public
         Destinations : 29        Routes : 35

Destination/Mask    Proto   Pre   Cost     Flags NextHop       Interface

      127.0.0.0/8    Direct  0     0          D    127.0.0.1     InLoopBack0
      127.0.0.1/32   Direct  0     0          D    127.0.0.1     InLoopBack0
127.255.255.255/32   Direct  0     0          D    127.0.0.1     InLoopBack0
      192.1.1.1/32   OSPF    10    2          D    192.1.2.34    GigabitEthernet
0/0/1
      192.1.2.0/30   OSPF    10    3          D    192.1.2.34    GigabitEthernet
0/0/1
                     OSPF    10    3          D    192.1.2.29    GigabitEthernet
0/0/0
      192.1.2.4/30   OSPF    10    2          D    192.1.2.34    GigabitEthernet
0/0/1
      192.1.2.8/30   OSPF    10    3          D    192.1.2.34    GigabitEthernet
0/0/1
                     OSPF    10    3          D    192.1.2.38    GigabitEthernet
2/0/0
     192.1.2.12/30   OSPF    10    2          D    192.1.2.34    GigabitEthernet
0/0/1
     192.1.2.16/30   OSPF    10    2          D    192.1.2.38    GigabitEthernet
2/0/0
     192.1.2.20/30   OSPF    10    2          D    192.1.2.29    GigabitEthernet
0/0/0
     192.1.2.24/30   OSPF    10    2          D    192.1.2.34    GigabitEthernet
0/0/1
                     OSPF    10    2          D    192.1.2.29    GigabitEthernet
0/0/0
     192.1.2.28/30   Direct  0     0          D    192.1.2.30    GigabitEthernet
0/0/0
     192.1.2.30/32   Direct  0     0          D    127.0.0.1     GigabitEthernet
0/0/0
     192.1.2.31/32   Direct  0     0          D    127.0.0.1     GigabitEthernet
0/0/0
```

图 6.78　PE4 的完整路由表(一)

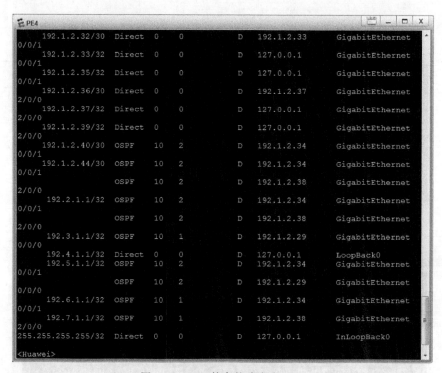

图 6.79　PE4 的完整路由表(二)

图 6.80　PE1 中建立的 LSP

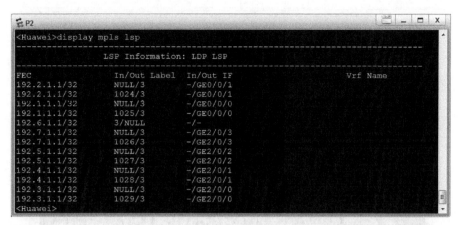

图 6.81　P2 中建立的 LSP

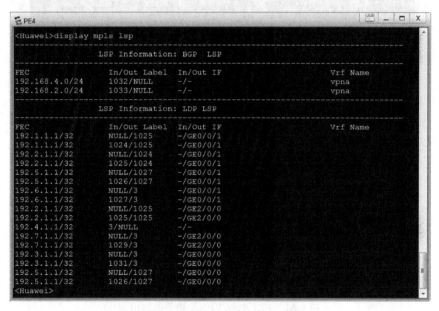

图 6.82　PE4 中建立的 LSP

（5）CE 和 PE 之间启动 RIP,以此建立用于指明通往属于同一 VPN 的各个企业局域
网的传输路径的路由项。PE1 和 PE4 之间、PE2 和 PE3 之间建立 BGP 内部邻居关系。
PE1 和 PE4 之间、PE2 和 PE3 之间相互交换的 BGP 路由消息中引入 RIP 创建的路由项。
CE1、PE1、PE4 和 CE4 最终分别建立用于指明通往属于 VPNA 的各个企业局域网的传输
路径的路由项。CE1、PE1、PE4 和 CE4 中与 VPNA 相关的路由项如图 6.83～图 6.86 所示。
对于 PE1,目的网络为 192.168.2.0/24 和 192.168.4.0/24 的路由项是通过 BGP 内部邻居
PE4 获取的,因此协议类型（Proto）为 IBGP。同样,对于 PE4,目的网络为 192.168.1.0/24
和 192.168.3.0/24 的路由项是通过 BGP 内部邻居 PE1 获取的,协议类型（Proto）也为
IBGP。

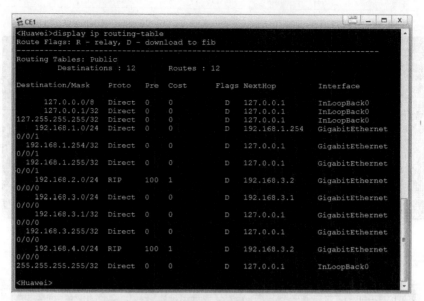

```
CE1
<Huawei>display ip routing-table
Route Flags: R - relay, D - download to fib
------------------------------------------------------------------------
Routing Tables: Public
         Destinations : 12        Routes : 12

Destination/Mask    Proto    Pre  Cost      Flags NextHop        Interface

      127.0.0.0/8    Direct   0    0           D  127.0.0.1      InLoopBack0
      127.0.0.1/32   Direct   0    0           D  127.0.0.1      InLoopBack0
127.255.255.255/32   Direct   0    0           D  127.0.0.1      InLoopBack0
    192.168.1.0/24   Direct   0    0           D  192.168.1.254  GigabitEthernet
0/0/1
  192.168.1.254/32   Direct   0    0           D  127.0.0.1      GigabitEthernet
0/0/1
  192.168.1.255/32   Direct   0    0           D  127.0.0.1      GigabitEthernet
0/0/1
    192.168.2.0/24   RIP      100  1           D  192.168.3.2    GigabitEthernet
0/0/0
    192.168.3.0/24   Direct   0    0           D  192.168.3.1    GigabitEthernet
0/0/0
    192.168.3.1/32   Direct   0    0           D  127.0.0.1      GigabitEthernet
0/0/0
  192.168.3.255/32   Direct   0    0           D  127.0.0.1      GigabitEthernet
0/0/0
    192.168.4.0/24   RIP      100  1           D  192.168.3.2    GigabitEthernet
0/0/0
255.255.255.255/32   Direct   0    0           D  127.0.0.1      InLoopBack0

<Huawei>
```

图 6.83　CE1 中与 VPNA 相关的路由项

```
PE1
<Huawei>display ip routing-table vpn-instance vpna
Route Flags: R - relay, D - download to fib
------------------------------------------------------------------------
Routing Tables: vpna
         Destinations : 7         Routes : 7

Destination/Mask    Proto    Pre  Cost      Flags NextHop        Interface

    192.168.1.0/24   RIP      100  1           D  192.168.3.1    GigabitEthernet
2/0/1
    192.168.2.0/24   IBGP     255  1          RD  192.4.1.1      GigabitEthernet
0/0/1
    192.168.3.0/24   Direct   0    0           D  192.168.3.2    GigabitEthernet
2/0/1
    192.168.3.2/32   Direct   0    0           D  127.0.0.1      GigabitEthernet
2/0/1
  192.168.3.255/32   Direct   0    0           D  127.0.0.1      GigabitEthernet
2/0/1
    192.168.4.0/24   IBGP     255  0          RD  192.4.1.1      GigabitEthernet
0/0/1
255.255.255.255/32   Direct   0    0           D  127.0.0.1      InLoopBack0

<Huawei>
```

图 6.84　PE1 中与 VPNA 相关的路由项

```
PE4
<Huawei>display ip routing-table vpn-instance vpna
Route Flags: R - relay, D - download to fib
------------------------------------------------------------------------
Routing Tables: vpna
         Destinations : 7         Routes : 7

Destination/Mask    Proto    Pre  Cost      Flags NextHop        Interface

    192.168.1.0/24   IBGP     255  1          RD  192.1.1.1      GigabitEthernet
0/0/1
    192.168.2.0/24   RIP      100  1           D  192.168.4.1    GigabitEthernet
2/0/1
    192.168.3.0/24   IBGP     255  0          RD  192.1.1.1      GigabitEthernet
0/0/1
    192.168.4.0/24   Direct   0    0           D  192.168.4.2    GigabitEthernet
2/0/1
    192.168.4.2/32   Direct   0    0           D  127.0.0.1      GigabitEthernet
2/0/1
  192.168.4.255/32   Direct   0    0           D  127.0.0.1      GigabitEthernet
2/0/1
255.255.255.255/32   Direct   0    0           D  127.0.0.1      InLoopBack0

<Huawei>
```

图 6.85　PE4 中与 VPNA 相关的路由项

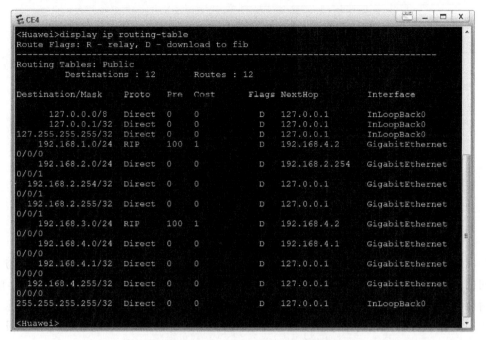

图 6.86　CE4 中与 VPNA 相关的路由项

（6）启动连接在站点 1 上的 PC1 与连接在站点 4 上的 PC7 之间的通信过程，PC7 的基础配置界面如图 6.87 所示。PC1 与 PC7 之间的通信过程如图 6.88 所示。

图 6.87　PC7 的基础配置界面

图 6.88　PC1 与 PC7 之间的通信过程

　　(7) 在 P2 连接 PE1 的接口上启动报文捕获功能,针对如图 6.88 所示的 PC1 与 PC7 之间的通信过程,捕获的 MPLS 报文分别如图 6.89 和图 6.90 所示。PC1 至 PC7 的 IP 分组封装成 MPLS 报文,栈顶标签是用于标识 PE1 至 PE4 的 LSP 的标签 1028,栈底标签是 PE4 用于标识目的网络为 192.168.2.0/24 路由项的标签 1033,两层标签的 MPLS 报文格式如图 6.89 所示。PC7 至 PC1 的 IP 分组通过 P2 连接 PE1 的接口输出时,由于 P2 是 PE1 的前一跳结点,因此,已经弹出用于标识 PE4 至 PE1 的 LSP 的栈底标签,只剩下 PE1 用于标识目的网络为 192.168.1.0/24 路由项的标签 1030,单层标签的 MPLS 报文格式如图 6.90 所示。

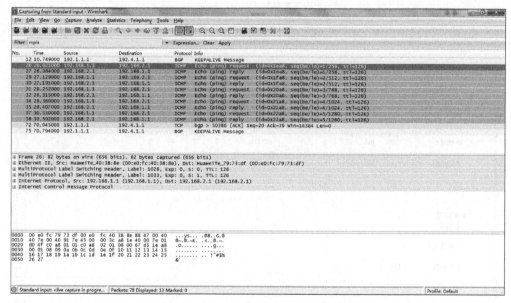

图 6.89　PE1 至 PE4 MPLS 报文格式

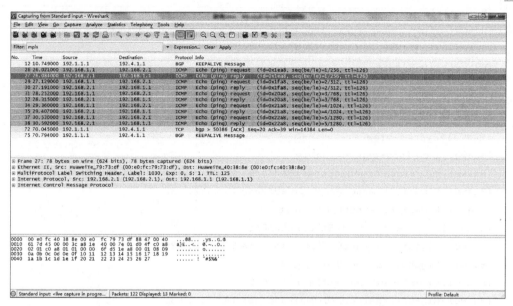

图 6.90　PE4 至 PE1 MPLS 报文格式

6.5.6　命令行接口配置过程

1. CE1 命令行接口配置过程

```
<Huawei>system-view
[Huawei]undo info-center enable
[Huawei]interface GigabitEthernet0/0/0
[Huawei-GigabitEthernet0/0/0]ip address 192.168.3.1 24
[Huawei-GigabitEthernet0/0/0]quit
[Huawei]interface GigabitEthernet0/0/1
[Huawei-GigabitEthernet0/0/1]ip address 192.168.1.254 24
[Huawei-GigabitEthernet0/0/1]quit
[Huawei]rip
[Huawei-rip-1]network 192.168.3.0
[Huawei-rip-1]network 192.168.1.0
[Huawei-rip-1]quit
```

CE2 的命令行接口配置过程与 CE1 相同,这里不再赘述。

2. CE4 命令行接口配置过程

```
<Huawei>system-view
[Huawei]undo info-center enable
[Huawei]interface GigabitEthernet0/0/0
[Huawei-GigabitEthernet0/0/0]ip address 192.168.4.1 24
[Huawei-GigabitEthernet0/0/0]quit
[Huawei]interface GigabitEthernet0/0/1
[Huawei-GigabitEthernet0/0/1]ip address 192.168.2.254 24
[Huawei-GigabitEthernet0/0/1]quit
```

```
[Huawei]rip
[Huawei-rip-1]network 192.168.2.0
[Huawei-rip-1]network 192.168.4.0
[Huawei-rip-1]quit
```

CE3 的命令行接口配置过程与 CE4 相同,这里不再赘述。

3. PE1 命令行接口配置过程

```
<Huawei>system-view
[Huawei]undo info-center enable
[Huawei]interface GigabitEthernet0/0/0
[Huawei-GigabitEthernet0/0/0]ip address 192.1.2.1 30
[Huawei-GigabitEthernet0/0/0]quit
[Huawei]interface GigabitEthernet0/0/1
[Huawei-GigabitEthernet0/0/1]ip address 192.1.2.5 30
[Huawei-GigabitEthernet0/0/1]quit
[Huawei]interface GigabitEthernet2/0/0
[Huawei-GigabitEthernet2/0/0]ip address 192.1.2.9 30
[Huawei-GigabitEthernet2/0/0]quit
[Huawei]interface loopback 0
[Huawei-LoopBack0]ip address 192.1.1.1 32
[Huawei-LoopBack0]quit
[Huawei]ospf 11
[Huawei-ospf-11]area 1
[Huawei-ospf-11-area-0.0.0.1]network 192.1.2.0 0.0.0.63
[Huawei-ospf-11-area-0.0.0.1]network 192.1.1.1 0.0.0.0
[Huawei-ospf-11-area-0.0.0.1]quit
[Huawei-ospf-11]quit
[Huawei]mpls lsr-id 192.1.1.1
[Huawei]mpls
[Huawei-mpls]quit
[Huawei]mpls ldp
[Huawei-mpls-ldp]quit
[Huawei]interface GigabitEthernet0/0/0
[Huawei-GigabitEthernet0/0/0]mpls
[Huawei-GigabitEthernet0/0/0]mpls ldp
[Huawei-GigabitEthernet0/0/0]quit
[Huawei]interface GigabitEthernet0/0/1
[Huawei-GigabitEthernet0/0/1]mpls
[Huawei-GigabitEthernet0/0/1]mpls ldp
[Huawei-GigabitEthernet0/0/1]quit
[Huawei]interface GigabitEthernet2/0/0
[Huawei-GigabitEthernet2/0/0]mpls
[Huawei-GigabitEthernet2/0/0]mpls ldp
[Huawei-GigabitEthernet2/0/0]quit
[Huawei]ip vpn-instance vpna
```

```
[Huawei-vpn-instance-vpna]ipv4-family
[Huawei-vpn-instance-vpna-af-ipv4]route-distinguisher 100:1
[Huawei-vpn-instance-vpna-af-ipv4]vpn-target 111:1 both
[Huawei-vpn-instance-vpna-af-ipv4]quit
[Huawei-vpn-instance-vpna]quit
[Huawei]interface GigabitEthernet2/0/1
[Huawei-GigabitEthernet2/0/1]ip binding vpn-instance vpna
[Huawei-GigabitEthernet2/0/1]ip address 192.168.3.2 24
[Huawei-GigabitEthernet2/0/1]quit
[Huawei]bgp 100
[Huawei-bgp]peer 192.4.1.1 as-number 100
[Huawei-bgp]peer 192.4.1.1 connect-interface loopback 0
[Huawei-bgp]ipv4-family vpnv4
[Huawei-bgp-af-vpnv4]peer 192.4.1.1 enable
[Huawei-bgp-af-vpnv4]quit
[Huawei-bgp]ipv4-family vpn-instance vpna
[Huawei-bgp-vpna]import-route rip 1
[Huawei-bgp-vpna]quit
[Huawei-bgp]quit
[Huawei]rip 1 vpn-instance vpna
[Huawei-rip-1]import-route bgp
[Huawei-rip-1]network 192.168.3.0
[Huawei-rip-1]quit
```

PE2 的命令接口配置过程与 PE1 相似，这里不再赘述。

4. P2 命令行接口配置过程

```
<Huawei>system-view
[Huawei]undo info-center enable
[Huawei]interface GigabitEthernet0/0/0
[Huawei-GigabitEthernet0/0/0]ip address 192.1.2.6 30
[Huawei-GigabitEthernet0/0/0]quit
[Huawei]interface GigabitEthernet0/0/1
[Huawei-GigabitEthernet0/0/1]ip address 192.1.2.14 30
[Huawei-GigabitEthernet0/0/1]quit
[Huawei]interface GigabitEthernet2/0/0
[Huawei-GigabitEthernet2/0/0]ip address 192.1.2.26 30
[Huawei-GigabitEthernet2/0/0]quit
[Huawei]interface GigabitEthernet2/0/1
[Huawei-GigabitEthernet2/0/1]ip address 192.1.2.34 30
[Huawei-GigabitEthernet2/0/1]quit
[Huawei]interface GigabitEthernet2/0/2
[Huawei-GigabitEthernet2/0/2]ip address 192.1.2.42 30
[Huawei-GigabitEthernet2/0/2]quit
[Huawei]interface GigabitEthernet2/0/3
[Huawei-GigabitEthernet2/0/3]ip address 192.1.2.45 30
```

```
[Huawei-GigabitEthernet2/0/3]quit
[Huawei]interface loopback 0
[Huawei-LoopBack0]ip address 192.6.1.1 32
[Huawei-LoopBack0]quit
[Huawei]ospf 2
[Huawei-ospf-2]area 1
[Huawei-ospf-2-area-0.0.0.1]network 192.1.2.0 0.0.0.63
[Huawei-ospf-2-area-0.0.0.1]network 192.6.1.1 0.0.0.0
[Huawei-ospf-2-area-0.0.0.1]quit
[Huawei-ospf-2]quit
[Huawei]mpls lsr-id 192.6.1.1
[Huawei]mpls
[Huawei-mpls]quit
[Huawei]mpls ldp
[Huawei-mpls-ldp]quit
[Huawei]interface GigabitEthernet0/0/0
[Huawei-GigabitEthernet0/0/0]mpls
[Huawei-GigabitEthernet0/0/0]mpls ldp
[Huawei-GigabitEthernet0/0/0]quit
[Huawei]interface GigabitEthernet0/0/1
[Huawei-GigabitEthernet0/0/1]mpls
[Huawei-GigabitEthernet0/0/1]mpls ldp
[Huawei-GigabitEthernet0/0/1]quit
[Huawei]interface GigabitEthernet2/0/0
[Huawei-GigabitEthernet2/0/0]mpls
[Huawei-GigabitEthernet2/0/0]mpls ldp
[Huawei-GigabitEthernet2/0/0]quit
[Huawei]interface GigabitEthernet2/0/1
[Huawei-GigabitEthernet2/0/1]mpls
[Huawei-GigabitEthernet2/0/1]mpls ldp
[Huawei-GigabitEthernet2/0/1]quit
[Huawei]interface GigabitEthernet2/0/2
[Huawei-GigabitEthernet2/0/2]mpls
[Huawei-GigabitEthernet2/0/2]mpls ldp
[Huawei-GigabitEthernet2/0/2]quit
[Huawei]interface GigabitEthernet2/0/3
[Huawei-GigabitEthernet2/0/3]mpls
[Huawei-GigabitEthernet2/0/3]mpls ldp
[Huawei-GigabitEthernet2/0/3]quit
```

P1 和 P3 的命令行接口配置过程与 P2 相似,这里不再赘述。

5. PE4 命令行接口配置过程

```
<Huawei>system-view
[Huawei]undo info-center enable
[Huawei]interface GigabitEthernet0/0/0
```

```
[Huawei-GigabitEthernet0/0/0]ip address 192.1.2.30 30
[Huawei-GigabitEthernet0/0/0]quit
[Huawei]interface GigabitEthernet0/0/1
[Huawei-GigabitEthernet0/0/1]ip address 192.1.2.33 30
[Huawei-GigabitEthernet0/0/1]quit
[Huawei]interface GigabitEthernet2/0/0
[Huawei-GigabitEthernet2/0/0]ip address 192.1.2.37 30
[Huawei-GigabitEthernet2/0/0]quit
[Huawei]interface loopback 0
[Huawei-LoopBack0]ip address 192.4.1.1 32
[Huawei-LoopBack0]quit
[Huawei]ospf 44
[Huawei-ospf-44]area 1
[Huawei-ospf-44-area-0.0.0.1]network 192.1.2.0 0.0.0.63
[Huawei-ospf-44-area-0.0.0.1]network 192.4.1.1 0.0.0.0
[Huawei-ospf-44-area-0.0.0.1]quit
[Huawei-ospf-44]quit
[Huawei]mpls lsr-id 192.4.1.1
[Huawei]mpls
[Huawei-mpls]quit
[Huawei]mpls ldp
[Huawei-mpls-ldp]quit
[Huawei]interface GigabitEthernet0/0/0
[Huawei-GigabitEthernet0/0/0]mpls
[Huawei-GigabitEthernet0/0/0]mpls ldp
[Huawei-GigabitEthernet0/0/0]quit
[Huawei]interface GigabitEthernet0/0/1
[Huawei-GigabitEthernet0/0/1]mpls
[Huawei-GigabitEthernet0/0/1]mpls ldp
[Huawei-GigabitEthernet0/0/1]quit
[Huawei]interface GigabitEthernet2/0/0
[Huawei-GigabitEthernet2/0/0]mpls
[Huawei-GigabitEthernet2/0/0]mpls ldp
[Huawei-GigabitEthernet2/0/0]quit
[Huawei]ip vpn-instance vpna
[Huawei-vpn-instance-vpna]ipv4-family
[Huawei-vpn-instance-vpna-af-ipv4]route-distinguisher 100:2
[Huawei-vpn-instance-vpna-af-ipv4]vpn-target 111:1 both
[Huawei-vpn-instance-vpna-af-ipv4]quit
[Huawei-vpn-instance-vpna]quit
[Huawei]interface GigabitEthernet2/0/1
[Huawei-GigabitEthernet2/0/1]ip binding vpn-instance vpna
[Huawei-GigabitEthernet2/0/1]ip address 192.168.4.2 24
[Huawei-GigabitEthernet2/0/1]quit
[Huawei]bgp 100
```

```
[Huawei-bgp]peer 192.1.1.1 as-number 100
[Huawei-bgp]peer 192.1.1.1 connect-interface loopback 0
[Huawei-bgp]ipv4-family vpnv4
[Huawei-bgp-af-vpnv4]peer 192.1.1.1 enable
[Huawei-bgp-af-vpnv4]quit
[Huawei-bgp]ipv4-family vpn-instance vpna
[Huawei-bgp-vpna]import-route rip 1
[Huawei-bgp-vpna]quit
[Huawei-bgp]quit
[Huawei]rip 1 vpn-instance vpna
[Huawei-rip-1]import-route bgp
[Huawei-rip-1]network 192.168.4.0
[Huawei-rip-1]quit
```

PE3 的命令行接口配置过程与 PE4 相似，这里不再赘述。

6. 命令列表

路由器命令行接口配置过程中使用的命令格式、功能和参数说明见表 6.5。

表 6.5 命令列表

命 令 格 式	功能和参数说明
mpls lsr-id *lsr-id*	为路由器指定 LSR 标识符，参数 *lsr-id* 是 IPv4 地址格式的 LSR 标识符
mpls	启动当前路由器系统的 MPLS 功能，并进入 MPLS 视图
mpls ldp	启动当前路由器系统的 MPLS LDP 功能，并进入 MPLS-LDP 视图
mpls	启动当前路由器接口的 MPLS 功能。需要在启动路由器系统的 MPLS 功能后，为需要启动 MPLS 功能的路由器接口逐个启动 MPLS 功能
mpls ldp	启动当前路由器接口的 MPLS LDP 功能。需要在启动路由器系统的 MPLS LDP 功能后，为需要启动 MPLS LDP 功能的路由器接口逐个启动 MPLS LDP 功能
ip vpn-instance *vpn-instance-name*	创建一个 VPN 实例，并进入 VPN 实例视图。参数 *vpn-instance-name* 是创建的 VPN 实例的名称
ipv4-family	在当前 VPN 实例中启动 IPv4 地址族，并进入 VPN 实例 IPv4 地址族视图
route-distinguisher *route-distinguisher*	为 VPN 实例地址族配置路由标识符，参数 *route-distinguisher* 是路由标识符
vpn-target *vpn-target* [**both** | **export-extcommunity** | **import-extcommunity**]	用于配置 VPN 实例地址族入方向或出方向的 VPN-Target 扩展团体属性，参数 *vpn-target* 是扩展团体属性。export-extcommunity 指定扩展团体属性作用于出方向，import-extcommunity 指定扩展团体属性作用于入方向，both 指定扩展团体属性作用于两个方向
ip binding vpn-instance *vpn-instance-name*	将当前接口与指定 VPN 实例绑定，参数 *vpn-instance-name* 是 VPN 实例名称

命 令 格 式	功能和参数说明
peer *ipv4-address* **connect-interface** *interface-type interface-number*	指定当前路由器向对等体发送 BGP 报文的源接口。参数 *ipv4-address* 是对等体的 IP 地址。参数 *interface-type* 是源接口的类型,参数 *interface-number* 是源接口的编号,两者一起指定源接口
ipv4-family vpnv4	在 BGP 中启动 BGP-VPNv4 地址族,并进入 BGP-VPNv4 地址族视图
peer *ipv4-address* **enable**	在当期地址族视图下启动与对等体之间交换路由消息的功能。参数 *ipv4-address* 是对等体的 IP 地址
ipv4-family vpn-instance *vpn-instance-name*	建立特定 VPN 实例与 IPv4 地址族之间的关联,并进入 BGP-VPN 实例 IPv4 地址族视图。参数 *vpn-instance-name* 是 VPN 实例名称
import-route *protocol* [*process-id*]	在 BGP 路由消息中引入其他路由协议创建的路由项。参数 *protocol* 是路由协议,如果需要指定进程编号,参数 *process-id* 是进程编号
rip [*process-id*] [**vpn-instance** *vpn-instance-name*]	在特定 VPN 实例中启动特定编号的 RIP 进程。参数 *vpn-instance-name* 是 VPN 实例名称,参数 *process-id* 是 RIP 进程编号

第 7 章　IPv6 网络设计实验

IPv6 网络设计实验主要包括两部分：一是验证 IPv6 网络连通性的实验，主要验证与保障 IPv6 网络内终端之间 IPv6 分组传输过程有关的知识，如自动生成链路本地地址过程、静态路由项配置过程、路由协议生成动态路由项过程等；二是验证 IPv6 网络与 IPv4 网络互联过程的实验，主要验证有关双协议栈和 IPv6 over IPv4 隧道等知识。

7.1　基本配置实验

7.1.1　实验内容

简单互联网结构如图 7.1 所示，由具有两个以太网接口的路由器 R 互联两个独立的以太网而成。终端 A 和终端 B 分别连接在两个独立的以太网上，实现终端 A 与终端 B 之间的 IPv6 分组传输过程。

7.1.2　实验目的

（1）掌握路由器接口 IPv6 地址和前缀长度配置过程。

（2）验证链路本地地址生成过程。

（3）验证邻站发现协议工作过程。

（4）验证 IPv6 网络的连通性。

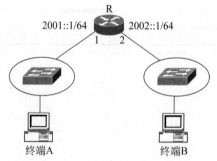

图 7.1　简单互联网结构

7.1.3　实验原理

启动图 7.1 中路由器接口的 IPv6 和自动生成链路本地地址的功能后，两个路由器接口自动生成链路本地地址。手工配置两个路由器接口的全球 IPv6 地址和前缀长度。终端 A 配置 64 位前缀为 2001:: 的全球 IPv6 地址，并以路由器 R 接口 1 配置的全球 IPv6 地址 2001::1 为默认网关地址。同样，终端 B 配置 64 位前缀为 2002:: 的全球 IPv6 地址，并以路由器 R 接口 2 配置的全球 IPv6 地址 2002::1 为默认网关地址，在此基础上实现连接在不同以太网上的两个终端之间的 IPv6 分组传输过程。

7.1.4　关键命令说明

1. 启动路由器转发 IPv6 单播分组的功能

```
[Huawei]ipv6
```

ipv6 是系统视图下使用的命令，该命令的作用是启动路由器转发 IPv6 单播分组的功能。只有在通过该命令启动网络设备转发 IPv6 单播分组的功能后，才能对该网络设备进行其他有关 IPv6 的配置过程。

2. 完成接口有关 IPv6 的配置过程

```
[Huawei]interface GigabitEthernet0/0/0
[Huawei-GigabitEthernet0/0/0]ipv6 enable
[Huawei-GigabitEthernet0/0/0]ipv6 address 2001::1 64
[Huawei-GigabitEthernet0/0/0]ipv6 address auto link-local
[Huawei-GigabitEthernet0/0/0]quit
```

ipv6 enable 是接口视图下使用的命令,该命令的作用是启动指定接口(这里是接口 GigabitEthernet0/0/0)的 IPv6 功能,只有在通过该命令启动指定接口的 IPv6 功能后,才能对该接口进行其他有关 IPv6 的配置过程。

ipv6 address 2001::1 64 是接口视图下使用的命令,该命令的作用是配置指定接口(这里是接口 GigabitEthernet0/0/0)的全球 IPv6 地址和前缀长度。其中 2001::1 是全球 IPv6 地址,64 是前缀长度。

ipv6 address auto link-local 是接口视图下使用的命令,该命令的作用是启动指定接口(这里是接口 GigabitEthernet0/0/0)自动生成链路本地地址的功能。

7.1.5　实验步骤

(1) 启动 eNSP,按照如图 7.1 所示的网络拓扑结构放置和连接设备。完成设备放置和连接后的 eNSP 界面如图 7.2 所示。启动所有设备。

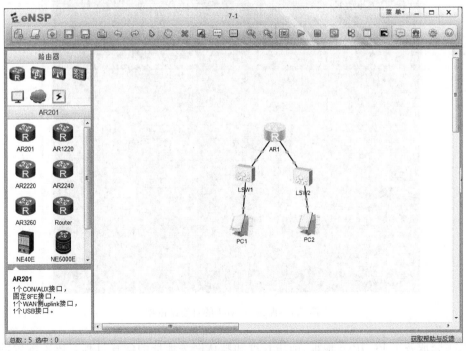

图 7.2　完成设备放置和连接后的 eNSP 界面

(2) 启动路由器 AR1 转发 IPv6 单播分组的功能。完成路由器 AR1 各个接口的 IPv6

地址和前缀长度的配置过程。完成上述配置过程后,路由器 AR1 的接口状态如图 7.3 所示,自动生成的路由器 AR1 的直连路由项如图 7.4 所示。

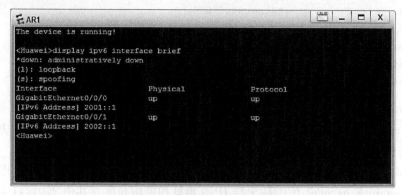

图 7.3 路由器 AR1 的接口状态

图 7.4 路由器 AR1 的直连路由项

(3) 完成各个 PC IPv6 地址、前缀长度和默认网关地址的配置过程。PC1 配置的 IPv6 地址、前缀长度和默认网关地址如图 7.5 所示,IPv6 地址的前缀必须是 2001::,与路由器 AR1 连接交换机 LSW1 的接口的 IPv6 地址的前缀相同,默认网关地址是路由器 AR1 连接交换机 LSW1 的接口的 IPv6 地址 2001::1。PC2 配置的 IPv6 地址、前缀长度和默认网关地址如图 7.6 所示,IPv6 地址的前缀必须是 2002::,与路由器 AR1 连接交换机 LSW2 的接口的 IPv6 地址的前缀相同,默认网关地址是路由器 AR1 连接交换机 LSW2 的接口的 IPv6 地址 2002::1。

PC1

| 基础配置 | 命令行 | 组播 | UDP发包工具 | 串口 |

主机名: |

MAC 地址: 54-89-98-FD-33-DE

IPv4 配置
◉ 静态　◯ DHCP　　　　　☐ 自动获取 DNS 服务器地址

IP 地址: 0 . 0 . 0 . 0　　DNS1: 0 . 0 . 0 . 0

子网掩码: 0 . 0 . 0 . 0　　DNS2: 0 . 0 . 0 . 0

网关: 0 . 0 . 0 . 0

IPv6 配置
◉ 静态　◯ DHCPv6

IPv6 地址: 2001::2

前缀长度: 64

IPv6 网关: 2001::1

应用

图 7.5　PC1 配置的 IPv6 地址、前缀长度和默认网关地址

PC2

| 基础配置 | 命令行 | 组播 | UDP发包工具 | 串口 |

主机名:

MAC 地址: 54-89-98-4B-0D-EC

IPv4 配置
◉ 静态　◯ DHCP　　　　　☐ 自动获取 DNS 服务器地址

IP 地址: 0 . 0 . 0 . 0　　DNS1: 0 . 0 . 0 . 0

子网掩码: 0 . 0 . 0 . 0　　DNS2: 0 . 0 . 0 . 0

网关: 0 . 0 . 0 . 0

IPv6 配置
◉ 静态　◯ DHCPv6

IPv6 地址: 2002::2

前缀长度: 64

IPv6 网关: 2002::1

应用

图 7.6　PC2 配置的 IPv6 地址、前缀长度和默认网关地址

（4）如图 7.7 所示，启动 PC1 至 PC2 的 ICMPv6 报文传输过程。该 ICMPv6 报文封装成以 PC1 的 IPv6 地址 2001::2 为源 IPv6 地址、以 PC2 的 IPv6 地址 2002::2 为目的 IPv6 地址的 IPv6 分组。在 PC1 至路由器 AR1 连接交换机 LSW1 的接口这一段，该 IPv6 分组封装成以 PC1 的 MAC 地址为源 MAC 地址、以路由器 AR1 连接交换机 LSW1 的接口的 MAC 地址为目的 MAC 地址的 MAC 帧。PC1 为了获取路由器 AR1 连接交换机 LSW1 的接口的 MAC 地址，需要与路由器 AR1 交换 ICMPv6 的邻站请求和邻站通告，如图 7.8 所示的在路由器 AR1 连接交换机 LSW1 的接口捕获的报文序列。在路由器 AR1 连接交换机 LSW2 的接口至 PC2 这一段，该 IPv6 分组封装成以路由器 AR1 连接交换机 LSW2 的接口的 MAC 地址为源 MAC 地址、以 PC2 的 MAC 地址为目的 MAC 地址的 MAC 帧。同样，路由器 AR1 为了获取 PC2 的 MAC 地址，需要与 PC2 交换 ICMPv6 的邻站请求和邻站通告，如图 7.9 所示的在路由器 AR1 连接交换机 LSW2 的接口捕获的报文序列。

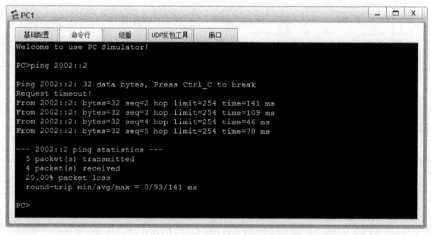

图 7.7　PC1 与 PC2 之间 ICMPv6 报文传输过程

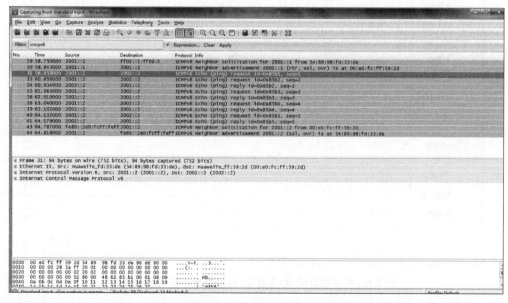

图 7.8　PC1 至路由器 AR1 这一段的 IPv6 分组封装格式

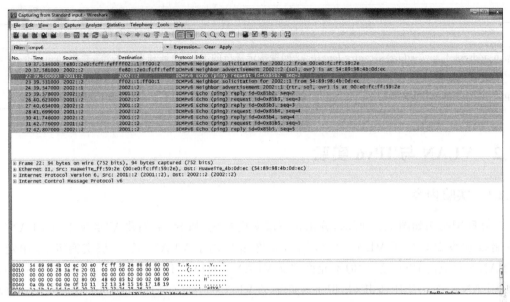

图 7.9　路由器 AR1 至 PC2 这一段的 IPv6 分组封装格式

7.1.6　命令行接口配置过程

1. 路由器 AR1 命令行接口配置过程

```
<Huawei>system-view
[Huawei]undo info-center enable
[Huawei]ipv6
[Huawei]interface GigabitEthernet0/0/0
[Huawei-GigabitEthernet0/0/0]ipv6 enable
[Huawei-GigabitEthernet0/0/0]ipv6 address 2001::1 64
[Huawei-GigabitEthernet0/0/0]ipv6 address auto link-local
[Huawei-GigabitEthernet0/0/0]quit
[Huawei]interface GigabitEthernet0/0/1
[Huawei-GigabitEthernet0/0/1]ipv6 enable
[Huawei-GigabitEthernet0/0/1]ipv6 address 2002::1 64
[Huawei-GigabitEthernet0/0/1]ipv6 address auto link-local
[Huawei-GigabitEthernet0/0/1]quit
```

2. 命令列表

路由器命令行接口配置过程中使用的命令格式、功能和参数说明见表 7.1。

表 7.1　命令列表

命　令　格　式	功能和参数说明
ipv6	启动路由器转发 IPv6 单播分组的功能
ipv6 enable	启动指定接口的 IPv6 功能

续表

命 令 格 式	功能和参数说明
ipv6 address 〔 *ipv6-address prefix-length* ｜ *ipv6-address / prefix-length* 〕	配置指定接口的 IPv6 地址和前缀长度,参数 *ipv6-address* 是 IPv6 地址,参数 *prefix-length* 是前缀长度
ipv6 address auto link-local	启动指定接口自动生成链路本地地址的功能

7.2 VLAN 与 IPv6 实验

7.2.1 实验内容

互联网结构如图 7.10 所示,分别在三层交换机 S1 和 S2 中创建 VLAN 2 和 VLAN 3,终端 A 和终端 C 属于 VLAN 2,终端 B 和终端 D 属于 VLAN 3。三层交换机 S1 中定义 VLAN 2 对应的 IPv6 接口,但不允许定义 VLAN 3 对应的 IPv6 接口。三层交换机 S2 中定义 VLAN 3 对应的 IPv6 接口,但不允许定义 VLAN 2 对应的 IPv6 接口。在满足上述要求的情况下,实现属于同一 VLAN 的两个终端之间的通信过程,属于不同 VLAN 的两个终端之间的通信过程。

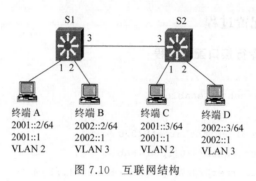

图 7.10 互联网结构

7.2.2 实验目的

(1) 进一步理解三层交换机的二层交换和三层路由功能。
(2) 掌握三层交换机 IPv6 接口的配置过程。
(3) 掌握 IPv6 静态路由项配置过程。
(4) 验证 IPv6 分组 VLAN 间传输过程。

7.2.3 实验原理

由于 S1 中只定义 VLAN 2 对应的 IPv6 接口,S2 中只定义 VLAN 3 对应的 IPv6 接口,因此,连接在 VLAN 2 中的终端,如果需要向连接在 VLAN 3 中的终端传输 IPv6 分组,只能将 IPv6 分组传输给 S1 的路由模块。由于只有 S2 的路由模块中定义了连接 VLAN 3 的 IPv6 接口,因此,需要建立 S1 路由模块与 S2 路由模块之间的 IPv6 分组传输路径。为了建立 S1 路由模块与 S2 路由模块之间的 IPv6 分组传输路径,需要在 S1 和 S2 中创建 VLAN 4,

同时在 S1 和 S2 中定义 VLAN 4 对应的 IPv6 接口,建立 S1 中 VLAN 4 对应的 IPv6 接口与 S2 中 VLAN 4 对应的 IPv6 接口之间的交换路径。

S1 路由模块的路由表中需要建立用于指明通往 VLAN 3 的传输路径的路由项,该路由项的目的网络是 VLAN 3 的网络地址 2002::/64,输出接口是连接 VLAN 4 的 IPv6 接口,下一跳是 S2 中连接 VLAN 4 的 IPv6 接口的 IP 地址 2003::2。同样,S2 路由模块的路由表中需要建立目的网络是 VLAN 2 的网络地址 2001::/64,输出接口是连接 VLAN 4 的 IPv6 接口,下一跳是 S1 中连接 VLAN 4 的 IPv6 接口的 IP 地址 2003::1 的路由项。

7.2.4　关键命令说明

以下命令用于配置一项用于指明通往 VLAN 3 对应的网络 2002::/64 的传输路径的静态路由项。

```
[Huawei]ipv6 route-static 2002:: 64 2003::2
```

ipv6 route-static 2002:: 64 2003::2 是系统视图下使用的命令,该命令的作用是配置一项静态路由项,其中 2002:: 是目的网络前缀,64 是前缀长度,两者用于表明目的网络的网络前缀是 2002::/64。2003::2 是下一跳 IPv6 地址。

7.2.5　实验步骤

(1) 启动 eNSP,按照如图 7.10 所示的网络拓扑结构放置和连接设备。完成设备放置和连接后的 eNSP 界面如图 7.11 所示。启动所有设备。

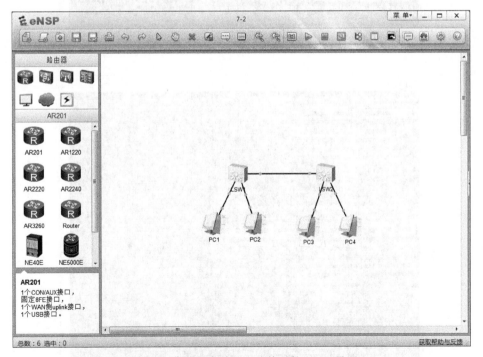

图 7.11　完成设备放置和连接后的 eNSP 界面

（2）分别在交换机 LSW1 和 LSW2 中创建 VLAN 2、VLAN 3 和 VLAN 4。为这些 VLAN
分配交换机端口。在交换机 LSW1 中定义 VLAN 2 和 VLAN 4 对应的 IPv6 接口，为这些 IPv6
接口分配 IPv6 地址和前缀长度。在交换机 LSW2 中定义 VLAN 3 和 VLAN 4 对应的 IPv6 接
口，为这些 IPv6 接口分配 IPv6 地址和前缀长度。完成 IPv6 接口定义和 IPv6 相关功能配置过
程后，交换机 LSW1 和 LSW2 的 IPv6 接口状态分别如图 7.12 和图 7.13 所示。

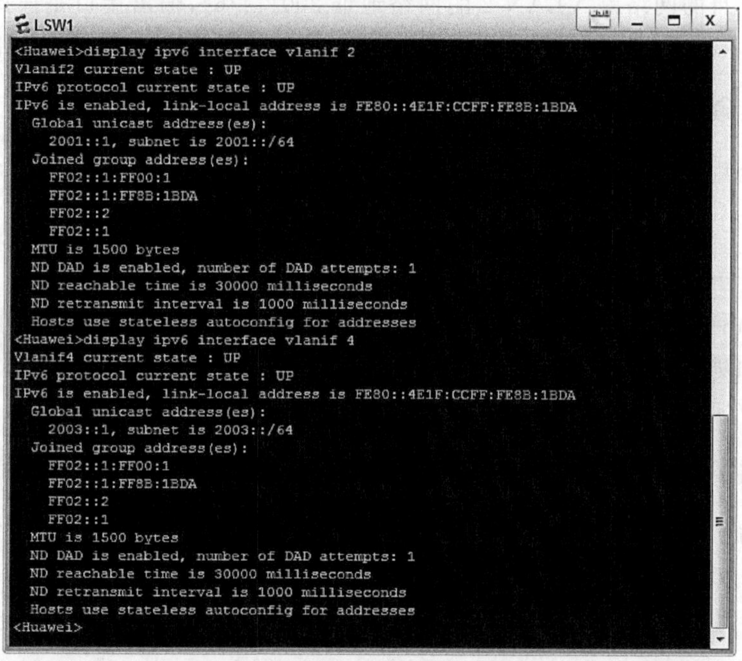

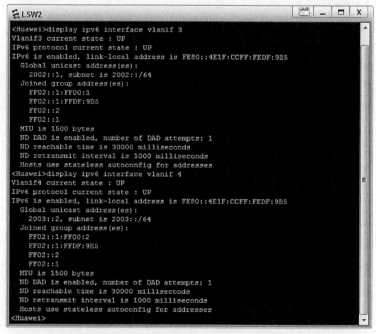

图 7.12　交换机 LSW1 的 IPv6 接口状态

图 7.13　交换机 LSW2 的 IPv6 接口状态

（3）完成交换机 LSW1 和 LSW2 静态路由项配置过程，在交换机 LSW1 中配置一项目的网络是 VLAN 3 对应的网络 2002::/64，下一跳是交换机 LSW2 中 VLAN 4 对应的 IPv6 接口的 IPv6 地址 2003::2 的静态路由项。在交换机 LSW2 中配置一项目的网络是 VLAN 2 对应的网络 2001::/64，下一跳是交换机 LSW1 中 VLAN 4 对应的 IPv6 接口的 IPv6 地址 2003::1 的静态路由项。完成静态路由项配置过程后的交换机 LSW1 和 LSW2 的完整路由表分别如图 7.14 和图 7.15 所示。路由表中除了直连路由项，还包括静态路由项。

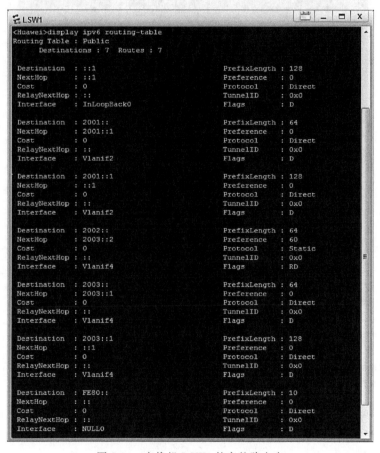

图 7.14　交换机 LSW1 的完整路由表

（4）为各个 PC 分配 IPv6 地址、前缀长度和默认网关地址，连接在 VLAN 2 上的 PC 配置的 IPv6 地址，与 VLAN 2 对应的 IPv6 接口的 IPv6 地址有相同的网络前缀。配置的默认网关地址是 VLAN 2 对应的 IPv6 接口的 IPv6 地址。连接在 VLAN 2 上的 PC1 配置的 IPv6 地址、前缀长度和默认网关地址如图 7.16 所示。连接在 VLAN 3 上的 PC 配置的 IPv6 地址，与 VLAN 3 对应的 IPv6 接口的 IPv6 地址有相同的网络前缀。配置的默认网关地址是 VLAN 3 对应的 IPv6 接口的 IPv6 地址。连接在 VLAN 3 上的 PC2 配置的 IPv6 地址、前缀长度和默认网关地址如图 7.17 所示。

（5）启动连接在同一 VLAN 上的 PC 之间的通信过程，并启动连接在不同 VLAN 上的 PC 之间的通信过程。如图 7.18 所示的是连接在 VLAN 2 上的 PC1 与连接在 VLAN 2 上的 PC3 和连接在 VLAN 3 上的 PC2 之间的通信过程。

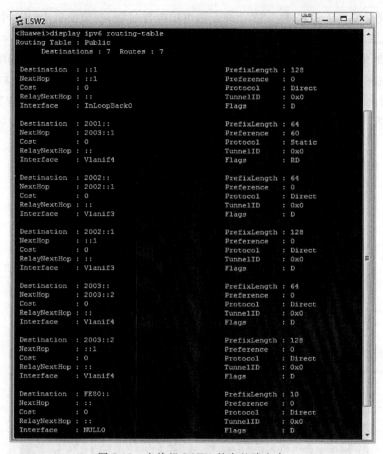

图 7.15 交换机 LSW2 的完整路由表

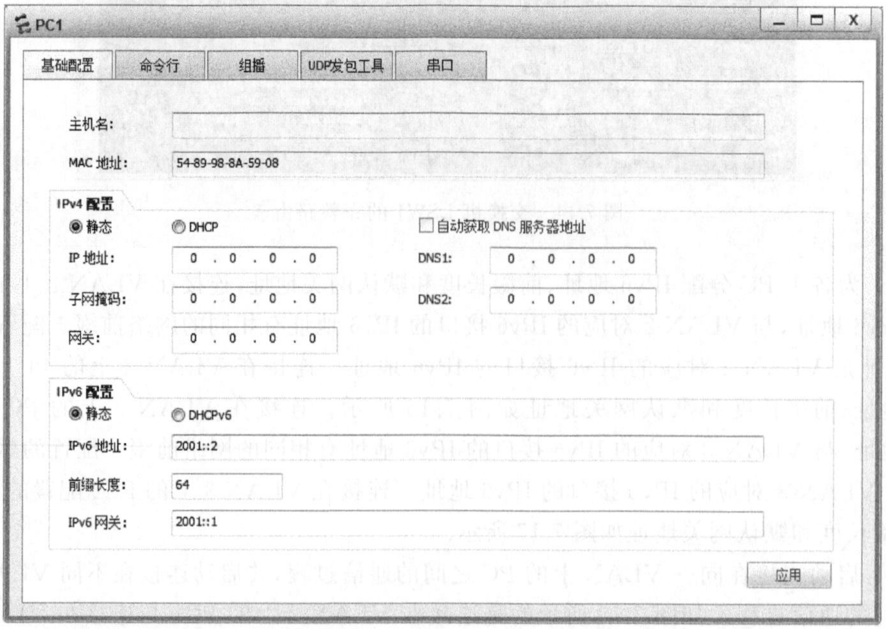

图 7.16 PC1 配置的 IPv6 地址、前缀长度和默认网关地址

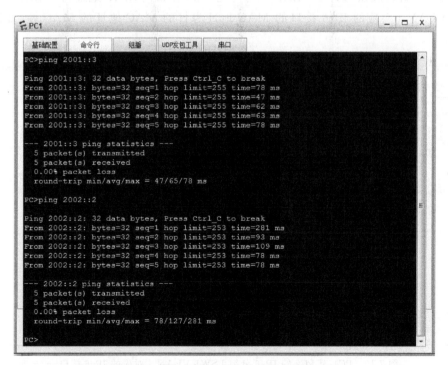

图 7.17　PC2 配置的 IPv6 地址、前缀长度和默认网关地址

图 7.18　PC1 与 PC3 和 PC2 之间的通信过程

（6）PC1 至 PC2 的 IPv6 分组传输路径是：PC1→LSW1 VLAN 2 对应的 IPv6 接口→LSW1 VLAN 4 对应的 IPv6 接口→LSW2 VLAN 4 对应的 IPv6 接口→LSW2 VLAN 3 对应的 IPv6 接口→PC2。其中 LSW1 VLAN 4 对应的 IPv6 接口→LSW2 VLAN 4 对应的 IPv6 接口和 LSW2 VLAN 3 对应的 IPv6 接口→PC2 的传输过程分别经过 LSW1 的端口 GE0/0/3。PC2 至 PC1 的 IPv6 分组传输路径是：PC2→LSW2 VLAN 3 对应的 IPv6 接口→LSW2 VLAN 4 对应的 IPv6 接口→LSW1 VLAN 4 对应的 IPv6 接口→LSW1 VLAN 2 对应的 IPv6 接口→PC1。其中 PC2→LSW2 VLAN 3 对应的 IPv6 接口和 LSW2 VLAN 4 对应的 IPv6 接口→LSW1 VLAN 4 对应的 IPv6 接口的传输过程分别经过 LSW1 的端口 GE0/0/3。在交换机 LSW1 的端口 GE0/0/3 上启动捕获报文功能。PC1 至 PC2 的 IPv6 分组 LSW1 VLAN 4 对应的 IPv6 接口→LSW2 VLAN 4 对应的 IPv6 接口的传输过程中，封装成以 LSW1 VLAN 4 对应的 IPv6 接口的 MAC 地址为源 MAC 地址、以 LSW2 VLAN 4 对应的 IPv6 接口的 MAC 地址为目的 MAC 地址的 MAC 帧，如图 7.19 所示。PC1 至 PC2 的 IPv6 分组 LSW2 VLAN 3 对应的 IPv6 接口→PC2 的传输过程中，封装成以 LSW2 VLAN 3 对应的 IPv6 接口的 MAC 地址为源 MAC 地址、以 PC2 的 MAC 地址为目的 MAC 地址的 MAC 帧，如图 7.20 所示。PC2 至 PC1 的 IPv6 分组 PC2→LSW2 VLAN 3 对应的 IPv6 接口的传输过程中，封装成以 PC2 的 MAC 地址为源 MAC 地址、以 LSW2 VLAN 3 对应的 IPv6 接口的 MAC 地址为目的 MAC 地址的 MAC 帧，如图 7.21 所示。PC2 至 PC1 的 IPv6 分组 LSW2 VLAN 4 对应的 IPv6 接口→LSW1 VLAN 4 对应的 IPv6 接口的传输过程中，封装成以 LSW2 VLAN 4 对应的 IPv6 接口的 MAC 地址为源 MAC 地址、以 LSW1 VLAN 4 对应的 IPv6 接口的 MAC 地址为目的 MAC 地址的 MAC 帧，如图 7.22 所示。

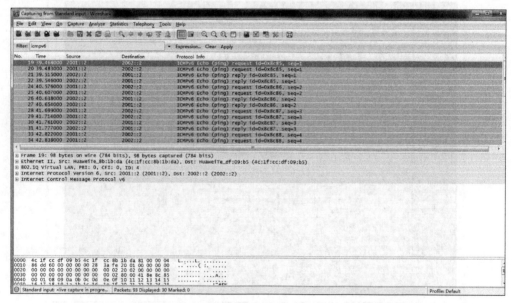

图 7.19　PC1 至 PC2 的 IPv6 分组 LSW1 VLAN 4 对应的 IPv6 接口→
LSW2 VLAN 4 对应的 IPv6 接口这一段封装过程

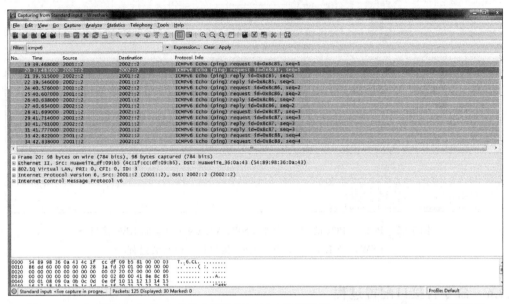

图 7.20　PC1 至 PC2 的 IPv6 分组 LSW2 VLAN 3 对应的 IPv6 接口→PC2 这一段封装过程

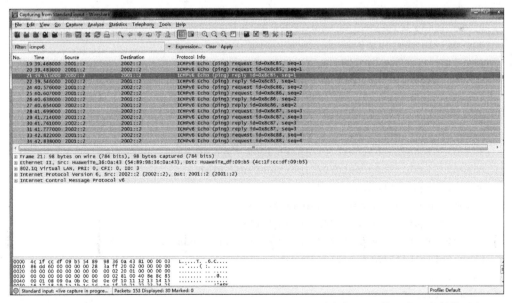

图 7.21　PC2 至 PC1 的 IPv6 分组 PC2→LSW2 VLAN 3 对应的 IPv6 接口这一段封装过程

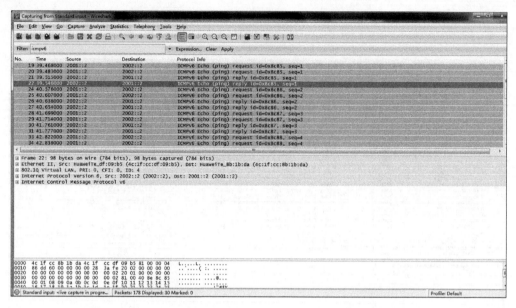

图 7.22　PC2 至 PC1 的 IPv6 分组 LSW2 VLAN 4 对应的 IPv6 接口→
LSW1　VLAN 4 对应的 IPv6 接口这一段封装过程

7.2.6　命令行接口配置过程

1. 交换机 LSW1 命令行接口配置过程

```
<Huawei>system-view
[Huawei]undo info-center enable
[Huawei]vlan batch 2 3 4
[Huawei]interface GigabitEthernet0/0/1
[Huawei-GigabitEthernet0/0/1]port link-type access
[Huawei-GigabitEthernet0/0/1]port default vlan 2
[Huawei-GigabitEthernet0/0/1]quit
[Huawei]interface GigabitEthernet0/0/2
[Huawei-GigabitEthernet0/0/2]port link-type access
[Huawei-GigabitEthernet0/0/2]port default vlan 3
[Huawei-GigabitEthernet0/0/2]quit
[Huawei]interface GigabitEthernet0/0/3
[Huawei-GigabitEthernet0/0/3]port link-type trunk
[Huawei-GigabitEthernet0/0/3]port trunk allow-pass vlan 2 3 4
[Huawei-GigabitEthernet0/0/3]quit
[Huawei]ipv6
[Huawei]interface vlanif 2
[Huawei-Vlanif2]ipv6 enable
[Huawei-Vlanif2]ipv6 address 2001::1 64
[Huawei-Vlanif2]ipv6 address auto link-local
[Huawei-Vlanif2]quit
[Huawei]interface vlanif 4
```

```
[Huawei-Vlanif4]ipv6 enable
[Huawei-Vlanif4]ipv6 address 2003::1 64
[Huawei-Vlanif4]ipv6 address auto link-local
[Huawei-Vlanif4]quit
[Huawei]ipv6 route-static 2002:: 64 2003::2
```

2. 交换机 LSW2 命令行接口配置过程

```
<Huawei>system-view
[Huawei]undo info-center enable
[Huawei]vlan batch 2 3 4
[Huawei]interface GigabitEthernet0/0/1
[Huawei-GigabitEthernet0/0/1]port link-type access
[Huawei-GigabitEthernet0/0/1]port default vlan 2
[Huawei-GigabitEthernet0/0/1]quit
[Huawei]interface GigabitEthernet0/0/2
[Huawei-GigabitEthernet0/0/2]port link-type access
[Huawei-GigabitEthernet0/0/2]port default vlan 3
[Huawei-GigabitEthernet0/0/2]quit
[Huawei]interface GigabitEthernet0/0/3
[Huawei-GigabitEthernet0/0/3]port link-type trunk
[Huawei-GigabitEthernet0/0/3]port trunk allow-pass vlan 2 3 4
[Huawei-GigabitEthernet0/0/3]quit
[Huawei]ipv6
[Huawei]interface vlanif 3
[Huawei-Vlanif3]ipv6 enable
[Huawei-Vlanif3]ipv6 address 2002::1 64
[Huawei-Vlanif3]ipv6 address auto link-local
[Huawei-Vlanif3]quit
[Huawei]interface vlanif 4
[Huawei-Vlanif4]ipv6 enable
[Huawei-Vlanif4]ipv6 address 2003::2 64
[Huawei-Vlanif4]ipv6 address auto link-local
[Huawei-Vlanif4]quit
[Huawei]ipv6 route-static 2001:: 64 2003::1
```

3. 命令列表

交换机命令行接口配置过程中使用的命令格式、功能和参数说明见表 7.2。

表 7.2　命令列表

命 令 格 式	功能和参数说明
ipv6 route-static *dest-ipv6-address prefix-length* {*interface-type interface-number* [*nexthop-ipv6-address*] | *nexthop-ipv6-address* }	配置一项静态路由项,其中参数 *dest-ipv6-address* 是目的网络的网络前缀,参数 *prefix-length* 是目的网络的前缀长度。参数 *interface-type* 是接口类型,参数 *interface-number* 是接口编号,接口类型和接口编号一起用于指定输出接口。参数 *nexthop-ipv6-address* 是下一跳 IPv6 地址。一般情况下,输出接口和下一跳 IPv6 地址可以二选一

7.3 RIPng 配置实验

7.3.1 实验内容

互联网结构如图 7.23 所示，路由器 R1、R2 和 R3 分别连接网络 2001::/64、2002::/64 和 2003::/64，用网络 2004::/64 互连这三个路由器。每个路由器都通过 RIPng 建立用于指明通往其他两个没有与其直接连接的网络的传输路径的路由项。终端 D 可以选择这三个路由器连接网络 2004::/64 的三个接口中的任何一个接口的 IPv6 地址作为默认网关地址，以实现连接在不同网络上的终端之间的通信过程。

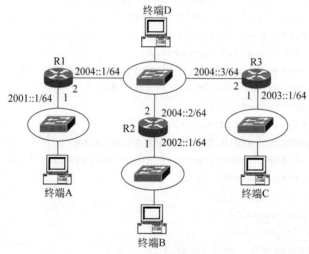

图 7.23 互联网结构

7.3.2 实验目的

(1) 掌握路由器接口 IPv6 地址和前缀长度的配置过程。

(2) 掌握路由器 RIPng 配置过程。

(3) 验证 RIPng 建立动态路由项过程。

(4) 验证 IPv6 网络的连通性。

7.3.3 实验原理

由于 RIPng 的功能是使得每个路由器均能够在直连路由项的基础上创建用于指明通往没有与其直接连接的网络的传输路径的动态路由项，因此，路由器的配置过程分为两部分：一是通过配置路由器接口的 IPv6 地址和前缀长度自动生成直连路由项；二是通过配置 RIPng 相关信息，启动通过 RIPng 生成用于指明通往没有与其直接连接的网络的传输路径的动态路由项的过程。

7.3.4　关键命令说明

1. 创建 RIPng 进程

```
[Huawei]ripng 1
[Huawei-ripng-1]quit
```

ripng 1 是系统视图下使用的命令,该命令的作用是创建 RIPng 进程,并进入 RIPng 视图。其中 1 是进程标识符,进程标识符只有本地意义。只有在创建 RIPng 进程后,才能进行其他有关 RIPng 的配置过程。

2. 在指定接口中启动 RIPng 路由协议

```
[Huawei]interface GigabitEthernet0/0/0
[Huawei-GigabitEthernet0/0/0]ripng 1 enable
[Huawei-GigabitEthernet0/0/0]quit
```

ripng 1 enable 是接口视图下使用的命令,该命令的作用是在指定接口(这里是接口 GigabitEthernet0/0/0)中启动 RIPng 路由协议。该命令只能在创建 RIPng 进程后使用,其中 1 是创建 RIPng 进程时指定的进程标识符。

7.3.5　实验步骤

(1) 启动 eNSP,按照如图 7.23 所示的网络拓扑结构放置和连接设备。完成设备放置和连接后的 eNSP 界面如图 7.24 所示。启动所有设备。

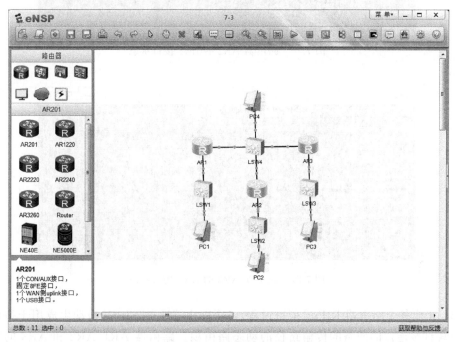

图 7.24　完成设备放置和连接后的 eNSP 界面

(2) 完成各个路由器所有接口 IPv6 地址和前缀长度的配置过程,路由器 AR1、AR2 和

AR3 的 IPv6 接口状态分别如图 7.25、图 7.26 和图 7.27 所示。

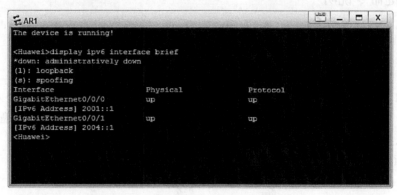

图 7.25　路由器 AR1 的 IPv6 接口状态

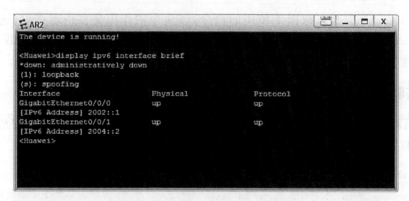

图 7.26　路由器 AR2 的 IPv6 接口状态

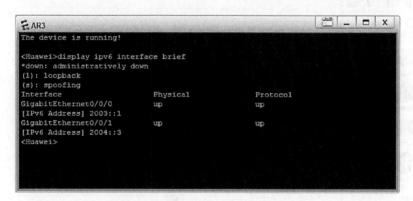

图 7.27　路由器 AR3 的 IPv6 接口状态

（3）完成各个路由器 RIPng 配置过程,各个路由器通过 RIPng 自动生成用于指明通往没有与其直接连接的网络的传输路径的动态路由项。路由器 AR1、AR2 和 AR3 的完整路由表如图 7.28～图 7.30 所示。路由表中除包含直连路由项,还包括 RIPng 生成的动态路由项。

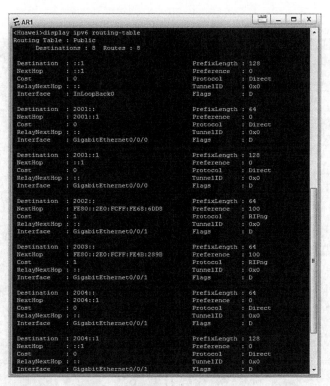

图 7.28 路由器 AR1 的完整路由表

图 7.29 路由器 AR2 的完整路由表

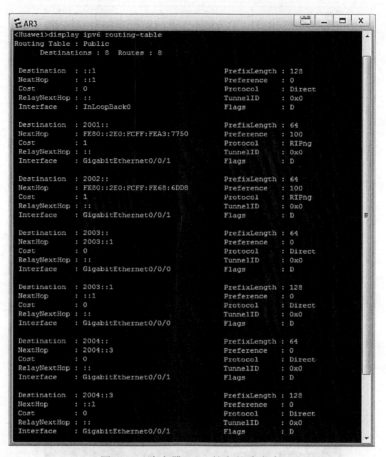

图 7.30 路由器 AR3 的完整路由表

（4）完成各个 PC IPv6 地址、前缀长度和默认网关地址配置过程。PC1 配置的 IPv6 地址、前缀长度和默认网关地址如图 7.31 所示，配置的 IPv6 地址与路由器 AR1 连接交换机 LSW1 的接口的 IPv6 地址有相同的网络前缀和前缀长度。路由器 AR1 连接交换机 LSW1 的接口的 IPv6 地址作为 PC1 的默认网关地址。PC4 配置的 IPv6 地址、前缀长度和默认网关地址如图 7.32 所示，配置的 IPv6 地址与各个路由器连接交换机 LSW4 的接口的 IPv6 地址有相同的网络前缀和前缀长度。各个路由器连接交换机 LSW4 的接口的 IPv6 地址均可作为 PC4 的默认网关地址。这里，PC4 选择路由器 AR1 连接交换机 LSW4 的接口的 IPv6 地址作为默认网关地址。

（5）启动连接在不同网络上的 PC 之间的通信过程，如图 7.33 所示是 PC1 与 PC2 和 PC4 之间的通信过程。

7.3.6 命令行接口配置过程

1. 路由器 AR1 命令行接口配置过程

```
<Huawei>system-view
[Huawei]undo info-center enable
[Huawei]ipv6
```

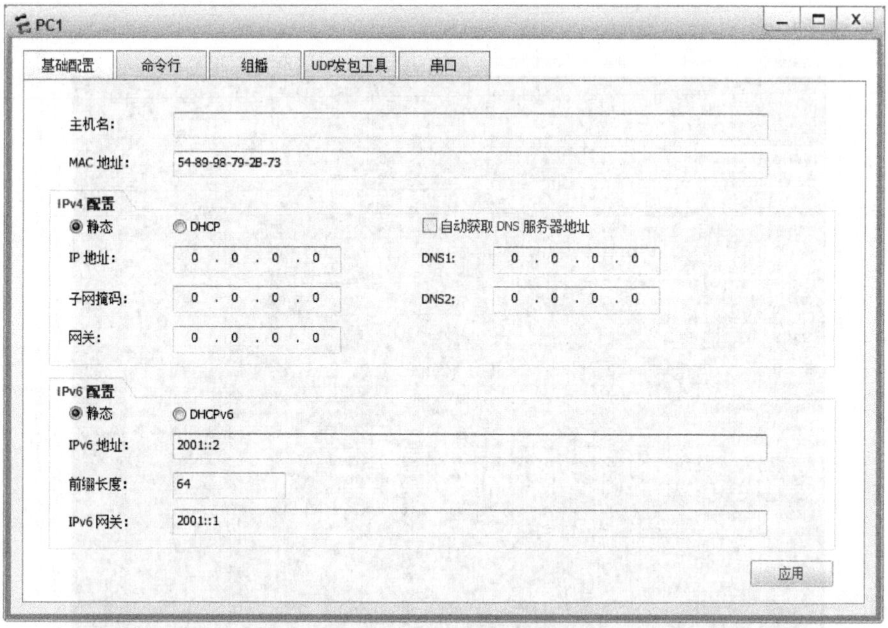

图 7.31　PC1 配置的 IPv6 地址、前缀长度和默认网关地址

图 7.32　PC4 配置的 IPv6 地址、前缀长度和默认网关地址

```
[Huawei]interface GigabitEthernet0/0/0
[Huawei-GigabitEthernet0/0/0]ipv6 enable
[Huawei-GigabitEthernet0/0/0]ipv6 address 2001::1 64
[Huawei-GigabitEthernet0/0/0]ipv6 address auto link-local
[Huawei-GigabitEthernet0/0/0]quit
```

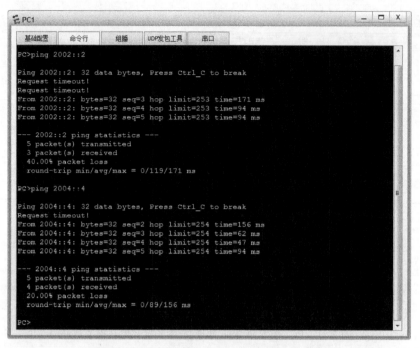

图 7.33 PC1 与 PC2 和 PC4 之间的通信过程

```
[Huawei]interface GigabitEthernet0/0/1
[Huawei-GigabitEthernet0/0/1]ipv6 enable
[Huawei-GigabitEthernet0/0/1]ipv6 address 2004::1 64
[Huawei-GigabitEthernet0/0/1]ipv6 address auto link-local
[Huawei-GigabitEthernet0/0/1]quit
[Huawei]ripng 1
[Huawei-ripng-1]quit
[Huawei]interface GigabitEthernet0/0/0
[Huawei-GigabitEthernet0/0/0]ripng 1 enable
[Huawei-GigabitEthernet0/0/0]quit
[Huawei]interface GigabitEthernet0/0/1
[Huawei-GigabitEthernet0/0/1]ripng 1 enable
[Huawei-GigabitEthernet0/0/1]quit
```

2. 路由器 AR2 命令行接口配置过程

```
<Huawei>system-view
[Huawei]undo info-center enable
[Huawei]ipv6
[Huawei]interface GigabitEthernet0/0/0
[Huawei-GigabitEthernet0/0/0]ipv6 enable
[Huawei-GigabitEthernet0/0/0]ipv6 address 2002::1 64
[Huawei-GigabitEthernet0/0/0]ipv6 address auto link-local
[Huawei-GigabitEthernet0/0/0]quit
[Huawei]interface GigabitEthernet0/0/1
```

```
[Huawei-GigabitEthernet0/0/1]ipv6 enable
[Huawei-GigabitEthernet0/0/1]ipv6 address 2004::2 64
[Huawei-GigabitEthernet0/0/1]ipv6 address auto link-local
[Huawei-GigabitEthernet0/0/1]quit
[Huawei]ripng 2
[Huawei-ripng-2]quit
[Huawei]interface GigabitEthernet0/0/0
[Huawei-GigabitEthernet0/0/0]ripng 2 enable
[Huawei-GigabitEthernet0/0/0]quit
[Huawei]interface GigabitEthernet0/0/1
[Huawei-GigabitEthernet0/0/1]ripng 2 enable
[Huawei-GigabitEthernet0/0/1]quit
```

3. 路由器 AR3 命令行接口配置过程

```
<Huawei>system-view
[Huawei]undo info-center enable
[Huawei]ipv6
[Huawei]interface GigabitEthernet0/0/0
[Huawei-GigabitEthernet0/0/0]ipv6 enable
[Huawei-GigabitEthernet0/0/0]ipv6 address 2003::1 64
[Huawei-GigabitEthernet0/0/0]ipv6 address auto link-local
[Huawei-GigabitEthernet0/0/0]quit
[Huawei]interface GigabitEthernet0/0/1
[Huawei-GigabitEthernet0/0/1]ipv6 enable
[Huawei-GigabitEthernet0/0/1]ipv6 address 2004::3 64
[Huawei-GigabitEthernet0/0/1]ipv6 address auto link-local
[Huawei-GigabitEthernet0/0/1]quit
[Huawei]ripng 3
[Huawei-ripng-3]quit
[Huawei]interface GigabitEthernet0/0/0
[Huawei-GigabitEthernet0/0/0]ripng 3 enable
[Huawei-GigabitEthernet0/0/0]quit
[Huawei]interface GigabitEthernet0/0/1
[Huawei-GigabitEthernet0/0/1]ripng 3 enable
[Huawei-GigabitEthernet0/0/1]quit
```

4. 命令列表

路由器命令行接口配置过程中使用的命令格式、功能和参数说明见表 7.3。

表 7.3　命令列表

命 令 格 式	功能和参数说明
ripng [*process-id*]	创建 RIPng 进程，并进入 RIPng 视图。其中参数 *process-id* 是进程标识符，如果省略，默认进程标识符为 1
ripng *process-id* **enable**	在指定接口中启动 RIPng 路由协议，该命令只能在创建 RIPng 进程后使用，其中参数 *process-id* 是创建 RIPng 进程时指定的进程标识符

7.4 单区域 OSPFv3 配置实验

7.4.1 实验内容

互联网结构如图 7.34 所示,除了互连路由器 R11 和 R13 的链路外,其他链路的传输速率都是 1Gb/s,互连路由器 R11 和 R13 的链路的传输速率是 100Mb/s。每个路由器都通过 OSPFv3 建立用于指明通往没有与其直接连接的网络的传输路径的动态路由项,以实现连接在不同网络上的两个终端之间的通信过程。

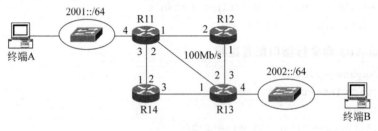

图 7.34 互联网结构

7.4.2 实验目的

(1)掌握路由器接口 IPv6 地址和前缀长度配置过程。

(2)掌握路由器 OSPFv3 配置过程。

(3)验证 OSPFv3 建立动态路由项过程。

(4)区分 RIPng 建立的传输路径与 OSPFv3 建立的传输路径。

(5)验证 IPv6 网络的连通性。

7.4.3 实验原理

如图 7.34 所示,4 个路由器构成一个区域:area 1,路由器 R11 和路由器 R13 连接 IPv6 网络 2001::/64 和 2002::/64 的接口需要配置全球 IPv6 地址 2001::1/64 和 2002::1/64,路由器其他接口只需启动 IPv6 和自动生成链路本地地址的功能。某个路由器接口一旦启动 IPv6 和自动生成链路本地地址的功能,路由器接口将自动生成链路本地地址。可以用路由器接口的链路本地地址实现相邻路由器之间 OSPFv3 报文传输和解析下一跳链路层地址的功能。由于 OSPFv3 将经过链路的代价之和最小的传输路径作为最短传输路径,且默认情况下,链路代价与链路传输速率相关,链路传输速率越高,链路代价越小,因此路由器 R11 通往网络 2002::/64 的传输路径或者是 R11→R12→R13→网络 2002::/64,或者是 R11→R14→R13→网络 2002::/64,与 RIPng 建立的传输路径不同。

7.4.4 关键命令说明

1. 创建 OSPFv3 进程,完成 OSPFv3 配置过程

```
[Huawei]ospfv3 11
```

```
[Huawei-ospfv3-11]router-id 7.7.7.11
[Huawei-ospfv3-11]bandwidth-reference 1000
[Huawei-ospfv3-11]quit
```

ospfv3 11 是系统视图下使用的命令，该命令的作用是创建 OSPFv3 进程，并进入 OSPFv3 视图。其中 11 是进程标识符，进程标识符只有本地意义。

router-id 7.7.7.11 是 OSPFv3 视图下使用的命令，该命令的作用是为运行的 OSPFv3 协议配置一个唯一的、以 IPv4 地址格式表示的路由器标识符。这里的 7.7.7.11 就是以 IPv4 地址格式表示的路由器标识符。

bandwidth-reference 1000 是 OSPFv3 视图下使用的命令，该命令的作用是以 Mb/s 为单位配置链路开销参考值，1000 表示链路开销参考值是 1000Mb/s。由于接口的代价＝链路开销参考值/接口带宽，因此，当接口的传输速率＝1000Mb/s 时，该接口的代价＝1000/1000＝1。当接口的传输速率＝100Mb/s 时，该接口的代价＝1000/100＝10。OSPFv3 在通往目的网络的所有传输路径中，选择经过接口的代价之和最小的传输路径作为通往目的网络的最短传输路径。

2. 在指定接口中启动 OSPFv3 路由协议

```
[Huawei]interface GigabitEthernet0/0/0
[Huawei-GigabitEthernet0/0/0]ospfv3 11 area 1
[Huawei-GigabitEthernet0/0/0]quit
```

ospfv3 11 area 1 是接口视图下使用的命令，该命令的作用是在指定接口（这里是接口 GigabitEthernet0/0/0）中启动 OSPFv3 路由协议，并指定接口所属的区域。这里，11 是进程标识符，在创建 OSPFv3 进程时指定，1 是区域标识符，表示指定接口属于区域 1。接口只有在启动 IPv6 功能后，才能使用该命令。

7.4.5　实验步骤

（1）路由器 AR1220 默认状态下只有两个 1Gb/s 路由器接口，AR11 和 AR13 需要增加 1 个 1Gb/s 路由器接口和 1 个 100Mb/s 路由器接口。因此，为路由器 AR11 和 AR13 安装一个单 1Gb/s 路由器接口模块 1GEC 和一个双 100Mb/s 路由器接口模块 2FE，如图 7.35 所示。

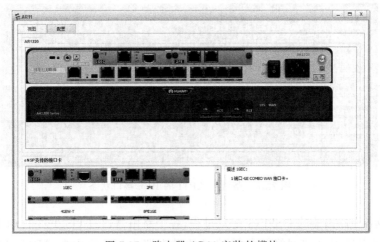

图 7.35　路由器 AR11 安装的模块

（2）按照如图 7.34 所示的网络拓扑结构放置和连接设备。完成设备放置和连接后的 eNSP 界面如图 7.36 所示。启动所有设备。

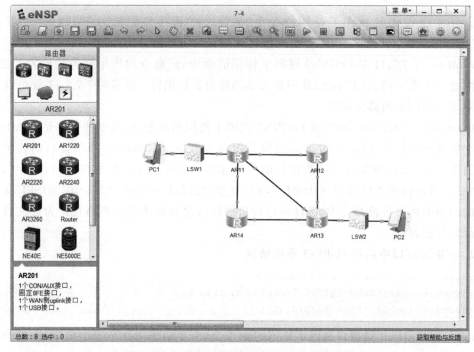

图 7.36　完成设备放置和连接后的 eNSP 界面

（3）在路由器 AR11 连接 LSW1 接口和路由器 AR13 连接 LSW2 接口配置全球 IPv6 地址和前缀长度，其他路由器接口启动自动生成链路本地地址的功能。路由器 AR11、AR12、AR13 和 AR14 的 IPv6 接口状态如图 7.37～图 7.40 所示。通过这些路由器的 IPv6 接口状态发现，路由器 AR11 连接 LSW1 接口和路由器 AR13 连接 LSW2 接口的 IPv6 地址是全球 IPv6 地址，其他路由器接口的 IPv6 地址都是链路本地地址。

图 7.37　路由器 AR11 的 IPv6 接口状态

（4）完成各个路由器的 OSPFv3 配置过程，各个路由器通过 OSPFv3 自动生成用于指明通往没有与其直接连接的网络的传输路径的动态路由项。路由器 AR11、AR12、AR13 和

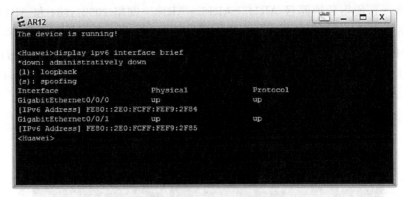

图 7.38　路由器 AR12 的 IPv6 接口状态

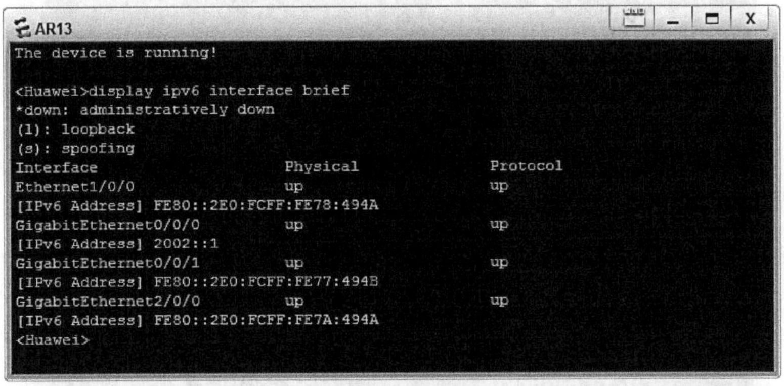

图 7.39　路由器 AR13 的 IPv6 接口状态

图 7.40　路由器 AR14 的 IPv6 接口状态

AR14 的完整路由表分别如图 7.41～图 7.44 所示。路由表中除包括直连路由项外,还包括 OSPFv3 生成的动态路由项。需要说明的是,路由器 AR11 通往网络 2002::/64 的传输路径是 AR11→AR12→AR13→网络 2002::/64 和 AR11→AR14→AR13→网络 2002::/64,而不是跳数最少的传输路径 AR11→AR13→网络 2002::/64。原因是互连 AR11 和 AR13 的链路的传输速率是 100Mb/s,因此 AR11 连接该链路的接口的代价为 1000/100＝10,导致传输路径 AR11→AR13→网络 2002::/64 经过的输出接口的代价之和为 10＋1＝11。其他接口的代价为 1000/1000＝1,使得传输路径 AR11→AR12→AR13→网络 2002::/64 和 AR11→AR14→AR13→网络 2002::/64 经过的输出接口的代价之和为 1＋1＋1＝3。因此,OSPFv3 选择代价之和为 3 的传输路径作为最短路径。同样,路由器 AR13 通往网络 2001::/64 的传输路径是 AR13→AR12→AR11→网络 2001::/64 和 AR13→AR14→AR11→网络 2001::/64。

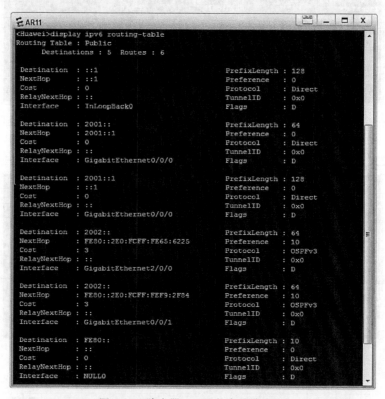

图 7.41　路由器 AR11 的完整路由表

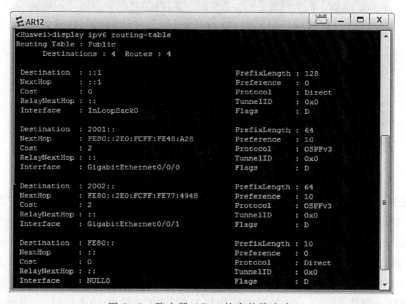

图 7.42　路由器 AR12 的完整路由表

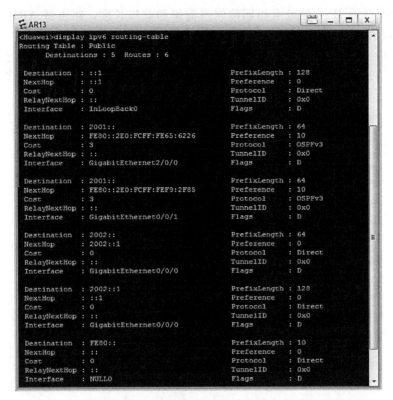

图 7.43　路由器 AR13 的完整路由表

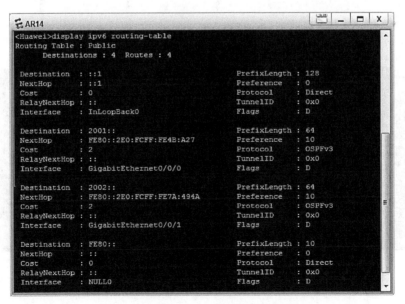

图 7.44　路由器 AR14 的完整路由表

（5）完成各个 PC IPv6 地址、前缀长度和默认网关地址的配置过程。PC1 配置的 IPv6 地址、前缀长度和默认网关地址如图 7.45 所示，配置的 IPv6 地址与路由器 AR11 连接交换

机 LSW1 的接口的 IPv6 地址有相同的网络前缀和前缀长度。路由器 AR11 连接交换机
LSW1 的接口的 IPv6 地址作为 PC1 的默认网关地址。

图 7.45　PC1 配置的 IPv6 地址、前缀长度和默认网关地址

（6）启动连接在不同网络上的 PC 之间的通信过程，如图 7.46 所示是 PC1 与 PC2 之间
的通信过程。

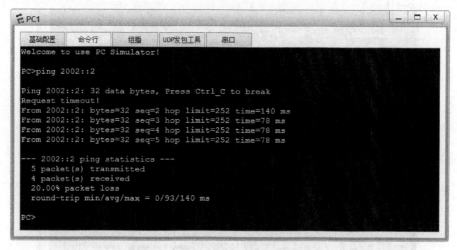

图 7.46　PC1 与 PC2 之间的通信过程

7.4.6　命令行接口配置过程

1. 路由器 AR11 的命令行接口配置过程

```
<Huawei>system-view
```

```
[Huawei]undo info-center enable
[Huawei]ipv6
[Huawei]interface GigabitEthernet0/0/0
[Huawei-GigabitEthernet0/0/0]ipv6 enable
[Huawei-GigabitEthernet0/0/0]ipv6 address 2001::1 64
[Huawei-GigabitEthernet0/0/0]ipv6 address auto link-local
[Huawei-GigabitEthernet0/0/0]quit
[Huawei]interface GigabitEthernet0/0/1
[Huawei-GigabitEthernet0/0/1]ipv6 enable
[Huawei-GigabitEthernet0/0/1]ipv6 address auto link-local
[Huawei-GigabitEthernet0/0/1]quit
[Huawei]interface GigabitEthernet2/0/0
[Huawei-GigabitEthernet2/0/0]ipv6 enable
[Huawei-GigabitEthernet2/0/0]ipv6 address auto link-local
[Huawei-GigabitEthernet2/0/0]quit
[Huawei]interface Ethernet1/0/0
[Huawei-Ethernet1/0/0]ipv6 enable
[Huawei-Ethernet1/0/0]ipv6 address auto link-local
[Huawei-Ethernet1/0/0]quit
[Huawei]ospfv3 11
[Huawei-ospfv3-11]router-id 7.7.7.11
[Huawei-ospfv3-11]bandwidth-reference 1000
[Huawei-ospfv3-11]quit
[Huawei]interface GigabitEthernet0/0/0
[Huawei-GigabitEthernet0/0/0]ospfv3 11 area 1
[Huawei-GigabitEthernet0/0/0]quit
[Huawei]interface GigabitEthernet0/0/1
[Huawei-GigabitEthernet0/0/1]ospfv3 11 area 1
[Huawei-GigabitEthernet0/0/1]quit
[Huawei]interface GigabitEthernet2/0/0
[Huawei-GigabitEthernet2/0/0]ospfv3 11 area 1
[Huawei-GigabitEthernet2/0/0]quit
[Huawei]interface Ethernet1/0/0
[Huawei-Ethernet1/0/0]ospfv3 11 area 1
[Huawei-Ethernet1/0/0]quit
```

2. 路由器 AR12 的命令行接口配置过程

```
<Huawei>system-view
[Huawei]undo info-center enable
[Huawei]ipv6
[Huawei]interface GigabitEthernet0/0/0
[Huawei-GigabitEthernet0/0/0]ipv6 enable
[Huawei-GigabitEthernet0/0/0]ipv6 address auto link-local
[Huawei-GigabitEthernet0/0/0]quit
[Huawei]interface GigabitEthernet0/0/1
[Huawei-GigabitEthernet0/0/1]ipv6 enable
```

```
[Huawei-GigabitEthernet0/0/1]ipv6 address auto link-local
[Huawei-GigabitEthernet0/0/1]quit
[Huawei]ospfv3 12
[Huawei-ospfv3-12]router-id 12.12.12.12
[Huawei-ospfv3-12]bandwidth-reference 1000
[Huawei-ospfv3-12]quit
[Huawei]interface GigabitEthernet0/0/0
[Huawei-GigabitEthernet0/0/0]ospfv3 12 area 1
[Huawei-GigabitEthernet0/0/0]quit
[Huawei]interface GigabitEthernet0/0/1
[Huawei-GigabitEthernet0/0/1]ospfv3 12 area 1
[Huawei-GigabitEthernet0/0/1]quit
```

路由器 AR13 的命令行接口配置过程与路由器 AR11 的命令行接口配置过程相似,路由器 AR14 的命令行接口配置过程与路由器 AR12 的命令行接口配置过程相似,这里不再赘述。

3. 命令列表

路由器命令行接口配置过程中使用的命令格式、功能和参数说明见表 7.4。

表 7.4 命令列表

命 令 格 式	功能和参数说明
ospfv3 [*process-id*]	创建 OSPFv3 进程,并进入 OSPFv3 视图。其中参数 *process-id* 是进程标识符,如果省略,默认进程标识符为 1
router-id *router-id*	配置 OSPFv3 路由协议的路由器标识符。参数 *router-id* 是 IPv4 地址格式表示的路由器标识符
bandwidth-reference *value*	配置链路开销参考值,参数 *value* 是以 Mb/s 为单位的链路开销参考值,某个接口的代价＝*value* /接口的带宽
ospfv3 *process-id* **area** *area-id*	在指定接口中启动 OSPFv3 路由协议,并给出指定接口所属的区域。该命令只能在创建 OSPFv3 进程后使用,其中参数 *process-id* 是创建 OSPFv3 进程时指定的进程标识符,参数 *area-id* 是指定接口所属区域的区域编号

7.5 双协议栈配置实验

7.5.1 实验内容

实现双协议栈的互联网结构如图 7.47 所示,路由器每一个接口都同时配置 IPv4 地址和子网掩码与 IPv6 地址和前缀长度,以此表示路由器接口同时连接 IPv4 网络和 IPv6 网络。分别实现 IPv4 网络内和 IPv6 网络内终端之间的通信过程,但 IPv4 网络与 IPv6 网络之间不能相互通信。

7.5.2 实验目的

(1) 掌握路由器接口 IPv4 地址和子网掩码与 IPv6 地址和前缀长度的配置过程。

(2) 掌握路由器 IPv4 静态路由项和 IPv6 静态路由项的配置过程。

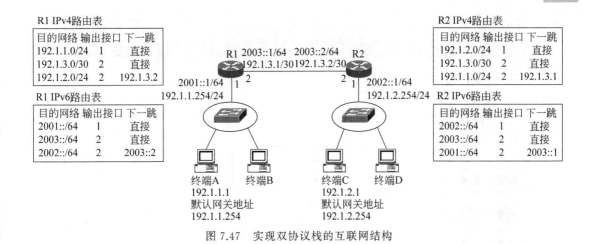

图 7.47　实现双协议栈的互联网结构

（3）验证 IPv4 网络和 IPv6 网络共存于一个物理网络的工作机制。

（4）分别验证 IPv4 网络内和 IPv6 网络内终端之间的连通性。

7.5.3　实验原理

双协议栈工作机制下,图 7.47 中的每个物理路由器相当于被划分为两个逻辑路由器,每个逻辑路由器都用于转发 IPv4 或 IPv6 分组,因此,路由器需要分别启动 IPv4 和 IPv6 路由进程,分别建立 IPv4 和 IPv6 路由表。同一物理路由器中的两个逻辑路由器是相互透明的,因此,如图 7.47 所示的物理互联网结构完全等同于两个逻辑互联网,其中一个逻辑互联网实现 IPv4 网络互联,另一个逻辑互联网实现 IPv6 网络互联。

图 7.47 中的终端 A 和终端 C 分别连接在两个网络地址不同的 IPv4 网络上,终端 B 和终端 D 分别连接在两个网络前缀不同的 IPv6 网络上。当路由器工作在双协议栈工作机制时,如图 7.47 所示的 IPv4 网络和 IPv6 网络是相互独立的网络,因此,属于 IPv4 网络的终端和属于 IPv6 网络的终端之间不能相互通信。当然,如果某个终端也支持双协议栈,同时配置 IPv4 网络和 IPv6 网络相关信息,那么该终端既可以与属于 IPv4 网络的终端通信,又可以与属于 IPv6 网络的终端通信。

7.5.4　实验步骤

（1）启动 eNSP,按照如图 7.47 所示的网络拓扑结构放置和连接设备。完成设备放置和连接后的 eNSP 界面如图 7.48 所示。启动所有设备。

（2）路由器 AR1 和 AR2 的各个接口分别完成 IPv4 地址和子网掩码、IPv6 地址和前缀长度的配置过程,在为接口配置 IPv6 地址和前缀长度之前,启动路由器转发 IPv6 单播分组的功能和接口的 IPv6 功能。完成上述配置过程后,路由器 AR1 的 IPv4 接口和 IPv6 接口状态如图 7.49 所示,路由器 AR2 的 IPv4 接口和 IPv6 接口状态如图 7.50 所示。

（3）分别在路由器 AR1 和 AR2 中完成 IPv4 和 IPv6 静态路由项的配置过程。路由器 AR1 的 IPv4 路由表如图 7.51 所示。路由器 AR1 的 IPv6 路由表如图 7.52 所示。路由器 AR2 的 IPv4 路由表如图 7.53 所示。路由器 AR2 的 IPv6 路由表如图 7.54 所示。

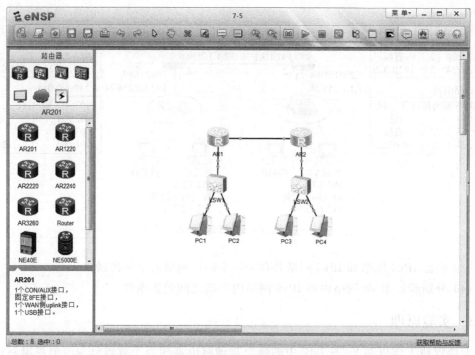

图 7.48 完成设备放置和连接后的 eNSP 界面

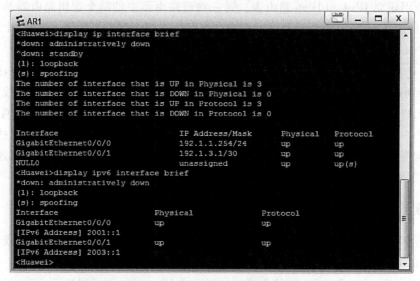

图 7.49 路由器 AR1 的 IPv4 接口和 IPv6 接口状态

(4) 完成各个 PC 的配置过程。PC1 配置的 IPv4 地址、子网掩码和默认网关地址如图 7.55 所示,由于 PC1 只配置了如图 7.55 所示的有关 IPv4 的网络信息,因此只能与连接在 IPv4 网络上的 PC3 相互通信。如图 7.56 所示,PC1 与 PC3 之间可以相互通信,但与连接在 IPv6 网络上的 PC4 之间无法相互通信。PC2 配置的 IPv6 地址、前缀长度和默认网关地址如图 7.57 所示,由于 PC2 只配置了如图 7.57 所示的有关 IPv6 的网络信息,因此只能

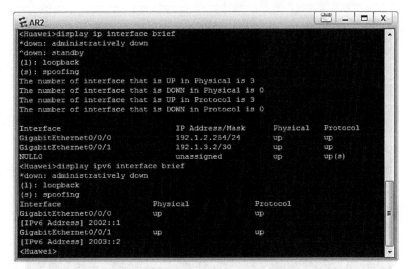

图 7.50　路由器 AR2 的 IPv4 接口和 IPv6 接口状态

```
AR1                                                    X
<Huawei>display ip routing-table
Route Flags: R - relay, D - download to fib
------------------------------------------------------------------
Routing Tables: Public
         Destinations : 11      Routes : 11

Destination/Mask    Proto   Pre  Cost      Flags NextHop      Interface

      127.0.0.0/8    Direct  0    0          D   127.0.0.1    InLoopBack0
      127.0.0.1/32   Direct  0    0          D   127.0.0.1    InLoopBack0
127.255.255.255/32   Direct  0    0          D   127.0.0.1    InLoopBack0
    192.1.1.0/24     Direct  0    0          D   192.1.1.254  GigabitEthernet
0/0/0
    192.1.1.254/32   Direct  0    0          D   127.0.0.1    GigabitEthernet
0/0/0
    192.1.1.255/32   Direct  0    0          D   127.0.0.1    GigabitEthernet
0/0/0
    192.1.2.0/24     Static  60   0          RD  192.1.3.2    GigabitEthernet
0/0/1
    192.1.3.0/30     Direct  0    0          D   192.1.3.1    GigabitEthernet
0/0/1
    192.1.3.1/32     Direct  0    0          D   127.0.0.1    GigabitEthernet
0/0/1
    192.1.3.3/32     Direct  0    0          D   127.0.0.1    GigabitEthernet
0/0/1
255.255.255.255/32   Direct  0    0          D   127.0.0.1    InLoopBack0

<Huawei>
```

图 7.51　路由器 AR1 的 IPv4 路由表

与连接在 IPv6 网络上的 PC4 相互通信。如图 7.58 所示,PC2 与 PC4 之间可以相互通信,但与连接在 IPv4 网络上的 PC3 之间无法相互通信。

(5) 如果 PC1 同时配置 IPv4 和 IPv6 网络信息(图 7.59),则 PC1 可以同时与连接在 IPv4 网络上的 PC3 和连接在 IPv6 网络上的 PC4 相互通信。如图 7.60 所示,PC1 与 PC3 和 PC4 之间可以相互通信。

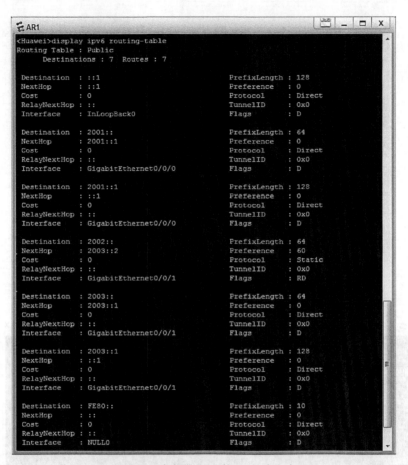

图 7.52　路由器 AR1 的 IPv6 路由表

图 7.53　路由器 AR2 的 IPv4 路由表

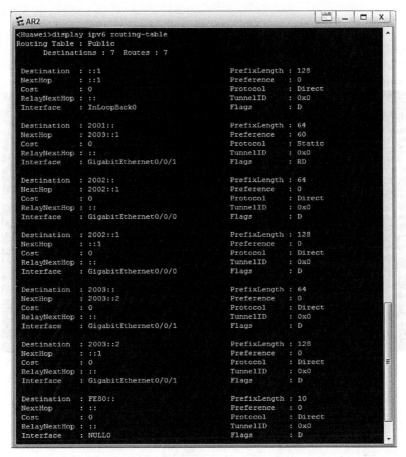

图 7.54　路由器 AR2 的 IPv6 路由表

图 7.55　PC1 配置的 IPv4 地址、子网掩码和默认网关地址

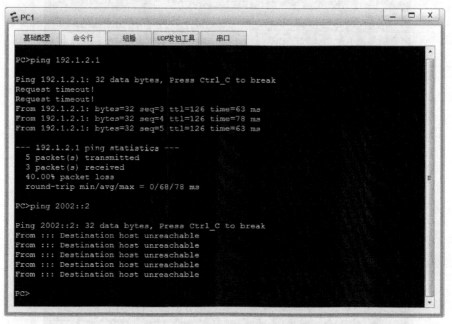

图 7.56　PC1 与 PC3 和 PC4 之间的通信过程

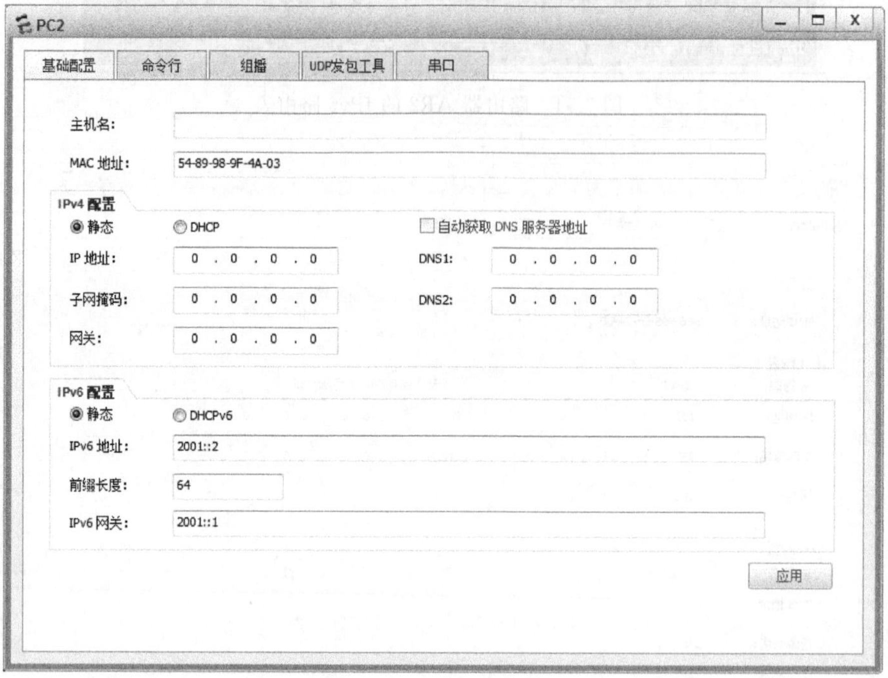

图 7.57　PC2 配置的 IPv6 地址、前缀长度和默认网关地址

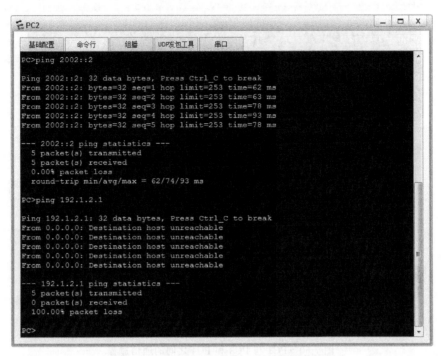

图 7.58　PC2 与 PC4 和 PC3 之间的通信过程

图 7.59　PC1 同时配置 IPv4 和 IPv6 网络信息

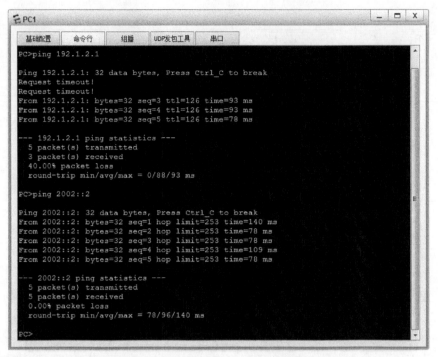

图 7.60　PC1 与 PC3 和 PC4 之间的通信过程

7.5.5　命令行接口配置过程

1. 路由器 AR1 命令行接口配置过程

```
<Huawei>system-view
[Huawei]undo info-center enable
[Huawei]interface GigabitEthernet0/0/0
[Huawei-GigabitEthernet0/0/0]ip address 192.1.1.254 24
[Huawei-GigabitEthernet0/0/0]quit
[Huawei]interface GigabitEthernet0/0/1
[Huawei-GigabitEthernet0/0/1]ip address 192.1.3.1 30
[Huawei-GigabitEthernet0/0/1]quit
[Huawei]ip route-static 192.1.2.0 24 192.1.3.2
[Huawei]ipv6
[Huawei]interfac GigabitEthernet0/0/0
[Huawei-GigabitEthernet0/0/0]ipv6 enable
[Huawei-GigabitEthernet0/0/0]ipv6 address 2001::1 64
[Huawei-GigabitEthernet0/0/0]ipv6 address auto link-local
[Huawei-GigabitEthernet0/0/0]quit
[Huawei]interface GigabitEthernet0/0/1
[Huawei-GigabitEthernet0/0/1]ipv6 enable
[Huawei-GigabitEthernet0/0/1]ipv6 address 2003::1 64
[Huawei-GigabitEthernet0/0/1]ipv6 address auto link-local
[Huawei-GigabitEthernet0/0/1]quit
```

```
[Huawei]ipv6 route-static 2002:: 64 2003::2
```

2. 路由器 AR2 命令行接口配置过程

```
<Huawei>system-view
[Huawei]undo info-center enable
[Huawei]interface GigabitEthernet0/0/0
[Huawei-GigabitEthernet0/0/0]ip address 192.1.2.254 24
[Huawei-GigabitEthernet0/0/0]quit
[Huawei]interface GigabitEthernet0/0/1
[Huawei-GigabitEthernet0/0/1]ip address 192.1.3.2 30
[Huawei-GigabitEthernet0/0/1]quit
[Huawei]ip route-static 192.1.1.0 24 192.1.3.1
[Huawei]ipv6
[Huawei]interface GigabitEthernet0/0/0
[Huawei-GigabitEthernet0/0/0]ipv6 enable
[Huawei-GigabitEthernet0/0/0]ipv6 address 2002::1 64
[Huawei-GigabitEthernet0/0/0]ipv6 address auto link-local
[Huawei-GigabitEthernet0/0/0]quit
[Huawei]interface GigabitEthernet0/0/1
[Huawei-GigabitEthernet0/0/1]ipv6 enable
[Huawei-GigabitEthernet0/0/1]ipv6 address 2003::2 64
[Huawei-GigabitEthernet0/0/1]ipv6 address auto link-local
[Huawei-GigabitEthernet0/0/1]quit
[Huawei]ipv6 route-static 2001:: 64 2003::1
```

7.6　IPv6 over IPv4 隧道配置实验

7.6.1　实验内容

　　IPv6 over IPv4 隧道技术实现过程如图 7.61 所示,路由器 R1 接口 1 和路由器 R3 接口 2 分别连接 IPv6 网络 2001::/64 和 2002::/64,路由器 R1 接口 2、路由器 R2 和路由器 R3 接口 1 构成 IPv4 网络。创建路由器 R1 接口 2 与路由器 R3 接口 1 之间的隧道 1,为隧道 1 两端分别分配 IPv6 地址 2003::1/64 和 2003::2/64。对于路由器 R1,通往 IPv6 网络 2002::/64 的传输路径的下一跳是隧道另一端,因此下一跳地址为 2003::2/64。同样,对于路由器 R3,通往 IPv6 网络 2001::/64 的传输路径的下一跳也是隧道另一端,因此下一跳地址为 2003::1/64。通过 IPv6 over IPv4 隧道,实现终端 A 与终端 B 之间 IPv6 分组的传输过程。

7.6.2　实验目的

　　(1) 掌握路由器接口 IPv4 地址和子网掩码、IPv6 地址和前缀长度的配置过程。

　　(2) 掌握路由器静态路由项配置过程。

　　(3) 掌握 IPv6 over IPv4 隧道配置过程。

　　(4) 掌握经过 IPv6 over IPv4 隧道实现两个被 IPv4 网络分隔的 IPv6 网络之间互联的过程。

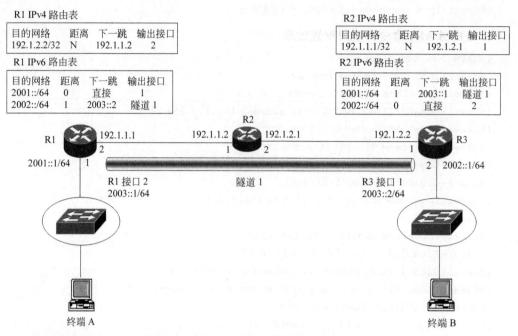

图 7.61　IPv6 over IPv4 隧道技术实现过程

7.6.3　实验原理

图 7.61 是用 IPv6 over IPv4 隧道实现两个 IPv6 孤岛互联的互联网结构,分别在路由器 R1 和 R3 中定义 IPv4 隧道,隧道两个端点的 IPv4 地址分别为 192.1.1.1 和 192.1.2.2。同时,在路由器中设置到达隧道另一端的 IPv4 路由项,路由器配置的信息如图 7.61 所示。对于 IPv6 网络,IPv4 隧道等同于点对点链路。因此,IPv4 隧道两端还须分配网络前缀相同的 IPv6 地址,如图 7.61 所示的 2003::1/64 和 2003::2/64。对于路由器 R1,通往目的网络 2002::/64 传输路径上的下一跳是 IPv4 隧道连接路由器 R3 的一端。同样,对于路由器 R3,通往目的网络 2001::/64 传输路径上的下一跳是 IPv4 隧道连接路由器 R1 的一端。

当终端 A 需要给终端 B 发送 IPv6 分组时,终端 A 构建以终端 A 的全球 IPv6 地址为源地址、以终端 B 的全球 IPv6 地址为目的地址的 IPv6 分组,并根据配置的默认网关地址将该 IPv6 分组传输给路由器 R1。路由器 R1 用 IPv6 分组的目的地址检索 IPv6 路由表,找到下一跳路由器,但发现连接下一跳路由器的是隧道 1。根据路由器 R1 配置隧道 1 时给出的信息:隧道 1 的源地址为 192.1.1.1、目的地址为 192.1.2.2,路由器 R1 将 IPv6 分组封装成隧道格式。由于隧道 1 是 IPv4 隧道,所以隧道格式外层首部为 IPv4 首部。由 IPv4 网络实现隧道格式经过隧道 1 的传输过程,即路由器 R1 接口 2 至路由器 R3 接口 1 的传输过程。

7.6.4　关键命令说明

以下命令序列用于创建一个 IPv6 over IPv4 隧道,并完成隧道参数配置过程。

```
[Huawei]interface tunnel 0/0/1
[Huawei-Tunnel0/0/1]tunnel-protocol ipv6-ipv4
```

```
[Huawei-Tunnel0/0/1]source GigabitEthernet0/0/1
[Huawei-Tunnel0/0/1]destination 192.1.2.2
[Huawei-Tunnel0/0/1]quit
```

interface tunnel 0/0/1 是系统视图下使用的命令,该命令的作用是创建一个隧道,并进入隧道接口视图。0/0/1 是隧道编号,该编号通常与作为隧道源端的路由器接口的编号相同。

tunnel-protocol ipv6-ipv4 是隧道接口视图下使用的命令,该命令的作用是指定 ipv6-ipv4 为隧道协议。以 ipv6-ipv4 为隧道协议创建的隧道是 IPv6 over IPv4 隧道。

source GigabitEthernet0/0/1 是隧道接口视图下使用的命令,该命令的作用是指定作为隧道源端的路由器接口,接口 GigabitEthernet0/0/1 是作为隧道源端的路由器接口。

destination 192.1.2.2 是隧道接口视图下使用的命令,该命令的作用是指定作为隧道目的端的路由器接口的 IPv4 地址。

7.6.5　实验步骤

(1) 启动 eNSP,按照如图 7.61 所示的网络拓扑结构放置和连接设备。完成设备放置和连接后的 eNSP 界面如图 7.62 所示。启动所有设备。

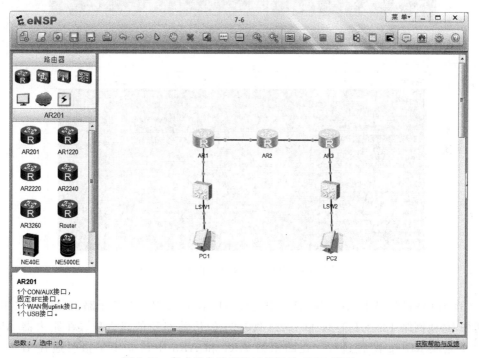

图 7.62　完成设备放置和连接后的 eNSP 界面

(2) 完成路由器 AR1 连接交换机 LSW1 的接口和路由器 AR3 连接交换机 LSW2 的接口的 IPv6 地址和前缀长度的配置过程,在为这两个接口配置 IPv6 地址和前缀长度之前,启动路由器 AR1 和 AR3 转发 IPv6 单播分组的功能和这两个接口的 IPv6 功能。完成其他路由器接口的 IPv4 地址和子网掩码的配置过程。在路由器 AR1 和路由器 AR3 中创建 IPv6

over IPv4 隧道,并为隧道两端分配 IPv6 地址和前缀长度。完成上述配置过程后,路由器 AR1 的 IPv4 接口和 IPv6 接口状态如图 7.63 所示,路由器 AR2 的 IPv4 接口状态如图 7.64 所示。路由器 AR3 的 IPv4 接口和 IPv6 接口状态如图 7.65 所示。需要说明的是,路由器 AR1 和 AR3 中的 IPv6 接口包括 IPv6 over IPv4 隧道。

图 7.63　路由器 AR1 的 IPv4 接口和 IPv6 接口状态

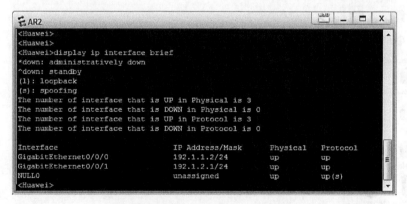

图 7.64　路由器 AR2 的 IPv4 接口状态

（3）在路由器 AR1、AR2 和 AR3 中完成 RIP 配置过程。在各个路由器中建立用于指明通往 IPv4 网络 192.1.1.0/24 和 192.1.2.0/24 的传输路径的路由项。在路由器 AR1 和 AR3 中完成 RIPng 配置过程。在路由器 AR1 和 AR3 中建立用于指明通往 IPv6 网络 2001::/64、2002::/64 和 2003::/64 的传输路径的路由项。路由器 AR1 的 IPv4 路由表如图 7.66 所示。路由器 AR1 的 IPv6 路由表如图 7.67 所示。路由器 AR2 的 IPv4 路由表如图 7.68 所示。路由器 AR3 的 IPv4 路由表如图 7.69 所示。路由器 AR3 的 IPv6 路由表如图 7.70 所示。

（4）完成各个 PC 的配置过程。PC1 配置的 IPv6 地址、前缀长度和默认网关地址如图 7.71 所示。PC2 配置的 IPv6 地址、前缀长度和默认网关地址如图 7.72 所示。

```
AR3
<Huawei>display ip interface brief
*down: administratively down
^down: standby
(l): loopback
(s): spoofing
The number of interface that is UP in Physical is 4
The number of interface that is DOWN in Physical is 0
The number of interface that is UP in Protocol is 2
The number of interface that is DOWN in Protocol is 2

Interface                         IP Address/Mask      Physical   Protocol
GigabitEthernet0/0/0              unassigned           up         down
GigabitEthernet0/0/1              192.1.2.2/24         up         up
NULL0                             unassigned           up         up(s)
Tunnel0/0/1                       unassigned           up         down
<Huawei>display ipv6 interface brief
*down: administratively down
(l): loopback
(s): spoofing
Interface                    Physical                      Protocol
GigabitEthernet0/0/0         up                            up
[IPv6 Address] 2002::1
Tunnel0/0/1                  up                            up
[IPv6 Address] 2003::2
<Huawei>
```

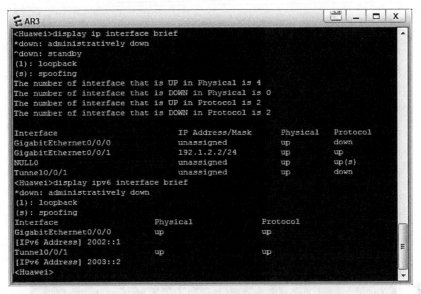

图 7.65　路由器 AR3 的 IPv4 接口和 IPv6 接口状态

```
AR1
<Huawei>
<Huawei>display ip routing-table
Route Flags: R - relay, D - download to fib
------------------------------------------------------------------------------
Routing Tables: Public
         Destinations : 8        Routes : 8

Destination/Mask    Proto   Pre  Cost      Flags NextHop         Interface

      127.0.0.0/8   Direct  0    0           D   127.0.0.1       InLoopBack0
      127.0.0.1/32  Direct  0    0           D   127.0.0.1       InLoopBack0
127.255.255.255/32  Direct  0    0           D   127.0.0.1       InLoopBack0
      192.1.1.0/24  Direct  0    0           D   192.1.1.1       GigabitEthernet
0/0/1
      192.1.1.1/32  Direct  0    0           D   127.0.0.1       GigabitEthernet
0/0/1
    192.1.1.255/32  Direct  0    0           D   127.0.0.1       GigabitEthernet
0/0/1
      192.1.2.0/24  RIP     100  1           D   192.1.1.2       GigabitEthernet
0/0/1
255.255.255.255/32  Direct  0    0           D   127.0.0.1       InLoopBack0

<Huawei>
```

图 7.66　路由器 AR1 的 IPv4 路由表

(5) 如图 7.73 所示，启动 PC1 与 PC2 之间的通信过程。在路由器 AR1 连接交换机 LSW1 的接口和路由器 AR2 连接路由器 AR1 的接口启动捕获报文功能。PC1 至 PC2 的 ICMPv6 报文在 PC1 至路由器 AR1 连接交换机 LSW1 的接口这一段，被封装成以 PC1 的 IPv6 地址 2001::2 为源 IPv6 地址、以 PC2 的 IPv6 地址 2002::2 为目的 IPv6 地址的 IPv6 分组，如图 7.74 所示。在路由器 AR1 至路由器 AR2 这一段，以 PC1 的 IPv6 地址 2001::2 为源 IPv6 地址、以 PC2 的 IPv6 地址 2002::2 为目的 IPv6 地址的 IPv6 分组被封装成以隧道源端 IPv4 地址 192.1.1.1 为源 IPv4 地址、以隧道目的端 IPv4 地址 192.1.2.2 为目的 IPv4 地址的 IPv4 隧道格式，如图 7.75 所示。

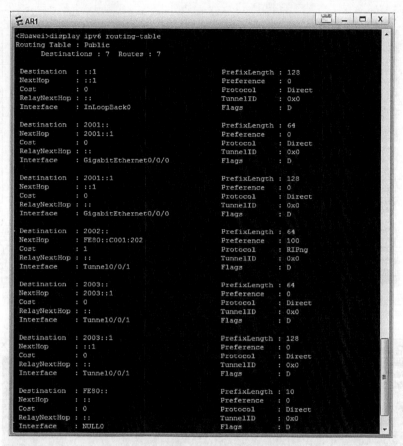

图 7.67　路由器 AR1 的 IPv6 路由表

图 7.68　路由器 AR2 的 IPv4 路由表

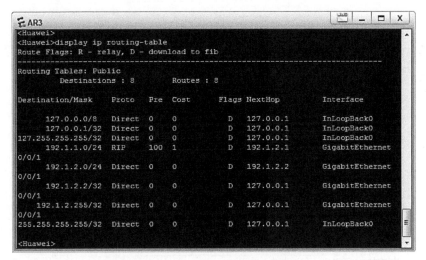

图 7.69　路由器 AR3 的 IPv4 路由表

```
AR3                                                              [][]  _  □  X
<Huawei>
<Huawei>display ip routing-table
Route Flags: R - relay, D - download to fib
------------------------------------------------------------------------
Routing Tables: Public
         Destinations : 8        Routes : 8

Destination/Mask      Proto   Pre  Cost     Flags NextHop          Interface

      127.0.0.0/8     Direct  0    0          D   127.0.0.1        InLoopBack0
      127.0.0.1/32    Direct  0    0          D   127.0.0.1        InLoopBack0
127.255.255.255/32    Direct  0    0          D   127.0.0.1        InLoopBack0
      192.1.1.0/24    RIP     100  1          D   192.1.2.1        GigabitEthernet
0/0/1
      192.1.2.0/24    Direct  0    0          D   192.1.2.2        GigabitEthernet
0/0/1
      192.1.2.2/32    Direct  0    0          D   127.0.0.1        GigabitEthernet
0/0/1
    192.1.2.255/32    Direct  0    0          D   127.0.0.1        GigabitEthernet
0/0/1
255.255.255.255/32    Direct  0    0          D   127.0.0.1        InLoopBack0

<Huawei>
```

```
AR3                                                              [][]  _  □  X
<Huawei>display ipv6 routing-table
Routing Table : Public
       Destinations : 7  Routes : 7

Destination  : ::1                     PrefixLength : 128
NextHop      : ::1                     Preference   : 0
Cost         : 0                       Protocol     : Direct
RelayNextHop : ::                      TunnelID     : 0x0
Interface    : InLoopBack0             Flags        : D

Destination  : 2001::                  PrefixLength : 64
NextHop      : FE80::C001:101          Preference   : 100
Cost         : 1                       Protocol     : RIPng
RelayNextHop : ::                      TunnelID     : 0x0
Interface    : Tunnel0/0/1             Flags        : D

Destination  : 2002::                  PrefixLength : 64
NextHop      : 2002::1                 Preference   : 0
Cost         : 0                       Protocol     : Direct
RelayNextHop : ::                      TunnelID     : 0x0
Interface    : GigabitEthernet0/0/0    Flags        : D

Destination  : 2002::1                 PrefixLength : 128
NextHop      : ::1                     Preference   : 0
Cost         : 0                       Protocol     : Direct
RelayNextHop : ::                      TunnelID     : 0x0
Interface    : GigabitEthernet0/0/0    Flags        : D

Destination  : 2003::                  PrefixLength : 64
NextHop      : 2003::2                 Preference   : 0
Cost         : 0                       Protocol     : Direct
RelayNextHop : ::                      TunnelID     : 0x0
Interface    : Tunnel0/0/1             Flags        : D

Destination  : 2003::2                 PrefixLength : 128
NextHop      : ::1                     Preference   : 0
Cost         : 0                       Protocol     : Direct
RelayNextHop : ::                      TunnelID     : 0x0
Interface    : Tunnel0/0/1             Flags        : D

Destination  : FE80::                  PrefixLength : 10
NextHop      : ::                      Preference   : 0
Cost         : 0                       Protocol     : Direct
RelayNextHop : ::                      TunnelID     : 0x0
Interface    : NULL0                   Flags        : D
```

图 7.70　路由器 AR3 的 IPv6 路由表

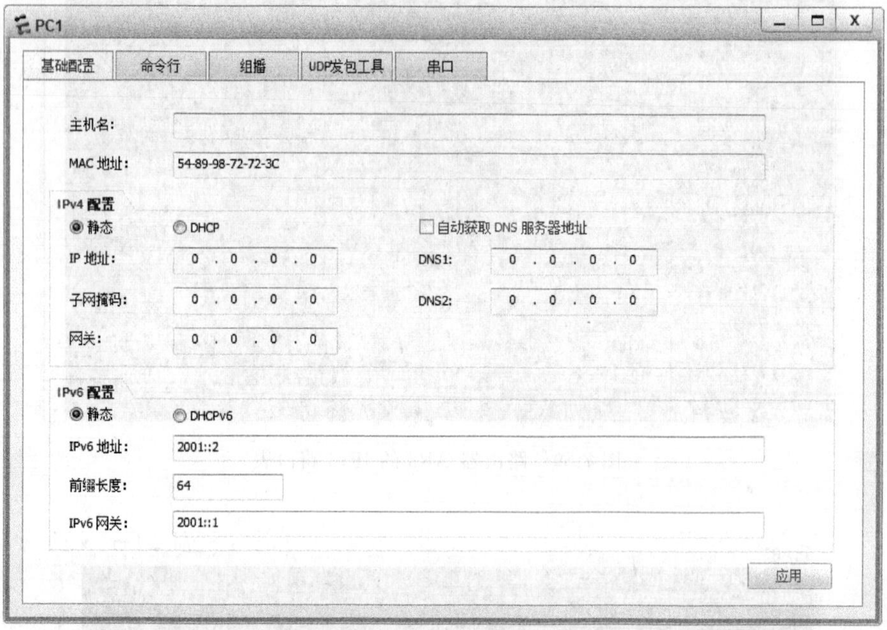

图 7.71　PC1 配置的 IPv6 地址、前缀长度和默认网关地址

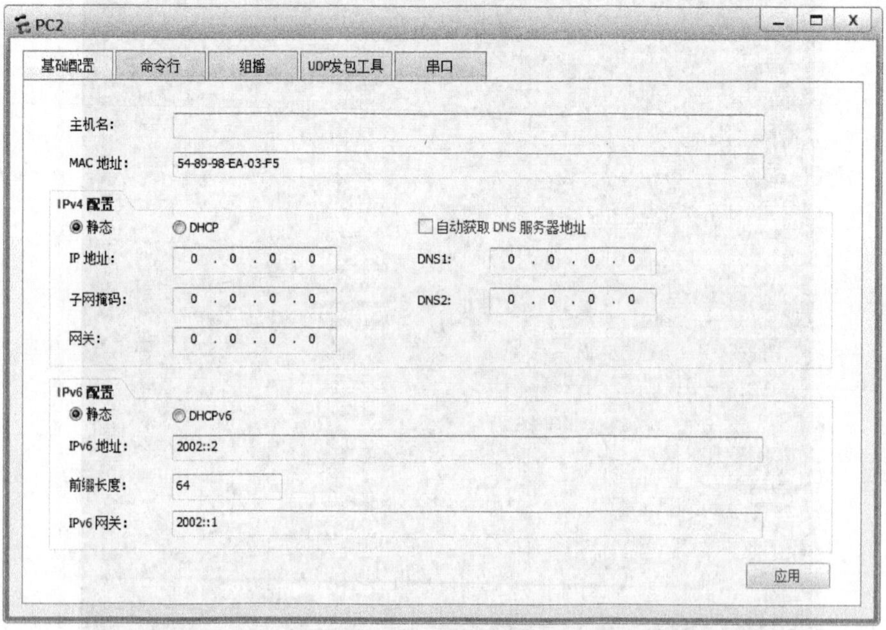

图 7.72　PC2 配置的 IPv6 地址、前缀长度和默认网关地址

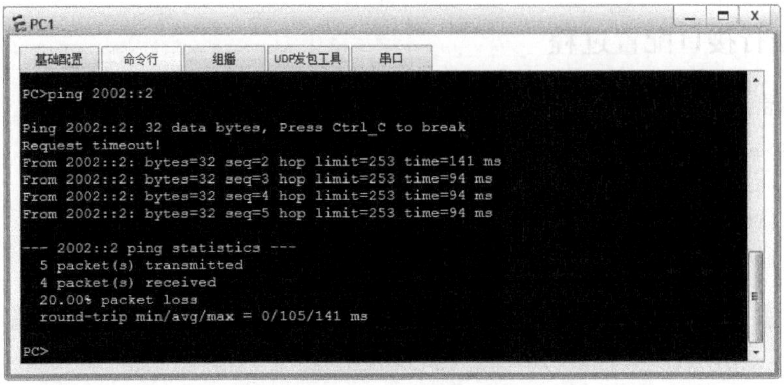

图 7.73　PC1 与 PC2 之间的通信过程

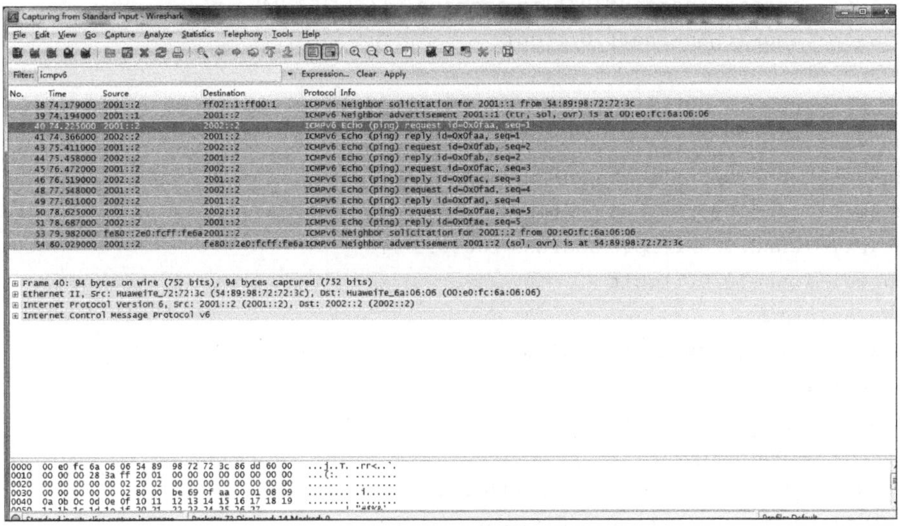

图 7.74　ICMPv6 报文封装成 IPv6 分组的过程

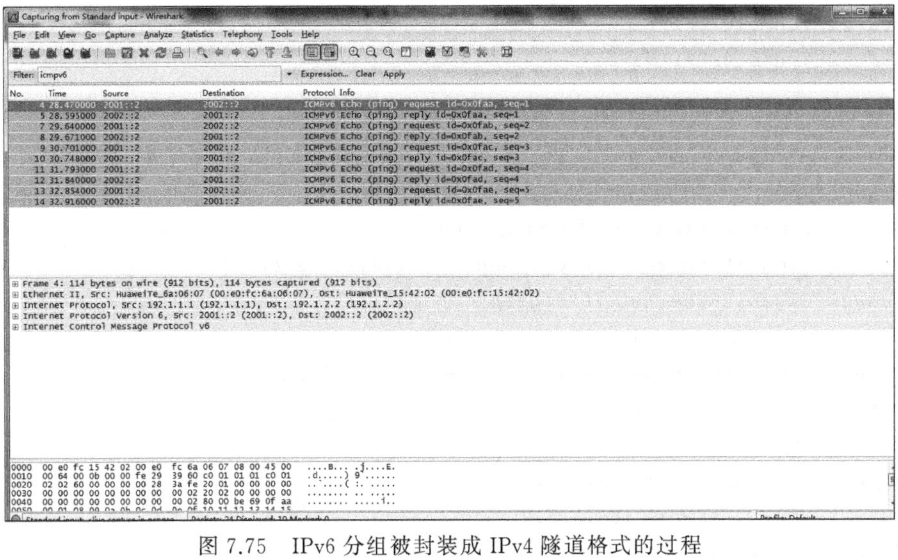

图 7.75　IPv6 分组被封装成 IPv4 隧道格式的过程

7.6.6 命令行接口配置过程

1. 路由器 AR1 命令行接口配置过程

```
<Huawei>system-view
[Huawei]undo info-center enable
[Huawei]ipv6
[Huawei]interface GigabitEthernet0/0/0
[Huawei-GigabitEthernet0/0/0]ipv6 enable
[Huawei-GigabitEthernet0/0/0]ipv6 address 2001::1 64
[Huawei-GigabitEthernet0/0/0]ipv6 address auto link-local
[Huawei-GigabitEthernet0/0/0]quit
[Huawei]interface GigabitEthernet0/0/1
[Huawei-GigabitEthernet0/0/1]ip address 192.1.1.1 24
[Huawei-GigabitEthernet0/0/1]quit
[Huawei]interface tunnel 0/0/1
[Huawei-Tunnel0/0/1]tunnel-protocol ipv6-ipv4
[Huawei-Tunnel0/0/1]source GigabitEthernet0/0/1
[Huawei-Tunnel0/0/1]destination 192.1.2.2
[Huawei-Tunnel0/0/1]ipv6 enable
[Huawei-Tunnel0/0/1]ipv6 address 2003::1 64
[Huawei-Tunnel0/0/1]quit
[Huawei]rip 1
[Huawei-rip-1]network 192.1.1.0
[Huawei-rip-1]quit
[Huawei]ripng 1
[Huawei-ripng-1]quit
[Huawei]interface GigabitEthernet0/0/0
[Huawei-GigabitEthernet0/0/0]ripng 1 enable
[Huawei-GigabitEthernet0/0/0]quit
[Huawei]interface tunnel 0/0/1
[Huawei-Tunnel0/0/1]ripng 1 enable
[Huawei-Tunnel0/0/1]quit
```

2. 路由器 AR2 命令行接口配置过程

```
<Huawei>system-view
[Huawei]undo info-center enable
[Huawei]interface GigabitEthernet0/0/0
[Huawei-GigabitEthernet0/0/0]ip address 192.1.1.2 24
[Huawei-GigabitEthernet0/0/0]quit
[Huawei]interface GigabitEthernet0/0/1
[Huawei-GigabitEthernet0/0/1]ip address 192.1.2.1 24
[Huawei-GigabitEthernet0/0/1]quit
[Huawei]rip 2
[Huawei-rip-2]network 192.1.1.0
[Huawei-rip-2]network 192.1.2.0
[Huawei-rip-2]quit
```

3. 路由器 AR3 命令行接口配置过程

```
<Huawei>system-view
[Huawei]undo info-center enable
[Huawei]ipv6
[Huawei]interface GigabitEthernet0/0/0
[Huawei-GigabitEthernet0/0/0]ipv6 enable
[Huawei-GigabitEthernet0/0/0]ipv6 address 2002::1 64
[Huawei-GigabitEthernet0/0/0]ipv6 address auto link-local
[Huawei-GigabitEthernet0/0/0]quit
[Huawei]interface GigabitEthernet0/0/1
[Huawei-GigabitEthernet0/0/1]ip address 192.1.2.2 24
[Huawei-GigabitEthernet0/0/1]quit
[Huawei]interface tunnel 0/0/1
[Huawei-Tunnel0/0/1]tunnel-protocol ipv6-ipv4
[Huawei-Tunnel0/0/1]source GigabitEthernet0/0/1
[Huawei-Tunnel0/0/1]destination 192.1.1.1
[Huawei-Tunnel0/0/1]ipv6 enable
[Huawei-Tunnel0/0/1]ipv6 address 2003::2 64
[Huawei-Tunnel0/0/1]quit
[Huawei]rip 3
[Huawei-rip-3]network 192.1.2.0
[Huawei-rip-3]quit
[Huawei]ripng 3
[Huawei-ripng-3]quit
[Huawei]interface GigabitEthernet0/0/0
[Huawei-GigabitEthernet0/0/0]ripng 3 enable
[Huawei-GigabitEthernet0/0/0]quit
[Huawei]interface tunnel 0/0/1
[Huawei-Tunnel0/0/1]ripng 3 enable
[Huawei-Tunnel0/0/1]quit
```

4. 命令列表

路由器命令行接口配置过程中使用的命令格式、功能和参数说明见表 7.5。

表 7.5　命 令 列 表

命 令 格 式	功能和参数说明
interface tunnel *interface-number*	创建隧道,并进入隧道视图。其中参数 *interface-number* 是隧道编号,通常情况下,隧道编号与作为隧道源端的路由器接口的编号相同
tunnel-protocol 〈 **ipv6-ipv4** | **ipv4-ipv6** 〉	指定隧道协议,隧道协议 ipv6-ipv4 用于创建 IPv6 over IPv4 隧道,隧道协议 ipv4-ipv6 用于创建 IPv4 over IPv6 隧道
source *interface-type interface-number*	指定作为隧道源端的路由器接口,参数 *interface-type* 是路由器接口类型,参数 *interface-number* 是路由器接口编号,两者一起唯一指定接口
destination *dest-ip-address*	指定作为隧道目的端的路由器接口的 IPv4 地址。参数 *dest-ip-address* 是 IPv4 地址

第8章 网络设备配置实验

华为 eNSP 通过双击某个网络设备进入该网络设备的命令行接口(Command-Line Interface,CLI),通过命令行接口开始该网络设备的配置过程,但实际网络设备的配置过程与此不同。目前存在多种配置真实网络设备的方式,主要有控制台端口配置方式、Telnet 配置方式、Web 界面配置方式、SNMP 配置方式和配置文件加载方式等。本章给出用控制台端口和 Telnet 配置方式对交换机和路由器实施配置的过程。

8.1 网络设备控制台端口配置实验

8.1.1 实验内容

交换机和路由器出厂时,只有默认配置,如果需要对刚购买的交换机和路由器进行配置,最直接的方式是采用如图 8.1 所示的控制台端口配置方式。用串行口连接线互连 PC 的 RS-232 串行口和网络设备的控制台(Console)端口,启动 PC 的超级终端程序,完成超级终端程序相关参数的配置过程,按回车键进入网络设备的命令行接口配置界面。

图 8.1　控制台端口配置方式

8.1.2 实验目的

(1) 验证真实网络设备的初始配置过程。
(2) 验证超级终端程序相关参数的配置过程。
(3) 验证通过超级终端程序进入网络设备的命令行接口界面的步骤。

8.1.3 实验原理

完成如图 8.1 所示的连接过程后,一旦启动 PC 的超级终端程序,PC 便成为路由器或交换机的终端,用于输入命令、显示命令执行结果等。

8.1.4 实验步骤

(1) 启动 eNSP,按照如图 8.1 所示的网络拓扑结构放置和连接设备。完成设备放置和连接后的 eNSP 界面如图 8.2 所示。启动所有设备。需要说明的是,用串行口连接线 (CTL)互连 PC 的 RS-232 端口和网络设备的控制台端口。

(2) 进入 PC"串口"选项卡配置界面,确认串口参数设置无误后,单击"连接"按钮,进入

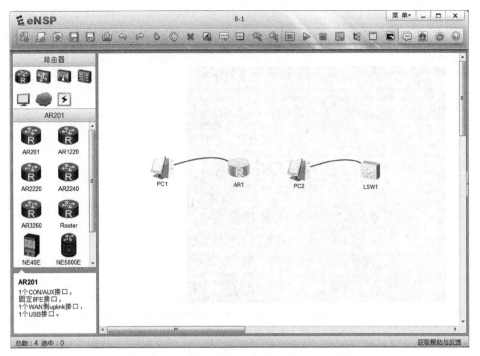

图 8.2　完成设备放置和连接后的 eNSP 界面

PC 所连接设备的命令行接口界面。图 8.3 是 PC1"串口"选项卡配置界面。图 8.4 是 PC1
所连接的设备的命令行接口界面。可以通过 PC1 的命令行完成对 PC1 连接的路由器 AR1
的配置过程。PC2 可以以同样的方式进入 PC2 所连接的交换机 LSW1 的命令行接口界面。

图 8.3　PC1"串口"选项卡配置界面

图 8.4　PC1 所连接的设备的命令行接口界面

8.2　远程配置网络设备实验

8.2.1　实验内容

构建如图 8.5 所示的网络结构,使得终端 A 和终端 B 能够通过 Telnet 对路由器 R1、R2 和交换机 S1 实施远程配置。实际应用环境下,一般先通过控制台端口配置方式完成网络设备基本信息配置过程,如交换机管理接口地址,以及与建立各个终端与交换机管理接口之间传输路径相关的信息。然后,由各个终端统一对网络设备实施远程配置。

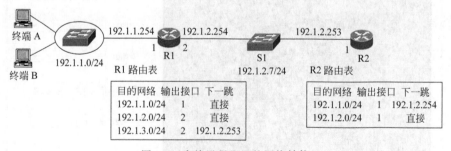

图 8.5　实施远程配置的网络结构

8.2.2　实验目的

(1) 掌握终端实施远程配置的前提条件。

(2) 掌握通过 Telnet 实施远程配置的过程。

（3）掌握终端与网络设备之间传输路径的建立过程。

8.2.3　实验原理

终端通过 Telnet 对网络设备实施远程配置的前提有两个：一是需要建立终端与网络设备之间的传输路径；二是网络设备需要完成 Telnet 相关参数的配置过程。

对于路由器，每一个接口的 IP 地址都可作为路由器的管理地址。当然，也可为路由器定义单独的管理地址，如图 8.5 所示的网络结构中，为路由器 R2 配置单独的管理地址 192.1.3.1。对于交换机，需要为交换机配置管理地址，如图 8.5 所示的交换机 S1 的管理地址为 192.1.2.7。

网络设备可以配置多种鉴别远程用户身份的机制，常见的有口令和本地授权用户两种鉴别方式。

需要说明的是，华为 eNSP 中的 PC 没有 Telnet 实用程序，因此，需要通过在另一个网络设备中启动 Telnet 实用程序，实施对路由器 R1、R2 和交换机 S1 的远程配置过程。

8.2.4　关键命令说明

1. 配置交换机管理地址和子网掩码

```
[Huawei]interface vlanif 1
[Huawei-Vlanif1]ip address 192.1.2.7 24
[Huawei-Vlanif1]quit
```

interface vlanif 1 是系统视图下使用的命令，该命令的作用是定义 VLAN 1 对应的 IP 接口，并进入 VLAN 1 对应的 IP 接口的接口视图。

ip address 192.1.2.7 24 是接口视图下使用的命令，该命令的作用是为指定接口（这里是 VLAN 1 对应的 IP 接口）分配 IP 地址和子网掩码，其中 192.1.2.7 是 IP 地址，24 是网络前缀长度。

2. 配置默认网关地址

```
[Huawei]ip route-static 0.0.0.0 0 192.1.2.254
```

ip route-static 0.0.0.0 0 192.1.2.254 是系统视图下使用的命令，该命令的作用是配置静态路由项。0.0.0.0 是目的网络的网络地址，0 是目的网络的网络前缀长度，任何 IP 地址都与 0.0.0.0/0 匹配，因此，这是一项默认路由项。192.1.2.254 是下一跳 IP 地址。三层交换机通过配置默认路由项给出默认网关地址。

3. 启动虚拟终端服务

虚拟终端（Virtual Teletype Terminal，VTY）是指这样一种远程终端，该远程终端通过建立与设备之间的 Telnet 会话，可以仿真与该设备直接连接的终端，对该设备进行管理和配置。

```
[Huawei]user-interface vty 0 4
[Huawei-ui-vty0-4]protocol inbound telnet
[Huawei-ui-vty0-4]shell
[Huawei-ui-vty0-4]quit
```

user-interface vty 0 4 是系统视图下使用的命令,该命令的作用有两个:一是定义允许同时建立的 Telnet 会话数量,0 和 4 将允许同时建立的 Telnet 会话的编号范围指定为 0~4;二是从系统视图进入用户界面视图,而且在该用户界面视图下完成的配置同时对编号范围为 0~4 的 Telnet 会话起作用。

protocol inbound telnet 是用户界面视图下使用的命令,该命令的作用是指定 Telnet 为 VTY 所使用的协议。

shell 是用户界面视图下使用的命令,该命令的作用是启动终端服务。

4. 配置口令鉴别方式

远程用户通过远程终端建立与设备之间的 Telnet 会话时,设备需要鉴别远程用户身份,口令鉴别方式需要在设备中配置口令,只有能够提供与设备中配置的口令相同的口令的远程用户,才能通过设备的身份鉴别过程。

```
[Huawei]user-interface vty 0 4
[Huawei-ui-vty0-4]authentication-mode password
[Huawei-ui-vty0-4]set authentication password cipher 123456
[Huawei-ui-vty0-4]quit
```

authentication-mode password 是用户界面视图下使用的命令,该命令的作用是指定用口令鉴别方式鉴别远程用户身份。

set authentication password cipher 123456 是用户界面视图下使用的命令,该命令的作用是指定字符串"123456"为口令,关键词 cipher 表明用密文方式存储口令。

5. 配置 AAA 鉴别方式

AAA 是 Authentication(鉴别)、Authorization(授权)和 Accounting(计费)的简称,是网络安全的一种管理机制。AAA 鉴别方式指定用 AAA 提供的与鉴别有关的安全服务完成对远程用户的身份鉴别过程。

```
[Huawei]user-interface vty 0 4
[Huawei-ui-vty0-4]authentication-mode aaa
[Huawei-ui-vty0-4]quit
[Huawei]aaa
[Huawei-aaa]local-user aaa1 password cipher bbb1
[Huawei-aaa]local-user aaa1 service-type telnet
[Huawei-aaa]quit
```

authentication-mode aaa 是用户界面视图下使用的命令,该命令的作用是指定用 AAA 鉴别方式鉴别远程用户身份。

aaa 是系统视图下使用的命令,该命令的作用是从系统视图进入 AAA 视图。在 AAA 视图下,可以完成与 AAA 鉴别方式相关的配置过程。

local-user aaa1 password cipher bbb1 是 AAA 视图下使用的命令,该命令的作用是创建一个用户名为 aaa1、密码为 bbb1 的授权用户。关键词 cipher 表明用密文方式存储密码。

local-user aaa1 service-type telnet 是 AAA 视图下使用的命令,该命令的作用是指定用户名为 aaa1 的授权用户是 Telnet 用户类型。Telnet 用户类型是指通过建立与设备之间的 Telnet 会话,对设备实施远程管理的授权用户。

6. 配置远程用户权限

```
[Huawei]user-interface vty 0 4
[Huawei-ui-vty0-4]user privilege level 15
[Huawei-ui-vty0-4]quit
```

user privilege level 15 是用户界面视图下使用的命令,该命令的作用是将远程用户的权限等级设置为 15 级。权限等级分为 0~15 级,权限等级越大,权限越高。

7. 定义环回接口

```
[Huawei]interface loopback 1
[Huawei-LoopBack1]ip address 192.1.3.1 24
[Huawei-LoopBack1]quit
```

interface loopback 1 是系统视图下使用的命令,该命令的作用是定义一个环回接口,1 是环回接口编号,每个环回接口都用唯一编号标识。环回接口是虚拟接口,需要分配 IP 地址和子网掩码。只要存在终端与该环回接口之间的传输路径,终端就可以像访问物理接口一样访问该环回接口。环回接口的 IP 地址与物理接口的 IP 地址一样,可以作为路由器的管理地址,终端可以通过建立与环回接口之间的 Telnet 会话,对路由器实施远程配置。

8.2.5 实验步骤

(1) 启动 eNSP,按照如图 8.5 所示的网络拓扑结构放置和连接设备。完成设备放置和连接后的 eNSP 界面如图 8.6 所示。启动所有设备。

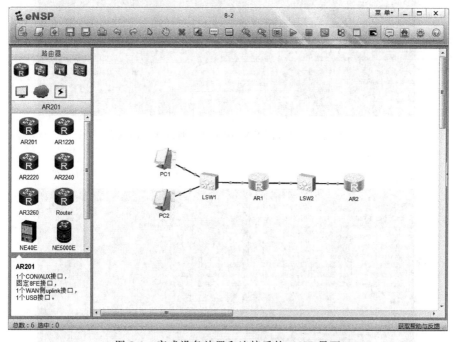

图 8.6 完成设备放置和连接后的 eNSP 界面

(2) 完成路由器 AR1 和 AR2 各个接口的 IP 地址和子网掩码配置过程,在路由器 AR2 中定义一个用于管理的环回接口,并为该接口配置 IP 地址和子网掩码。为了能够远程管理交换机 LSW2,需要在交换机 LSW2 中定义管理接口,并配置 IP 地址和子网掩码。为了能够通过在交换机 LSW1 中启动 Telnet 客户端对网络设备实施远程配置,需要在交换机 LSW1 中定义管理接口,并配置 IP 地址和子网掩码。交换机 LSW1、LSW2 中定义的管理接口的状态,路由器 AR1 和 AR2 各个接口的状态分别如图 8.7～图 8.10 所示。

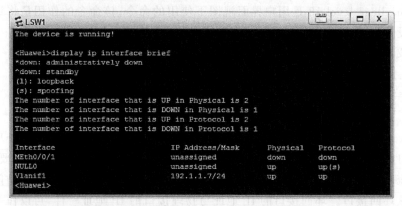

图 8.7　交换机 LSW1 中定义的管理接口的状态

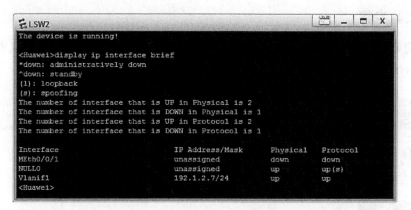

图 8.8　交换机 LSW2 中定义的管理接口的状态

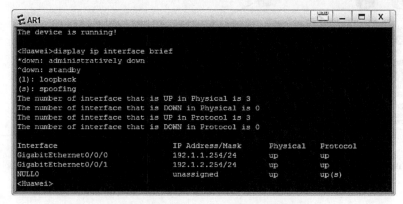

图 8.9　路由器 AR1 各个接口的状态

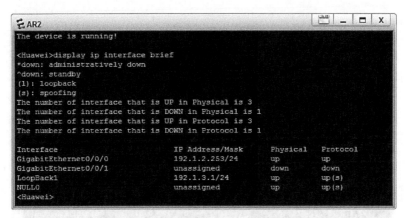

图 8.10　路由器 AR2 各个接口的状态

（3）由于路由器 AR2 环回接口的 IP 地址 192.1.3.1 属于网络地址 192.1.3.0/24，因此路由器 AR1 中需要配置用于指明通往网络 192.1.3.0/24 的传输路径的静态路由项。路由器 AR2 中需要配置用于指明通往网络 192.1.1.0/24 的传输路径的静态路由项。为了保证交换机 LSW1 和 LSW2 能够通过管理接口的 IP 地址与路由器 AR1 和 AR2 相互通信，需要为交换机 LSW1 和 LSW2 配置默认网关地址，LSW1 的默认网关地址是路由器 AR1 连接 LSW1 的接口的 IP 地址，LSW2 的默认网关地址可以在路由器 AR1 连接 LSW2 的接口的 IP 地址和路由器 AR2 连接 LSW2 的接口的 IP 地址中任选一个。路由器 AR1、AR2 的完整路由表分别如图 8.11 和图 8.12 所示，交换机 LSW1、LSW2 的默认路由项分别如图 8.13 和图 8.14 所示。

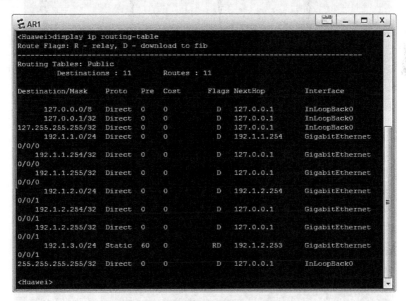

图 8.11　路由器 AR1 的完整路由表

（4）完成各个 PC 的 IP 地址、子网掩码和默认网关地址的配置过程。PC1 配置的网络信息如图 8.15 所示。PC1 执行 ping 操作的界面如图 8.16 所示。PC1 与路由器 AR2 环回接口之间可以相互通信。

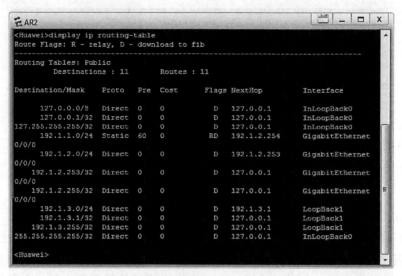

图 8.12 路由器 AR2 的完整路由表

```
<Huawei>display ip routing-table
Route Flags: R - relay, D - download to fib
------------------------------------------------------------------------------
Routing Tables: Public
         Destinations : 5        Routes : 5

Destination/Mask    Proto   Pre  Cost      Flags NextHop         Interface

        0.0.0.0/0   Static  60   0          RD   192.1.1.254     Vlanif1
      127.0.0.0/8   Direct  0    0          D    127.0.0.1       InLoopBack0
     127.0.0.1/32   Direct  0    0          D    127.0.0.1       InLoopBack0
     192.1.1.0/24   Direct  0    0          D    192.1.1.7       Vlanif1
     192.1.1.7/32   Direct  0    0          D    127.0.0.1       Vlanif1

<Huawei>
<Huawei>
<Huawei>
```

图 8.13 交换机 LSW1 的默认路由项

```
The device is running!

<Huawei>display ip routing-table
Route Flags: R - relay, D - download to fib
------------------------------------------------------------------------------
Routing Tables: Public
         Destinations : 5        Routes : 5

Destination/Mask    Proto   Pre  Cost      Flags NextHop         Interface

        0.0.0.0/0   Static  60   0          RD   192.1.2.254     Vlanif1
      127.0.0.0/8   Direct  0    0          D    127.0.0.1       InLoopBack0
     127.0.0.1/32   Direct  0    0          D    127.0.0.1       InLoopBack0
     192.1.2.0/24   Direct  0    0          D    192.1.2.7       Vlanif1
     192.1.2.7/32   Direct  0    0          D    127.0.0.1       Vlanif1

<Huawei>
```

图 8.14 交换机 LSW2 的默认路由项

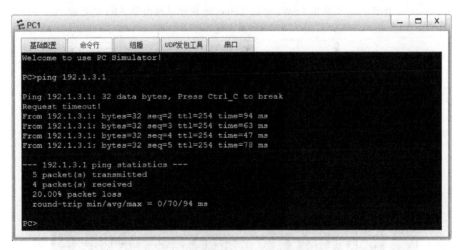

图 8.15　PC1 配置的网络信息

图 8.16　PC1 执行 ping 操作的界面

（5）在交换机 LSW1 中启动 Telnet 客户端，远程登录路由器 AR1，显示路由器 AR1 各个接口的状态。交换机 LSW1 通过 Telnet 远程登录路由器 AR1 的过程如图 8.17 所示，其中 IP 地址 192.1.2.254 是路由器 AR1 其中一个接口的 IP 地址，这里作为管理地址。交换机 LSW1 通过 Telnet 远程登录交换机 LSW2，显示交换机 LSW2 管理接口的状态的过程如图 8.18 所示，其中 IP 地址 192.1.2.7 是交换机 LSW2 管理接口的 IP 地址。交换机 LSW1 通过 Telnet 远程登录路由器 AR2，显示路由器 AR2 各个接口的状态的过程如图 8.19 所示，其中 IP 地址 192.1.3.1 是路由器 AR2 环回接口的 IP 地址。

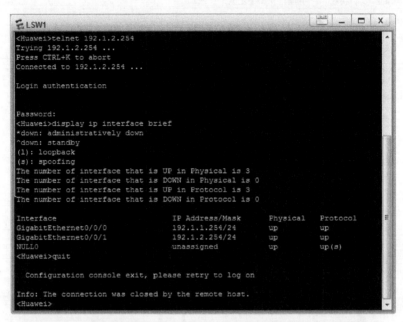

图 8.17 交换机 LSW1 通过 Telnet 远程登录路由器 AR1 的过程

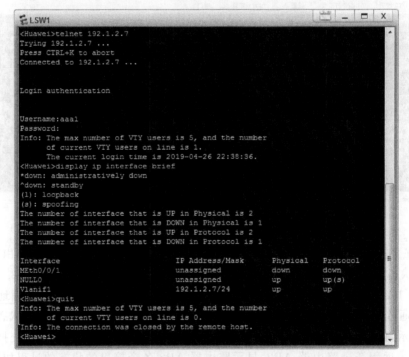

图 8.18 交换机 LSW1 通过 Telnet 远程登录交换机 LSW2 的过程

图 8.19　交换机 LSW1 通过 Telnet 远程登录路由器 AR2 的过程

8.2.6　命令行接口配置过程

1. 路由器 AR1 命令行接口配置过程

```
<Huawei>system-view
[Huawei]undo info-center enable
[Huawei]interface GigabitEthernet0/0/0
[Huawei-GigabitEthernet0/0/0]ip address 192.1.1.254 24
[Huawei-GigabitEthernet0/0/0]quit
[Huawei]interface GigabitEthernet0/0/1
[Huawei-GigabitEthernet0/0/1]ip address 192.1.2.254 24
[Huawei-GigabitEthernet0/0/1]quit
[Huawei]ip route-static 192.1.3.0 24 192.1.2.253
[Huawei]user-interface vty 0 4
[Huawei-ui-vty0-4]shell
[Huawei-ui-vty0-4]protocol inbound telnet
[Huawei-ui-vty0-4]user privilege level 15
[Huawei-ui-vty0-4]authentication-mode password
Please configure the login password (maximum length 16):123456
[Huawei-ui-vty0-4]set authentication password cipher 123456
[Huawei-ui-vty0-4]quit
```

2. 路由器 AR2 命令行接口配置过程

```
<Huawei>system-view
[Huawei]undo info-center enable
```

```
[Huawei]interface GigabitEthernet0/0/0
[Huawei-GigabitEthernet0/0/0]ip address 192.1.2.253 24
[Huawei-GigabitEthernet0/0/0]quit
[Huawei]ip route-static 192.1.1.0 24 192.1.2.254
[Huawei]interface loopback 1
[Huawei-LoopBack1]ip address 192.1.3.1 24
[Huawei-LoopBack1]quit
[Huawei]user-interface vty 0 4
[Huawei-ui-vty0-4]shell
[Huawei-ui-vty0-4]protocol inbound telnet
[Huawei-ui-vty0-4]authentication-mode aaa
[Huawei-ui-vty0-4]user privilege level 15
[Huawei-ui-vty0-4]quit
[Huawei]aaa
[Huawei-aaa]local-user aaa2 password cipher bbb2
[Huawei-aaa]local-user aaa2 service-type telnet
[Huawei-aaa]quit
```

3. 交换机 LSW1 命令行接口配置过程

```
<Huawei>system-view
[Huawei]undo info-center enable
[Huawei]interface vlanif 1
[Huawei-Vlanif1]ip address 192.1.1.7 24
[Huawei-Vlanif1]quit
[Huawei]ip route-static 0.0.0.0 0 192.1.1.254
```

4. 交换机 LSW2 命令行接口配置过程

```
<Huawei>system-view
[Huawei]undo info-center enable
[Huawei]interface vlanif 1
[Huawei-Vlanif1]ip address 192.1.2.7 24
[Huawei-Vlanif1]quit
[Huawei]ip route-static 0.0.0.0 0 192.1.2.254
[Huawei]user-interface vty 0 4
[Huawei-ui-vty0-4]shell
[Huawei-ui-vty0-4]protocol inbound telnet
[Huawei-ui-vty0-4]authentication-mode aaa
[Huawei-ui-vty0-4]user privilege level 15
[Huawei-ui-vty0-4]quit
[Huawei]aaa
[Huawei-aaa]local-user aaa1 password cipher bbb1
[Huawei-aaa]local-user aaa1 service-type telnet
[Huawei-aaa]quit
```

5. 命令列表

交换机和路由器命令行接口配置过程中使用的命令格式、功能和参数说明见表 8.1。

表 8.1　命令列表

命令格式	功能和参数说明
user-interface *ui-type first-ui-number* 〔 *last-ui-number* 〕	进入一个或一组用户界面视图,参数 *ui-type* 用于指定用户界面类型。用户界面类型可以是 console 或 vty,参数 *first-ui-number* 用于指定第一个用户界面编号,如果需要指定一组用户界面,则用参数 *last-ui-number* 指定最后一个用户界面编号
shell	启动终端服务
protocol inbound 〈 **all** ∣ **ssh** ∣ **telnet** 〉	指定 vty 用户界面所支持的协议
authentication-mode 〈 **aaa** ∣ **password** ∣ **none** 〉	指定用于鉴别远程登录用户身份的鉴别方式
set authentication password 〔 **cipher** *password* 〕	在指定鉴别方式为口令鉴别方式的情况下,用于指定口令。参数 *password* 用于指定口令,关键词 cipher 表明用密文方式存储口令
user privilege level *level*	指定远程登录用户的权限等级,参数 *level* 用于指定权限等级
aaa	进入 AAA 视图
local-user *user-name* 〈 **password** 〈 **cipher** ∣ **irreversible-cipher** 〉 *password* 〉	创建授权用户,参数 *user-name* 用于指定用户名,参数 *password* 用于指定密码,关键词 cipher 表明用密文方式存储密码,关键词 irreversible-cipher 表明用不可逆密文方式存储密码
local-user *user-name* **service-type** 〈 **8021x** ∣ **ppp** ∣ **ssh** ∣ **telnet** 〉	指定授权用户的用户类型,参数 *user-name* 用于指定授权用户的用户名

8.3　控制远程配置网络设备过程实验

8.3.1　实验内容

构建如图 8.20 所示的网络结构,交换机 S1 和 S2 用于仿真启动 Telnet 实用程序的终端。为了控制远程配置网络设备过程,要求只允许交换机 S1 远程配置交换机 S3 和 S4,只允许交换机 S2 远程配置路由器 R1 和 R2。

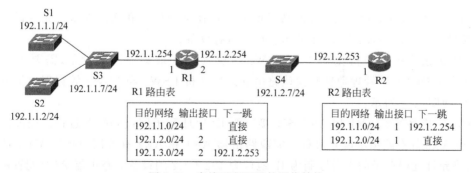

图 8.20　实施远程配置的网络结构

8.3.2　实验目的

（1）掌握终端实施远程配置的前提条件。
（2）掌握通过 Telnet 实施远程配置的过程。
（3）掌握终端与网络设备之间传输路径的建立过程。
（4）掌握控制远程配置网络设备过程的方法。
（5）验证控制方法的实现过程。

8.3.3　实验原理

控制远程配置网络设备过程的关键是限制允许远程登录的终端（这里用交换机仿真），通过在交换机 S3 和 S4 中配置过滤规则，将允许登录的终端限制为 IP 地址为 192.1.1.1 的终端（这里是交换机 S1）。通过在路由器 R1 和 R2 中配置过滤规则，将允许登录的终端限制为 IP 地址为 192.1.1.2 的终端（这里是交换机 S2），使得只有交换机 S1 才能远程登录交换机 S3 和 S4，对交换机 S3 和 S4 实施远程配置。只有交换机 S2 才能远程登录路由器 AR1 和 AR2，对路由器 AR1 和 AR2 实施远程配置。

8.3.4　关键命令说明

```
[Huawei]acl 2001
[Huawei-acl-basic-2001]rule 10 permit source 192.1.1.1 0
[Huawei-acl-basic-2001]quit
[Huawei]user-interface vty 0 4
[Huawei-ui-vty0-4]acl 2001 inbound
[Huawei-ui-vty0-4]quit
```

acl 2001 inbound 是用户界面视图下使用的命令，该命令的作用是限制允许远程登录的设备。这里将允许远程登录的设备的 IP 地址范围限制在编号为 2001 的 ACL 规定的 IP 地址范围内。编号为 2001 的 ACL 规定的 IP 地址范围是 192.1.1.1/32，即唯一的 IP 地址 192.1.1.1。

8.3.5　实验步骤

（1）启动 eNSP，按照如图 8.20 所示的网络拓扑结构放置和连接设备。完成设备放置和连接后的 eNSP 界面如图 8.21 所示。启动所有设备。

（2）为了使得交换机 LSW1 和 LSW2 能够远程登录其他网络设备，需要为交换机 LSW1 和 LSW2 配置管理地址和默认路由项。交换机 LSW1 和 LSW2 的管理地址分别如图 8.22 和图 8.23 所示。

（3）完成路由器 AR1 和 AR2 各个接口的 IP 地址和子网掩码配置过程。完成路由器 AR1 和 AR2 静态路由项配置过程。完成路由器 AR1 和 AR2 有关用户接口 VTY 的配置过程，将允许远程登录的设备限制为 IP 地址为 192.1.1.2 的设备。路由器 AR2 配置的各个接口的 IP 地址和 ACL 如图 8.24 所示。

（4）完成交换机 LSW3 和 LSW4 管理地址和默认路由项配置过程。完成交换机 LSW3

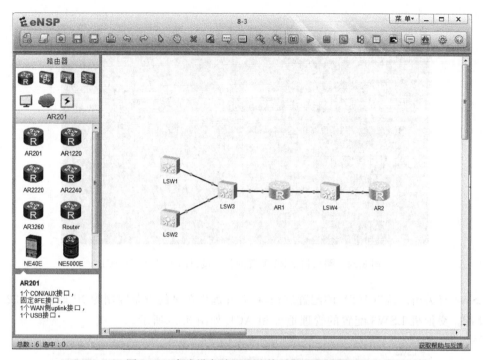

图 8.21　完成设备放置和连接后的 eNSP 界面

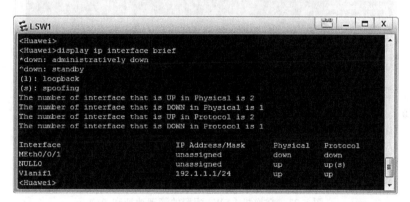

图 8.22　交换机 LSW1 的管理地址

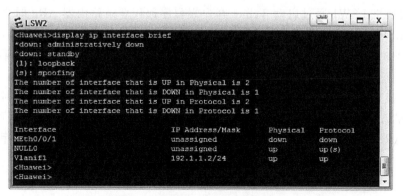

图 8.23　交换机 LSW2 的管理地址

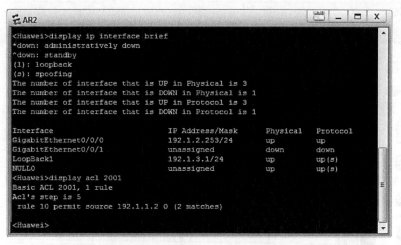

图 8.24　路由器 AR2 配置的各个接口的 IP 地址和 ACL

和 LSW4 有关用户接口 VTY 的配置过程,将允许远程登录的设备限制为 IP 地址为 192.1.1.1 的设备。交换机 LSW3 配置的管理地址和 ACL 如图 8.25 所示。

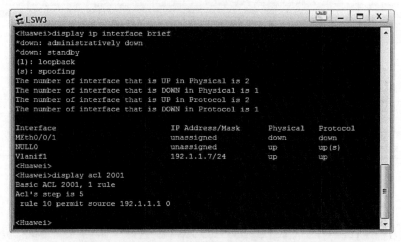

图 8.25　交换机 LSW3 配置的管理地址和 ACL

(5) 交换机 LSW1 通过启动 Telnet 客户端程序远程登录路由器 AR2 时失败,远程登录交换机 LSW3 时成功,表明交换机 LSW1 无法远程登录路由器 AR2,但可以远程登录交换机 LSW3。交换机 LSW1 远程登录路由器 AR2 和交换机 LSW3 的过程如图 8.26 所示。

(6) 交换机 LSW2 通过启动 Telnet 客户端程序远程登录交换机 LSW3 时失败,远程登录路由器 AR2 时成功,表明交换机 LSW2 无法远程登录交换机 LSW3,但可以远程登录路由器 AR2。交换机 LSW2 远程登录交换机 LSW3 和路由器 AR2 的过程如图 8.27 所示。

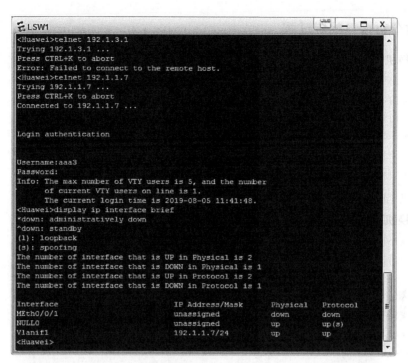

图 8.26　交换机 LSW1 远程登录路由器 AR2 和交换机 LSW3 的过程

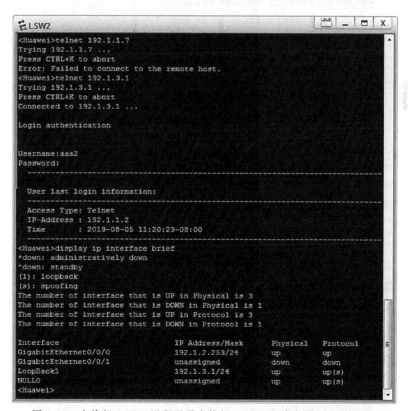

图 8.27　交换机 LSW2 远程登录交换机 LSW3 和路由器 AR2 的过程

8.3.6　命令行接口配置过程

1. 交换机 LSW1 命令行接口配置过程

```
<Huawei>system-view
[Huawei]undo info-center enable
[Huawei]interface vlanif 1
[Huawei-Vlanif1]ip address 192.1.1.1 24
[Huawei-Vlanif1]quit
[Huawei]ip route-static 0.0.0.0 0 192.1.1.254
```

交换机 LSW2 命令行接口配置过程与交换机 LSW1 相似,这里不再赘述。

2. 交换机 LSW3 命令行接口配置过程

```
<Huawei>system-view
[Huawei]undo info-center enable
[Huawei]interface vlanif 1
[Huawei-Vlanif1]ip address 192.1.1.7 24
[Huawei-Vlanif1]quit
[Huawei]ip route-static 0.0.0.0 0 192.1.1.254
[Huawei]user-interface vty 0 4
[Huawei-ui-vty0-4]shell
[Huawei-ui-vty0-4]protocol inbound telnet
[Huawei-ui-vty0-4]authentication-mode aaa
[Huawei-ui-vty0-4]user privilege level 15
[Huawei-ui-vty0-4]quit
[Huawei]aaa
[Huawei-aaa]local-user aaa3 password cipher bbb3
[Huawei-aaa]local-user aaa3 service-type telnet
[Huawei-aaa]quit
[Huawei]acl 2001
[Huawei-acl-basic-2001]rule 10 permit source 192.1.1.1 0
[Huawei-acl-basic-2001]quit
[Huawei]user-interface vty 0 4
[Huawei-ui-vty0-4]acl 2001 inbound
[Huawei-ui-vty0-4]quit
```

交换机 LSW4 命令行接口配置过程与交换机 LSW3 相似,这里不再赘述。

3. 路由器 AR1 和路由器 AR2 与限制远程登录设备有关的配置过程

路由器 AR1 和路由器 AR2 命令行接口配置过程在 8.2.6 节的基础上增加了以下与限制远程登录设备有关的配置过程。

```
[Huawei]acl 2001
[Huawei-acl-basic-2001]rule 10 permit source 192.1.1.2 0
[Huawei-acl-basic-2001]quit
[Huawei]user-interface vty 0 4
[Huawei-ui-vty0-4]acl 2001 inbound
```

```
[Huawei-ui-vty0-4]quit
```

4. 命令列表

交换机和路由器命令行接口配置过程中使用的命令格式、功能和参数说明见表 8.2。

表 8.2　命令列表

命令格式	功能和参数说明
acl *acl-number* **inbound**	限制允许远程登录的设备,将允许远程登录的设备的 IP 地址范围限制在 ACL 规定的 IP 地址范围内。参数 *acl-number* 是 ACL 编号。inbound 表明是用于限制远程登录到本设备的设备

参 考 文 献

[1] PETERSON L L,DAVIE B S. Computer Networks：A Systems Approach[M]. 5th ed. 北京：机械工业出版社,2012.

[2] TANENBAUM A S. Computer Networks[M]. 5th ed. 北京：机械工业出版社,2011.

[3] CLARK K，Hamilton K. Cisco LAN Switching[M]. 北京：人民邮电出版社,2003.

[4] DOYLE J. TCP/IP 路由技术：第一卷[M]. 葛建立,吴剑章,译. 北京：人民邮电出版社,2003.

[5] DOYLE J,Carroll J D. TCP/IP 路由技术：第二卷[M]. 北京：人民邮电出版社,2003.

[6] 沈鑫剡,等.计算机网络技术及应用[M]. 2 版. 北京：清华大学出版社,2010.

[7] 沈鑫剡.计算机网络[M]. 2 版. 北京：清华大学出版社,2010.

[8] 沈鑫剡,等.计算机网络技术及应用学习辅导和实验指南[M]. 北京：清华大学出版社,2011.

[9] 沈鑫剡.计算机网络学习辅导与实验指南[M]. 北京：清华大学出版社,2011.

[10] 沈鑫剡.路由和交换技术[M]. 北京：清华大学出版社,2013.

[11] 沈鑫剡.路由和交换技术实验及实训[M]. 北京：清华大学出版社,2013.

[12] 沈鑫剡.计算机网络工程[M]. 北京：清华大学出版社,2013.

[13] 沈鑫剡.计算机网络工程实验教程[M]. 北京：清华大学出版社,2013.

[14] 沈鑫剡,等.网络技术基础与计算思维[M]. 北京：清华大学出版社,2016.

[15] 沈鑫剡,等.网络技术基础与计算思维实验教程[M]. 北京：清华大学出版社,2016.

[16] 沈鑫剡,等.网络技术基础与计算思维习题详解[M]. 北京：清华大学出版社,2016.

[17] 沈鑫剡,等.网络安全[M]. 北京：清华大学出版社,2017.

[18] 沈鑫剡,等.网络安全实验教程[M]. 北京：清华大学出版社,2017.

[19] 沈鑫剡,等.网络安全习题详解[M]. 北京：清华大学出版社,2018.

[20] 沈鑫剡,等.路由和交换技术[M]. 2 版. 北京：清华大学出版社,2018.

[21] 沈鑫剡,等.路由和交换技术实验及实训——基于 Cisco Packet Tracer[M]. 2 版. 北京：清华大学出版社,2019.

[22] 沈鑫剡,等.路由和交换技术实验及实训——基于华为 eNSP[M]. 2 版. 北京：清华大学出版社,2019.

[23] 沈鑫剡,等.网络技术基础与计算思维实验教程——基于华为 eNSP[M]. 北京：清华大学出版社,2020.

[24] 沈鑫剡,等.网络安全实验教程——基于华为 eNSP[M]. 北京：清华大学出版社,2020.

图书资源支持

感谢您一直以来对清华版图书的支持和爱护。为了配合本书的使用,本书提供配套的资源,有需求的读者请扫描下方的"书圈"微信公众号二维码,在图书专区下载,也可以拨打电话或发送电子邮件咨询。

如果您在使用本书的过程中遇到了什么问题,或者有相关图书出版计划,也请您发邮件告诉我们,以便我们更好地为您服务。

我们的联系方式:

地　　址:北京市海淀区双清路学研大厦 A 座 714

邮　　编:100084

电　　话:010-83470236　010-83470237

客服邮箱:2301891038@qq.com

QQ:2301891038(请写明您的单位和姓名)

资源下载:关注公众号"书圈"下载配套资源。

资源下载、样书申请

书圈

获取最新书目

观看课程直播